HEINZ SCHILLING

PHYSIK STRAHLGESTEUERTER INFORMATIONSSPEICHER

ELEKTRONISCHES RECHNEN UND REGELN

Herausgegeben von

Prof. Dr. Dr. e.h. HANS FRÜHAUF · Prof. Dr. WILHELM KÄMMERER
Prof. Dr. KURT SCHRÖDER · Prof. Dr. HELMUT THIELE
Prof. Dr. HORST VÖLZ

Band 6

PHYSIK STRAHLGESTEUERTER INFORMATIONSSPEICHER

von

Prof. Dr. HEINZ SCHILLING

A K A D E M I E - V E R L A G · B E R L I N
1 9 7 5

PHYSIK STRAHLGESTEUERTER INFORMATIONSSPEICHER

von

Prof. Dr. Heinz Schilling

Zentralinstitut für Physikalische Chemie der Akademie
der Wissenschaften der DDR

Mit 84 Abbildungen und 18 Tabellen

AKADEMIE-VERLAG · BERLIN
1975

Erschienen im Akademie-Verlag, 108 Berlin, Leipziger Str. 3–4

Lizenznummer: 202 · 100/406/75
Gesamtherstellung: VEB Druckerei „Thomas Müntzer", 582 Bad Langensalza
Bestellnummer: 762 118 9 (6144) · LSV 1085
Printed in GDR
EVP 33,–

VORWORT

Das vorliegende Werk behandelt die wichtigsten physikalischen Gesetzmäßigkeiten des strahlgesteuerten Informationsspeichers. Seine Entwicklung ist die Voraussetzung für Computer größter Speicherdichte und höchster Operationsgeschwindigkeit.

Die Arbeiten zur Realisierung des strahlgesteuerten Speichers befinden sich im Stadium der Herstellung und Erprobung erster Versuchsmodelle. Über die bei seiner Entwicklung anzuwendenden physikalischen Gesetze herrscht im wesentlichen Klarheit. Dagegen stehen für die technische Ausführung noch eine Vielzahl von Wegen offen, deren Zweckmäßigkeit in starkem Maße vom Zusammenwirken der verschiedenen Einheiten des Computers abhängt.

In dem vorliegenden Buch werden die physikalischen Grundlagen dargelegt, nach denen der strahlgesteuerte Speicher arbeitet. Von den verschiedenen theoretischen und experimentellen Ansätzen zu seiner technischen Realisierung sind einige besonders charakteristische herausgegriffen; sie besitzen entweder bereits eine erhöhte Bedeutung oder können diese noch erlangen. Fragen der Speicherorganisation für das systematische Zusammenwirken der verschiedenen Stufen bei der parallelen Abarbeitung von Operationsbefehlen werden nicht behandelt.

Für ihren Rat bei der Gestaltung des Buches und der Auswahl des Stoffes danke ich besonders den Herren Dr. LENK, Dr. SCHÖNNAGEL und Dipl.-Ing. DÜRR vom Zentralinstitut für Optik und Spektroskopie der AdW sowie meinen ehemaligen Kollegen Ing. RING, Dr. STRAUBEL, Ing. WILLASCHEK, Dr. MÜNSTER, Dr. BUSSE, Dr. WERNER, Dr. GESKE, Dr. STEINBACH und Dr. NEYE vom Zentralinstitut für Kybernetik und Informationsprozesse der AdW.

Meiner Frau, Ing. R. SCHILLING, danke ich für die Gestaltung des umfangreichen Abbildungsmaterials.

Januar 1975 HEINZ SCHILLING

INHALT

1. GRUNDLAGEN UND GRUNDBEGRIFFE DER SPEICHERTECHNIK

1.1. Elektronische Rechenanlagen

Die Entwicklung der Speicherphysik ist auf das engste mit den Fortschritten bei der Herstellung elektronischer Rechen- und Datenverarbeitungsanlagen verknüpft. Sie sind das wichtigste Anwendungsgebiet der Informationsspeicher. Abb. 1.1 zeigt schematisch den Aufbau eines digitalen Rechners. Jede der aufgeführten Einheiten besteht im allgemeinen aus mehreren Einzelgeräten.

In der Rechenanlage kommt dem Speichersystem die zentrale Rolle zu. Der Fortschritt bei der Entwicklung moderner Computer wird im entscheidenden Maße durch die Weiterentwicklung der Speicherphysik bestimmt.

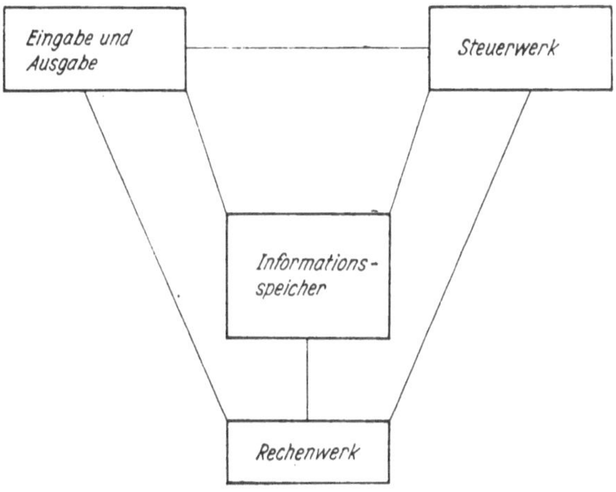

Abb. 1.1. Prinzipieller Aufbau eines digitalen Rechners

Für die Technik der Informationsverarbeitung und -speicherung hat es sich als zweckmäßig und notwendig erweisen, sämtliche Informationen in das Dualsystem zu codieren. Das einzelne Rechen- oder Speicherelement ist durch einen von zwei stabilen physikalischen Grundzuständen festgelegt. Diese binären Grundzustände werden mit 0 und L bezeichnet. Jeder Operationsbefehl im Computer und jede Zahl wird durch eine Gruppe $LL0L$ . . . der beiden Grundzustände dargestellt. Eine Gruppe bzw. ein Wort enthält in der Regel zwischen $2^4 \ldots 2^{10}$ binäre Stellen (bits). 8 bits werden im allgemeinen zu einem byte zusammengefaßt. Ein Wert der Länge 8 byte enthält also z. B. 64 bits.

Beim Programmablauf in der Rechenanlage ist es erforderlich, Informationen zu speichern. Das betrifft nicht nur den Wertevorrat der zu verarbeitenden Daten. Auch während des Rechenvorganges fließen entsprechend dem eingegebenen Programm ständig Informationen vom Rechenwerk in den Speicher, um bei folgenden Rechenprozessen wieder aufgerufen werden zu können. Die Zeit, die für einen derartigen Speicher- oder Wiedergabeprozeß erforderlich ist, und die Zahl der Speicherplätze bestimmen maßgeblich die Leistung einer Rechenanlage (s. [1.1] bis [1.4]).

Der Speicherprozeß, das „Aufzeichnen" oder „Einschreiben" einer Information, wird durch ein vom Steuerwerk ausgehendes Signal ausgelöst. Es kann z. B. in einem Stromstoß bestehen, der eine Spule durchfließt und dabei einen zum Speichersystem gehörigen Ringmagneten magnetisiert. Je nach der Stromrichtung wird der Ringmagnet in mathematisch positivem oder negativem Drehsinn bis zur Sättigung magnetisiert, womit die binären Grundzustände 0 und L festgelegt sind. Der Ringmagnet kennzeichnet im vorliegenden Fall eine Speicherzelle bzw. ein Speicherelement.

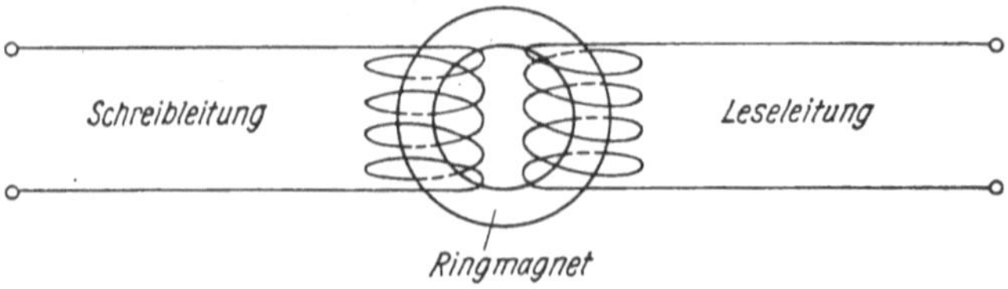

Abb. 1.2. Ringmagnet mit Schreib- und Leseleitung als Modell einer Speicherzelle

Die Übertragung einer Information vom Speicher auf das Rechenwerk wird in der Programmiersprache als „Lesen", in der Speichertechnik als „Wiedergabe" bezeichnet. Im Beispiel der Abb. 1.2 bestehe der Wiedergabeprozeß in einem Stromstoß in der Speicherleitung. Er ist nach Stärke und Richtung so gewählt, daß L in 0 umgeschaltet wird. Ist dagegen 0 gespeichert, so erfolgt keine Umschaltung und auch keine zusätzliche Magnetisierung, da 0 und L durch Sättigungsmagnetisierung gekennzeichnet sind. In der Leseleitung werden durch den Aufrufstrom je nach Speicherung von 0 oder L unterschiedliche Spannungsstöße induziert und gelangen in das Rechenwerk.

Das Beispiel nach Abb. 1.2 kennzeichnet einen Speicher, bei dem die Information durch den Wiedergabeprozeß gelöscht wird. Sie muß nach jedem Wiedergabevorgang neu eingeschrieben werden, d. h. die Registrierung des binären Grundzustandes L muß mit einem Impuls gekoppelt werden, der L wieder einschreibt. Hierdurch verlängert sich die Wiedergabe- oder Lesezykluszeit, da gegenüber zerstörungsfreier Wiedergabe ein verlängerter Impuls auszusenden ist.

Nach ihrem Verhalten beim Wiedergabeprozeß unterteilt man Speicher in

Speicher mit zerstörender Wiedergabe,
Speicher mit nichtzerstörender Wiedergabe

und

Festwertspeicher.

Bei den letzteren kann eine einmal eingeschriebene Information kurzzeitig nicht geändert werden, bzw. der Speicherzustand ist bei der Speicherherstellung bereits endgültig realisiert.

1.2. Die Speicheranlage

Die Vorgänge bei der Speicheraufzeichnung und -wiedergabe werden unterteilt in

Prozesse zur Ansteuerung einer Speicherzelle,
Prozesse im Speichermedium während des Aufzeichnens

und

Prozesse zur Wiedergabe der gespeicherten Information.

Sämtliche zur Realisierung dieser Prozesse aufgebauten Geräte und Anordnungen bilden die Speicheranlage.

Die Eigenschaften eines Informationsspeichers werden durch charakteristische Größen zum Ausdruck gebracht. Hiervon werden im folgenden die wichtigsten aufgeführt:

Speicherkapazität S	Zahl der bits in einer Speicheranlage;
Speicherdichte γ	Zahl der bits, bezogen auf die Flächeneinheit;
Zugriffszeit t_Z	durchschnittliche Zeit, die vom Befehlsaufruf bzw. Startimpuls an den Speicher bis zum Eintreffen der Information im Rechenwerk vergeht;
Zykluszeit t_0	mittleres Zeitintervall zwischen zwei Wiedergabebefehlen während des Wiedergabeprozesses, enthält auch die Zeit zur Wiederherstellung einer zerstörten Information;
Umschaltzeit t_U	mittleres Zeitintervall zur Umschaltung einer Speicherzelle.

t_Z und t_0 sind bei zerstörender Wiedergabe von t_U teilweise abhängig.

Die ersten technischen Speicherverfahren im Jahre 1940 gründen sich auf mechanische Arbeitsmittel, z. B. Lochkarten und Lochstreifen. Trotz ihrer geringen Leistungsfähigkeit werden diese teilweise auch heute noch bei den Ein- und Ausgabegeräten verwendet. Die seit 1944 einsetzende Entwicklung schnellerer Rechner arbeitet zunächst mit Glimmröhren- und Kondensatorspeichern, die auf elektrostatischen Grundgesetzen beruhen. Neben ihrer geringen Leistungsfähigkeit wirkt sich besonders ihre relativ große Störanfälligkeit auf den Betrieb des Rechners sehr nachteilig aus.

Weich- und hartmagnetische Bauelemente (s. Tab. 3.1), die die nächste Stufe der Informationsspeicher bezeichnen, haben demgegenüber eine große Betriebssicherheit und nehmen einen wesentlich kleineren Raum ein, so daß die Speicherkapazität stark erhöht werden kann. Bei hartmagnetischen Bauelementen, Magnetplatten, -bändern und rotierenden -trommeln, liegt die Zeit für einen Arbeitsprozeß in der Größenordnung Millisekunde, während Kapazitäten von einigen 10^7 bit realisiert werden.

Der Einsatz weichmagnetischer Ferritkernspeicher (vgl. 3.2.) mit rechteckiger Hysteresisschleife (vgl. 3.) führt gegenüber hartmagnetischem Material zu einer Herabsetzung der Zugriffszeit t_z in die Größenordnung einer Mikrosekunde. Dieser Fortschritt ist mit einer Abnahme der realisierbaren Speicherkapazität verbunden (vgl. Abb. 1.1). Ferritkernspeicher werden daher in der Regel als interne Speicher eingesetzt, d. h. als Speicher innerhalb der Datenverarbeitungsanalyse, die rasch greifbare Operationen ermöglichen. Für diese Schnellspeicher steht jedoch im Automaten nur wenig Speicherplatz zur Verfügung. Dagegen werden hartmagnetische Materialien für externe Speicher, d. h. an der Peripherie der Anlage verwendet. Beide Speichertypen sind vielfach nebeneinander in einem Rechner enthalten.

Die Entwicklung magnetischer Speicherverfahren ist noch nicht abgeschlossen. Neuentwicklungen [1.5] haben jedoch bisher nicht zu technisch nutzbaren größenordnungsmäßigen Verbesserungen geführt.

Zur Herstellung neuartiger Speicheranlagen werden gegenwärtig besonders in der Halbleiter- und in der Festkörperphysik sowie in der Laserphysik Untersuchungen geführt. Die Halbleiterphysik erscheint durch die Möglichkeit zur Herstellung integrierter Schaltkreise (Mikroelektronik) geeignet, Speicher mit großer Speicherdichte bei Zugriffszeiten im Bereich einiger Nanosekunden entwickeln zu können. Spitzenentwicklungen haben bisher Speicherdichten von einigen 10^4 bit cm^{-2} bei Zugriffszeiten in der Größenordnung 100 ns erreicht. Ähnlich schnelle Zugriffszeiten bei nicht ganz so großen Speicherdichten werden auch in Versuchsmustern der auf den Effekten der Supraleitung bei tiefen Temperaturen beruhenden Kryotechnik erbracht, wobei jedoch die bisher insgesamt erzielte Speicherkapazität gering ist und nur die Größenordnung 10^4 erreicht (s. [1.1] bis [1.6]).

1.3. Physikalische Grundlagen und Grenzen der Entwicklung neuer Speichertypen

Die größten Fortschritte bei der Entwicklung neuer Speicher mit großer Speicherkapazität S und kurzer Zugriffszeit t_Z werden durch die Entwicklung auf dem Gebiet der Strahlenphysik, speziell der Laser (vgl. Abschnitt 2) und der Holographie (vgl. Abschnitt 8) erwartet. Speicher, bei denen die Aufzeichnung und Wiedergabe mit Hilfe von Strahlen erfolgen, heißen strahlgesteuerte Speicher. Ihre Entwicklung befindet sich im Stadium der gezielten Grundlagenforschung. Die zu lösenden physikalischen und technischen Probleme können wie folgt umrissen werden:

1. Es ist ein Speichermedium zu entwickeln, das kurzzeitige Aufzeichnungsprozesse bei großer Speicherdichte gestattet. Die gespeicherten Informationen müssen kurzzeitig umgeschaltet werden können. Dabei darf keine Beeinflussung von Nachbarzellen eintreten. Angestrebt werden Speicherdichten in der Größenordnung $10^6 \dots 10^9$ bit cm^{-2}. Für die Oberfläche einer Speicherzelle ergeben sich daraus Werte zwischen 0,1 und 100 μm^2. Die Umschaltzeiten sollen bei einigen Nanosekunden liegen.
2. Parallel mit dem Aufzeichnungsprozeß ist der Wiedergabeprozeß zu entwickeln, der Zugriffszeiten in der Größenordnung einer Mikrosekunde zuläßt. Der Wiedergabeprozeß soll zerstörungsfrei erfolgen und darf keine Nachbarzellen beeinflussen. Zur eindeutigen Kennzeichnung einer gespeicherten Information ist es erforderlich, daß bei der Wiedergabe sprunghaft auftretende Effekte ausgenutzt werden. Hierdurch werden die Aufzeichnungsmöglichkeiten eingeschränkt.
3. Es ist ein Ablenksystem zu entwickeln, durch das die Speicherzellen für die Aufzeichnung und Wiedergabe präzis angesteuert werden können. Der ansteuernde Strahl darf, verursacht durch Streu- und Beugungseffekte, keine Nachbarzellen erfassen. Er muß in Zeiten der Größenordnung Mikrosekunde umgeschaltet werden kännen, d. h., es sind Schaltfrequenzen der Größenordnung MHz anzustreben.

Die Frage nach den physikalischen Möglichkeiten zur Realisierung von Hochleistungsspeichern ist auf das engste mit der Frage nach den natürlichen Grenzen bei der Entwicklung von Informationsspeichern verknüpft (s. [1.7.] bis [1.10.]).

Eine Grenze wird bei strahlgesteuerten Speichern bereits durch die Wellenlänge λ der verwendeten Strahlung gezogen. Prinzipiell muß λ klein gegen die Abmessungen der abzubildenden Gegenstände sein, wenn Störungen durch Streu- oder Beugungseffekte ausgeschlossen werden sollen. Bezeichnet Δz die Abmessung der Speicherzelle, so muß also

$$\lambda \ll \Delta z$$

erfüllt sein. Werden anstelle von Lichtstrahlen Strahlen materieller Teilchen benutzt, z. B. Elektronen- oder α-Strahlen, so tritt an die Stelle der Lichtwellenlänge die Länge der DE BROGLIEschen Welle

$$\lambda_B = \frac{h}{p} \tag{1.2}$$

bzw. im Falle kleiner Geschwindigkeiten $v \ll c_0$ (c_0 Lichtgeschwindigkeit)

$$\lambda_B = \frac{h}{2mE}\,. \tag{1.3}$$

Darin bedeuten $h = 6{,}62 \cdot 10^{-34}$ Js das PLANCKsche Wirkungsquantum, p den Impuls, m die Masse, E die Energie der materiellen Teilchen [1.11].

Bei langzeitigen Rechenprozessen von mehreren Stunden Dauer mit 10^6 Operationen in jeder Sekunde und $10^{10} \dots 10^{14}$ zu speichernden und zu verarbeitenden Informationen muß die Wahrscheinlichkeit auch nur eines falschen Operationsbefehles oder einer fehlerhaften Information verschwindend klein sein. Für die Speicherphysik bedeutet das neben der erforderlichen hohen technischen Präzision, daß die Wahrscheinlichkeit von Fehlern als Folge statistischer Fluktuationserscheinungen unterhalb einer sehr kleinen Zahl liegen muß. Da Elementarteilchen statistischen Schwankungen mit relativ großen Abweichungen vom Mittelwert unterworfen sind, können Speicherzellen nicht bis zu atomaren Größenordnungen herab reduziert werden.

Für die statistischen Schwankungen der physikalischen Zustandsgrößen einer Speicherzelle ergeben sich in Abhängigkeit von den beteiligten Elementarteilchen unterschiedliche mathematische Gesetze. Zum Beispiel müssen die bei der Informationsspeicherung erzeugten stabilen physikalischen Zustände zu ihrer Umschaltung eine derart große Energieaufwendung $\Delta\varepsilon$ erforderlich machen, daß die Wahrscheinlichkeit w einer Änderung durch statistische Zufallserscheinungen bei sämtlichen Speicherelementen während des gesamten Rechen- bzw. Speicherprozesses unterhalb einer bestimmten sehr kleinen Sicherheitsgrenze w_0 liegt.

Für Speichermedien, deren physikalisches Verhalten durch die Boltzmann-Statistik bestimmt wird, ist die Wahrscheinlichkeit, daß in einer Speicherzelle ein um mehr als $\Delta\varepsilon$ vom vorgegebenen Speicherzustand abweichender Energiezustand auftritt, proportional

$$e^{-\frac{\Delta\varepsilon}{kT}}. \tag{1.4}$$

Darin bedeutet $k = 1{,}38 \cdot 10^{-23}\ \mathrm{JK^{-1}}$ die Boltzmann-Konstante, T die absolute Temperatur in K [1.12]. Die Forderung, daß statistische Schwankungen die Speicherzellen nicht umschalten dürfen, bedeutet

$$w < w_0 \ll 1\,, \tag{1.5}$$

woraus man wegen (1.4) eine Bedingung der Form

$$\Delta\varepsilon > \Delta\varepsilon_0 = \text{Prop.}\ \ln\frac{1}{w_0} \tag{1.6}$$

erhält. Aus der Stabilitätsforderung gegenüber statistischen Schwankungen leitet sich somit eine für den einzelnen Speicherprozeß erforderliche Mindestenergie $\Delta\varepsilon_0$ her.

Sind an der Realisierung des physikalischen Zustandes einer Speicherzelle N Teilchen beteiligt, die statistischen Gesetzmäßigkeiten entsprechend der Boltzmann-Statistik unterliegen, so gilt für die mittlere relative Schwankung ΔN der Teilchenzahl die Beziehung [1.12]

$$\sqrt{\overline{\left(\frac{\Delta N}{\overline{N}}\right)^2}} = \frac{1}{\sqrt{\overline{N}}}\,. \tag{1.7}$$

Dürfen durch statistische Schwankungen keine Störungen hervorgerufen werden, so muß die mittlere relative Schwankung unterhalb einer von den Speicherdimensionen und von der geforderten Präzision abhängigen Schranke bleiben, womit aus (1.4) eine Gleichung der Form

$$\overline{N} > N_0 \gg 1 \tag{1.8}$$

folgt. Das heißt, die mittlere Zahl der am physikalischen Zustand einer Speicherzelle beteiligten Teilchen muß oberhalb einer bestimmten Grenze N_0 liegen, um Fehler durch statistische Schwankungen auszuschließen. Durch (1.8) wird gleichzeitig eine untere Grenze für das Volumen bzw. für die Oberfläche einer Speicherzelle festgelegt.

Die Voraussetzung über die Gültigkeit der BOLTZMANN-Statistik ist z. B. näherungsweise erfüllt, wenn die Informationsspeicherung bei nicht zu tiefen Temperaturen durch Erzeugung von Farbzentren in einem Alkalihalogenidkristall erfolgt, die Aufzeichnung also in der Verfärbung eines kleinen Raumgebietes dieses Kristalles besteht (vgl. Abschnitt 4). Dagegen sind die durchgeführten Betrachtungen nicht für magnetisierbare Speichermedien gültig. Die bei diesen auftretenden Grenzen ergeben sich aus der Größe der WEISSschen Bezirke bzw. Domänen (vgl. Abschnitt 3). Das einzelne Atom bzw. die den Magnetismus hervorrufenden Elektronen verhalten sich nicht nach der BOLTZMANN-Statistik.

Die genaue Festlegung der Energie-, Volumen-, Zeitgrenzen usw. ist Gegenstand spezieller mathematischer Untersuchungen. Dabei ist zu berücksichtigen, daß auch äußere Störungen, z. B. in Form des Wiedergabeprozesses, kein Überschreiten der Sicherheitsgrenzen mit sich bringen dürfen.

1.4. Strahlgesteuerte Speicher

Für die Entwicklung leistungsfähiger Rechenanlagen wird von der Computertechnik die Forderung nach Speichern mit einer Kapazität S von $10^9 \cdots 10^{14}$ bit bei einer Zugriffszeit t_Z von $10^{-9} \cdots 10^{-6}$ s gestellt. Wie sich aus den größenordnungsmäßigen Richtwerten nach Tabelle 1.1 ergibt, läßt sich mit den bisher entwickelten Geräten höchstens eine dieser Forderungen erfüllen.

Magnetbänder können eine unbegrenzte Länge und damit theoretisch eine unbegrenzte Zahl von Speicherplätzen enthalten. Die Bänder laufen jedoch mit einer sehr begrenzten Geschwindigkeit ab, so daß die Zugriffszeit t_Z sehr klein ist. Andererseits erreicht man mit dünnen magnetischen Schichten bereits Zugriffszeiten von einigen Nanosekunden. Die Speicherkapazität darf dabei jedoch nicht mehr als 10^4 bis 10^5 bit betragen. In Abb. 1.3 sind die Verhältnisse für verschiedene Speicherverfahren graphisch dargestellt.

Eine Erfüllung der von der Computertechnik gestellten Anforderungen erscheint nur durch die Entwicklung strahlgesteuerter Speicher möglich. Hierzu ist es erforderlich, daß eine bündel- und ablenkbare Strahlung in einer Speicher-

Tabelle 1.1. Kenndaten von Speichertypen in Rechenanlagen

Speicherverfahren Bauelemente	Kapazität S bit	Zugriffszeit t_Z µs	Umschaltzeit t_U µs
Lochstreifen und -karte	10^6	10^6···	
Glimmröhre	10^2	100···1000	1000
Kondensator	10^4	20···50	100
Magnetband	$5 \cdot 10^8$	2000···	10
Magnettrommel	10^7	200···	10
Ferritkerne	10^6	0,5	0,1
dünne magnetische Schichten	$10^4 \cdots 10^9$	0,01···1	
Halbleiterelemente (Einsatz ··· Perspektive)	$10^4 \cdots 10^8$	0,1	0,01···0,1
Kryotechnik	10^4···	0,1	0,01

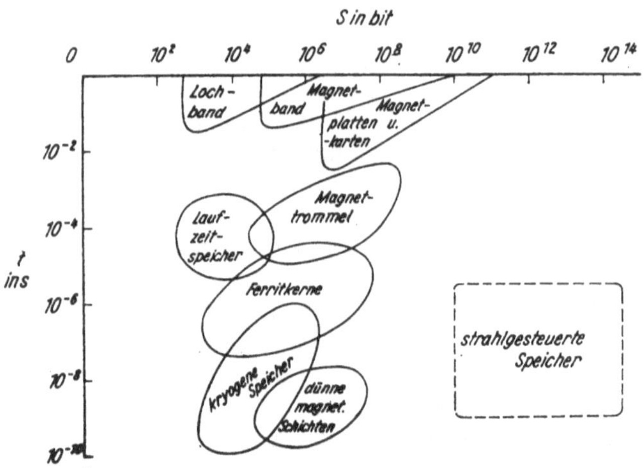

Abb. 1.3. Speicherkapazität S [in bit] und Zugriffszeit t_Z [in s] für verschiedene Speichertypen

substanz den Aufzeichnungsprozeß vornimmt und eine zweite, geeignet dosierte Strahlung den Speicherzustand zerstörungsfrei wiedergibt. Abb. 1.4 stellt den prinzipiellen Aufbau des strahlgesteuerten Speichers dar.

Für den Aufzeichnungs- und für den Wiedergabeprozeß können sowohl Licht- als auch Elektronenstrahlen Verwendung finden. Sie ermöglichen eine Fokussierung auf Bilddurchmesser von einigen Wellenlängen. Nach dem Stand der

Technik kann man bei Laserlicht mit einer Wellenlänge in der Größenordnung $\lambda = 0{,}1\,\mu m = 10^{-7}$ m rechnen (vgl. Abschnitt 2). Die Wellenlänge der DE BROGLIEschen Wellen von Elektronenstrahlen ist nach Gl. (1.2) um mehrere Größenordnungen kleiner, wenn die Geschwindigkeit der materiellen Teilchen nahe der Lichtgeschwindigkeit liegt, so daß eine starke Massenzunahme erfolgt. Elektronenstrahlen gestatten daher eine stärkere Fokussierung als Lichtstrahlen und würden demzufolge eine größere Speicherdichte ermöglichen. Auch

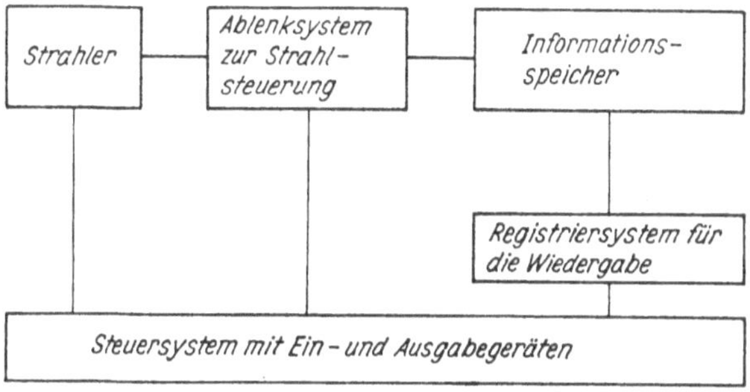

Abb. 1.4. Prinzipieller Aufbau des strahlgesteuerten Speichers

die Ablenkung von Elektronenstrahlen ist wesentlich leichter und präziser als die von Lichtstrahlen durchzuführen. Die Wechselwirkung zwischen den Masseteilchen und dem Speichermedium ist jedoch für eine schnelle Aufzeichnung und Wiedergabe zu klein. Insbesondere stößt die Realisierung von Umschaltprozessen bei der Speicheraufzeichnung mit Elektronenstrahlen auf große Schwierigkeiten. Daher ist es sehr unwahrscheinlich, daß Hochleistungsspeicher entwickelt werden können, deren Steuerung durch Elektronenstrahlen erfolgt.

Die Hauptschwierigkeiten bei der Entwicklung des strahlgesteuerten Speichers liegen in der Entwicklung eines Ablenksystems für Lichtstrahlen (vgl. Abschnitt 7), das die Speicherzellen präzis ansteuert. Trotz dieser bisher nicht überwundenen Schwierigkeiten erscheint das Laserlicht als geeigneter Informationsträger bei der Entwicklung strahlgesteuerter Informationsspeicher. Im folgenden wird daher der strahlgesteuerte Speicher ausschließlich auf der Grundlage von Laserstrahlen dargestellt. Die Gesetzmäßigkeiten bei der Erzeugung von Laserstrahlen und ihre Eigenschaften werden, so weit diese für Speicher- und Wiedergabeverfahren von Bedeutung sind, in Abschnitt 2 behandelt.

Zur Speicheraufzeichnung mit Laserlicht sind verschiedene spezielle Effekte geeignet. Von ihnen werden die wichtigsten in Abschnitt 3 für magnetisierbare Medien, in Abschnitt 4 für Kristalle dargestellt. Auf ein spezielles Aufzeichnungsverfahren wird in Abschnitt 6.8 eingegangen.

Für die Speicherwiedergabe mit Laserlicht können strahlen- und wellenoptische Effekte in isotropen und insbesondere in anisotropen und optisch aktiven Medien herangezogen werden. Die hierbei gültigen Gesetze und Besonderheiten werden in den Abschnitten 5 und 6 behandelt.

Mit der Strahlablenkung, dem Hauptproblem bei der Entwicklung strahlgesteuerter Speicher, befassen sich die beiden letzten Abschnitte 7 und 8. Dabei werden in Abschnitt 8 besonders die Möglichkeiten der Speicherentwicklung in Verbindung mit der Anwendung holografischer Verfahren abgeleitet (Lit. [1.13] bis [1.17]).

Literatur

[1.1] KÄMMERER, W., Digitale Automaten, Akademie-Verlag Berlin 1973.

[1.2] Autorenkollektiv, Speicher elektronischer Datenverarbeitungsanlagen, Kurzfassung von Vorträgen am Institut für Energetik 27. 9. bis 1. 10. 1971 Leipzig 1972.

[1.3] MATICK, R. E., Proceedings of the JEEE, **60** (March 1972), 3, 266.

[1.4] COHEN, R. W., MEZRICH, R. S., RCA Review, 33 (March 1972), 1, 54.

[1.5] FREYHARDT, H. C., Z. Metallkunde **64** (1973), 13.

[1.6] VÖLZ, H., Grundlagen der magnetischen Signalspeicherung, I···VI, Akademie-Verlag Berlin 1968.

[1.7] VÖLZ, H., MÜLLER, M., Spektrum **13** (1967) 3, 83.

[1.8] STRAUBEL, R., Physikalische Grenzen der Güte von Informationsspeichern im Speicherzustand, insbesondere dynamischer Magnetspeicher, Habilitationsschrift Humboldt-Universität Berlin 1970.

[1.9] MEINHARDT, J., Zur mathematischen Modellierung digitaler Speicherelemente (Habilitationsschrift).

[1.10] STRAUBEL, R., Zeitschr. f. Angew. Physik **24** (1968) 4, 196.

[1.11] HAJKO, V., Physik in Beispielen, Fachbuch-Verlag Leipzig 1971.

[1.12] SCHILLING, H., Statistische Physik in Beispielen, Fachbuch-Verlag Leipzig 1972.

[1.13] WEISS, H., Hochfrequenztechnik und Elektroakustik **76** (1967), 175.

[1.14] TUFTE, O. N., CHEN, D., IEEE spectrum, February 1973, **26**; March 1973, 48.

[1.15] MEE, C. D., Zeitschrift für angewandte Physik **21** (1966), 175.

[1.16] CHARG, J. T., DILLON, J. F. jr., GIANOLA, U.F., J. Appl. Phys. **36** (1965), 1110.

[1.17] BEAUCLAIR, W. de, Rechnen mit Maschinen, Vieweg Verlag Braunschweig 1968.

2. LASER

2.1. Eigenschaften der Laserstrahlung und Bedeutung für die Speicherphysik

Als Laser (Light Amplification by Stimulated Emission Radiation) bezeichnet man Strahlungsquellen, die durch induzierte Emission einen intensiven, scharf gebündelten, kohärenten Lichtstrahl erzeugen. Der Wellenlängenbereich für Laserstrahlung erstreckt sich vom Infraroten über das Sichtbare bis zum Ultravioletten.

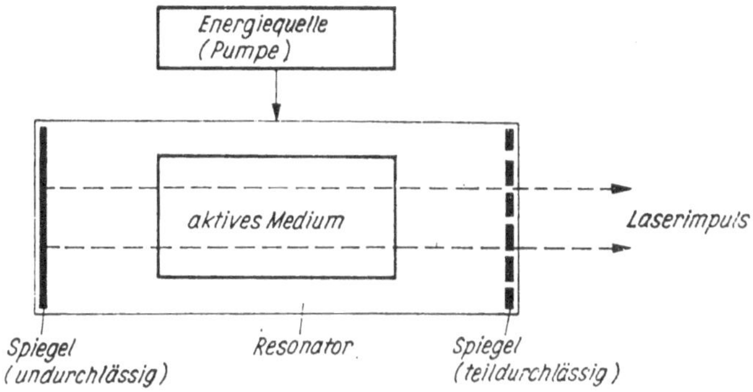

Abb. 2.1. Prinzipieller Aufbau des Lasers

Wesentlicher Bestandteil des Lasers ist das aktive Medium (vgl. Abb. 2.1). Je nachdem, ob dieses fest, flüssig oder gasförmig ist, bezeichnet man den Laser als Festkörper-, Flüssigkeits- oder Gaslaser. Kommerzielle Anwendung finden Festkörper- und Gaslaser.

Im aktiven Medium werden die Atome und Moleküle durch eine den Laserprozeß einleitende Energieeinstrahlung zur Lichtemission angeregt. Das aktive Medium befindet sich im elektromagnetischen Feld eines Resonators, der z. B. von zwei parallelen oder gekrümmten Spiegeln gebildet wird. Der Resonator ist so auf die Wellenlänge des einfallenden Lichtes abgestimmt, daß die Phase der induzierten Strahlung mit der Phase der auslösenden elektromagnetischen Schwingung übereinstimmt und das emittierte Licht wieder in das aktive Medium zurückgekoppelt wird. Damit erreicht man, daß die Ausstrahlung der Lichtquanten durch das aktive Medium in Form kurzzeitiger, verstärkter Laserimpulse erfolgt.

Infolge der Resonatoranordnung ist das ausgestrahlte Laserlicht extrem monochromatisch. Die Länge eines optischen Resonators beträgt bei Festkörperlasern etwa das 10^5 bis 10^6-fache der Wellenlänge. Nach den physikalischen Gesetzmäßigkeiten der Hohlraumresonatoren bedingt das, daß die Resonanzstellen sehr dicht aufeinander folgen und außerordentlich schmal sind. Die relative Halbwertbreite der ausgesandten Strahlung liegt daher z. B. beim Rubin-Laser in der Größenordnung

$$\frac{\Delta\nu}{\nu} = 10^{-5} \ldots 10^{-6} .$$

Mit Gaslasern, z. B. mit dem Helium-Neon-Laser, werden sogar Halbwertbreiten der Größenordnung

$$\frac{\Delta\nu}{\nu} = 10^{-11} \ldots 10^{-14}$$

erreicht. Diese Halbwertbreiten der Laserstrahlung sind wesentlich schmaler als die Halbwertbreiten spontan emittierter Spektrallinien.

Die geringe Halbwertbreite ist infolge der induzierten Emission mit einer hohen *Kohärenz* verknüpft. Bei der spontanen Emission rechnet man mit Wellenlängen von 1 m Länge. Dagegen lassen sich bei den Helium-Neon-Lasern Kohärenzen zwischen *10 und 20 km Länge* beobachten. Bei Festkörperlasern sind die Kohärenzlängen geringer, da durch Kristallfehler (vgl. Abschnitt 4.2) das Schwingungsverhalten der einzelnen Wellentypen etwas verzerrt wird.

Die Laserstrahlung ist durch eine *hohe Bündelungsschärfe* ausgezeichnet. Sie kommt dadurch zustande, daß nur diejenigen der einfallenden Lichtstrahlen mit den Atomen des laseraktiven Materials zur Wechselwirkung kommen, die genau achsenparallel zwischen den Spiegeln des Resonators hin- und herlaufen. Beim Festkörperlaser kann man für einen Austrittsquerschnitt von 1 cm^2 mit einem unfokussierten Austrittswinkel von etwa 30 Winkelminuten rechnen. Mit dem Gaslaser lassen sich sogar Streuwinkel *unter einer Winkelsekunde* erreichen.

Infolge der aufgeführten Eigenschaften besitzt die Laserstrahlung eine *hohe Leistungsdichte.* Während eine inkohärente Lichtquelle im Brennpunkt einer Linse nur eine Leistungsdichte von maximal 10^3 W cm^{-2} liefert, erreicht man mit dem Festkörperlaser bei der gleichen optischen Anordnung Leistungsdichten bis zu 10^{14} W cm^{-2}. Dabei liegt die ausgestrahlte Leistung, wenn die Impulsdauer etwa eine Millisekunde beträgt, bei 100 W bis 10 kW. Der Wirkungsgrad ist jedoch nicht größer als 0,001 bis 0,2. Einem Output von größenordnungsmäßig 1 J entspricht eine aufzuwendende Pumpenergie von etwa 0,1 bis 1 kJ. Der größte Teil des eingestrahlten Lichtes wird nach allen Seiten spontan wieder ausgestrahlt. Nur ein geringer Bruchteil setzt sich in kohärente Laserstrahlung um.

Festkörperlaser arbeiten vornehmlich mit Impulsbetrieb. Die Folgefrequenz wird maßgeblich durch die Kühleinrichtung bestimmt. Gaslaser gestatten eine derart hohe Folgedichte, daß diese praktisch einem gleichmäßigen Dauerbetrieb entspricht.

Die Eigenschaften der Laser machen diese zu einem wichtigen Arbeitsmittel der Speicheroptik. Wegen der anzustrebenden hohen Speicherdichte müssen bei der Entwicklung strahlgesteuerter Speicher Effekte ausgenutzt werden, die in einer engbegrenzten Speicherzelle kurzzeitig nachweisbare, eindeutige, stabile Zustände herstellen, während die Nachbarzellen mit Sicherheit unbeeinflußt bleiben. Der verwendete Laserstrahl bestimmt daher durch seine Intensität, seine Monochromasie und damit verbunden seine Bündelungsschärfe im wesentlichen die Speicherdichte strahlgesteuerter Speicher. In gleicher Weise hängen die Aufzeichnungsgeschwindigkeit und die Zugriffszeit von den Eigenschaften der Laserstrahlung ab (vgl. z. B. Abschnitt 4.9. Farbzentren-Speicher). Neben der Anwendung des Lasers im Dauerbetrieb des strahlgesteuerten Speichers kommt besonders den Gaslasern Bedeutung für die Materialbearbeitung bei der Herstellung kleinster Bauelemente der Informationsspeicher zu. Für derartige Materialbearbeitungen werden insbesondere Helium-Neon-Laser verwendet, die wegen der Ausstrahlung unter kleinen Wellenlängen (vgl. Tabelle 2.1) eine sehr hohe Präzision ermöglichen.

Tabelle 2.1. Laser

Aktives Material	Länge d. akt. Mat. cm	Wellen-länge μm	Ausgangs-leistung MW	Impuls-dauer μs	Folge-frequenz Imp/min
Festkörperlaser					
Al_2O_3, Cr^{3+}	20	0,6943	6000	0,01	1
	20	0,6943	1	500	1
	5	0,6943	0,001	500	4
Y–Al–Gran.Nd^{3+}	20	1,06	0,002	kontinuierlich	
Glas, Nd^{3+}	20	1,06	1000	0,03	0,5
Aktives Gas Zusätze	**Resonator-länge m**	**Wellen-länge μm**	**Ausgangs-leistung W**	**Impuls-dauer ns**	**Wirkungs-grad %**
Gaslaser					
H_2	1	0,156	10^5	2,5	—
N_2	1	0,3371	150	30	10^{-5}
Ar	1	0,3637	5	kont.	
Ar	0,3	0,4579	2	kont.	0,1
Ne, He	0,3	0,6328	0,02	kont.	0,01
		0,6328	1	kont.	
	0,7	3,39	0,005	kont.	0,005
		3,39	0,2	kont.	
CO_2, H_2O	2	10,6	100	kont.	20
	225	10,6	8800	kont.	10
Aktives Material	**Arbeits-temp. °C**	**Wellen-länge μm**	**Ausgangs-leistung W**	**Impuls dauer ns**	**Folge-frequenz Hz**
Halbleiterlaser					
GaAs	−196	0,85	0,1	kontinuierlich	
	27	0,85	10	100	100
	−196	0,85	150	100	100

Von Bedeutung für die Speicherphysik sind auch die Halbleiterlaser, die elektrische Energie ohne Zwischenstufen in optische Impulse umwandeln und dadurch eine einfache Modulation bei der Informationsübertragung ermöglichen ([2.1] bis [2.6]).

2.2. Die induzierte Emission laseraktiver Festkörper

Nach der BOHRschen Theorie des Lichtes sind die Elektronen bei ihren Umläufen an diskrete Bahnen gebunden und nehmen daher auch nur diskrete Energiezustände an. Der Umlauf der elektrisch geladenen Elementarteilchen auf einer derartigen Bahn erfolgt strahlungsfrei.

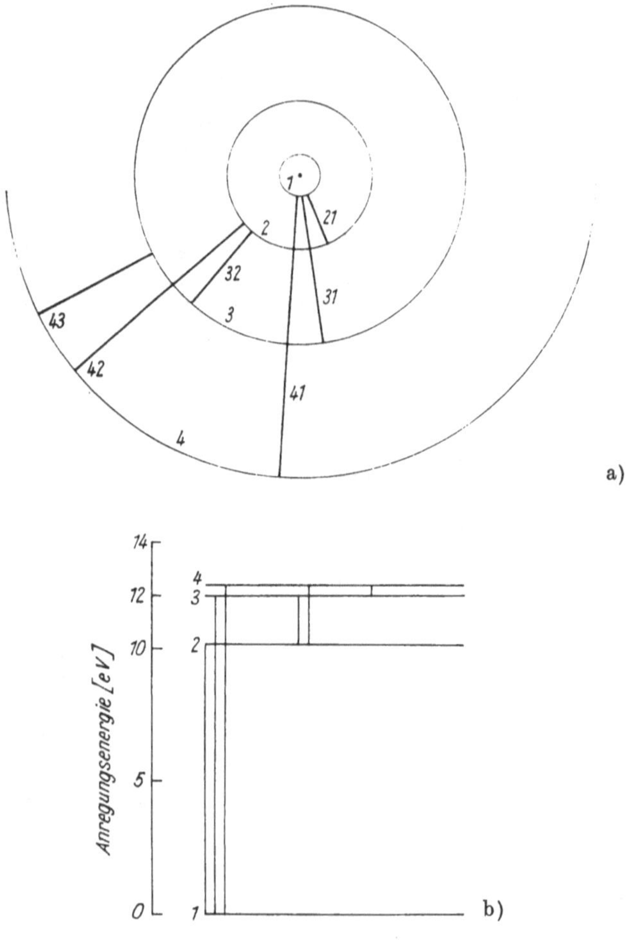

Abb. 2.2. BOHRsche Elektronenbahnen bei einem Wasserstoffatom (a), Energieniveaulinien der BOHRschen Elektronenbahnen (b)

Eine von außen auf das Medium gerichtete Energiezuführung, die von einem der Atome oder Moleküle absorbiert wird, führt dazu, daß dieses Teilchen aus dem Grundzustand in einen angeregten Zustand versetzt wird. Dabei springt eines der umlaufenden Elektronen in eine Bahn, die einem höheren Energiezustand entspricht (vgl. Abb. 2.2). Die Energiezuführung an das Quantensystem kann auf verschiedenen Wegen erfolgen: Erwärmung auf hohe Temperaturen, Gasentladung, Reaktionswärme bei chemischen Prozessen, äußere Strahlung usw.

Zwischen der Zahl N_1 der Elektronen im Grundzustand und der Zahl N_2 der Elektronen im angeregten Zustand besteht ein statistisches Gleichgewicht. Bezeichnet ΔW die erforderliche Anregungsenergie, so gilt bei thermischer Anregung die BOLTZMANNsche Beziehung

$$\frac{N_2}{N_1} = \mathrm{e}^{-\frac{\Delta W}{kT}} . \tag{2.1}$$

Darin bezeichnet $k = 1{,}38 \cdot 10^{-23}\ \mathrm{JK^{-1}}$ die BOLTZMANN-Konstante, T die Temperatur in Kelvin.

Erfolgt die Energiezuführung nicht auf thermische Art, z. B. durch Elektronenstoß in Gasentladungen oder durch Lichteinstrahlung, so stellt sich ein stationäres Gleichgewicht einzelner getrennter Termgruppen ein, das zu BOLTZMANNschen Besetzungsverteilungen nach (2.1) führt. Die gemäß (2.1) einer solchen Termgruppe zuzuordnende Temperatur ist jedoch mit der Medientemperatur nicht identisch.

Springt das Elektron vom höheren Energiezustand auf das niedrigere Energieniveau zurück, so wird die Energie ΔW wieder frei und vom Atom in Form von Strahlung an die Umgebung abgegeben. Infolge der BOLTZMANNschen Beziehung (2.1) ist die Zahl der angeregten Zustände und damit die Zahl der Quantenübergänge begrenzt. Insbesondere besteht keine Möglichkeit der Anreicherung von Elektronen im angeregten Zustand. Erfolgen also die Elektronenübergänge zwischen den beiden Energieniveaus nach statistischen Gesetzmäßigkeiten, so wird eine inkohärente Strahlung verursacht, deren Intensität proportional der Besetzungsdichte des oberen Niveaus ist. Man bezeichnet diese Strahlung als spontane Emission.

Die induzierte bzw. stimulierte Emission wird bei den Festkörperlasern durch Zwischenniveaus ermöglicht. Laseraktive Festkörper bestehen aus Kristallen, die in geringer Konzentration (Größenordnung $1^0/_{00}$) zwei- oder dreiwertige Ionen als Fremdstoffe enthalten. Am bekanntesten als Lasermedium ist der Rubinkristall Al_2O_3 von MAJMAN, der einen geringen Zusatz dreiwertiger Chromionen Cr^{3+} enthält. Auch in einem festen Körper kann ein Elektron wie im Wasserstoffatom nur diskrete Energiezustände besetzen. Ein fester Körper besteht aus einer Vielzahl einzelner Bausteine (vgl. 4.1.) und stellt damit ein Quantensystem dar, das eine Vielzahl von Elektronen enthält. Sie liegt in der Größenordnung der AVOGADROschen Zahl $N_A = 6{,}02 \cdot 10^{22}\ \mathrm{kmol^{-1}}$.

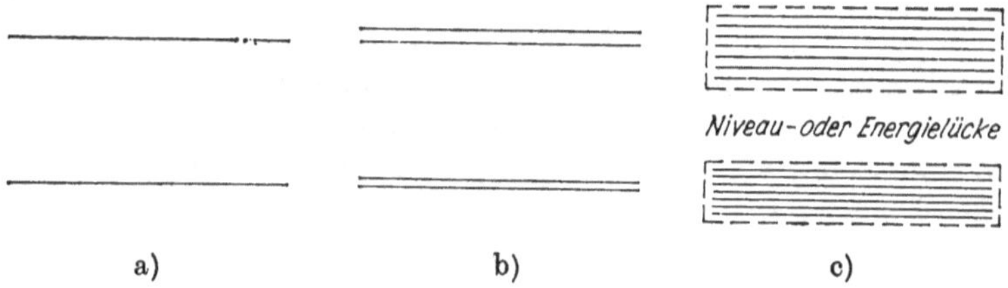

Abb. 2.3. Energieniveaulinien bei einem Quantensystem a) für ein Teilchen, b) Aufspaltung der Niveaulinien bei zwei Teilchen, c) Bildung von Energiebändern bei einer Vielzahl von Teilchen

Enthält ein Festkörper N Atome, so spaltet nach der Quantentheorie infolge der Wechselwirkung zwischen den Elektronen jeder bei einem einzigen Elektron vorhandene Energiezustand in N dicht beieinanderliegende Niveaus auf (vgl. Abb. 2.3). Ein derartiges System dicht beieinanderliegender diskreter Energielinien wird als Energieband, kurz als Band bezeichnet.

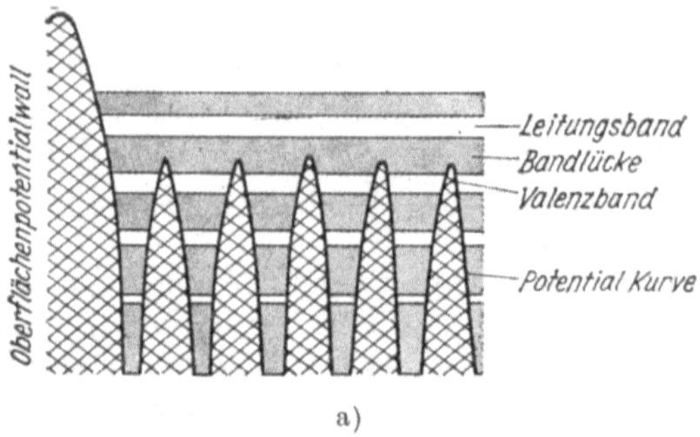

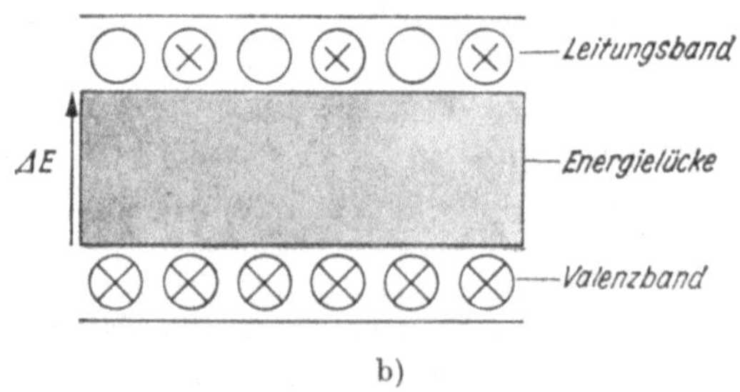

Abb. 2.4. Potentialverteilung und Energiebänder in einem Kristall (Festkörper mit regelmäßiger Anordnung der Kristallbausteine)

a) Potentialverlauf im Innern und am Rande eines Kristalls mit den zugehörigen Energiebändern, b) Valenzband und Leitungsband mit der dazwischenbefindlichen Energielücke: ⊗ besetzter Energiezustand, ○ unbesetzter Energiezustand

Die physikalischen Eigenschaften eines festen Körpers sind durch zwei Bänder gekennzeichnet: das Valenz- und das Leitungsband. Das Valenzband ist das oberste vollbesetzte Band. Es enthält $2N$ Elektronen. Jedes einzelne Niveau ist also mit zwei Elektronen besetzt und kann daher keine weiteren Elektronen aufnehmen (als Folge des PAULI-Prinzips). Das über dem Valenzband befindliche Band heißt Leitungsband. Es ist nur teilweise mit Elektronen besetzt

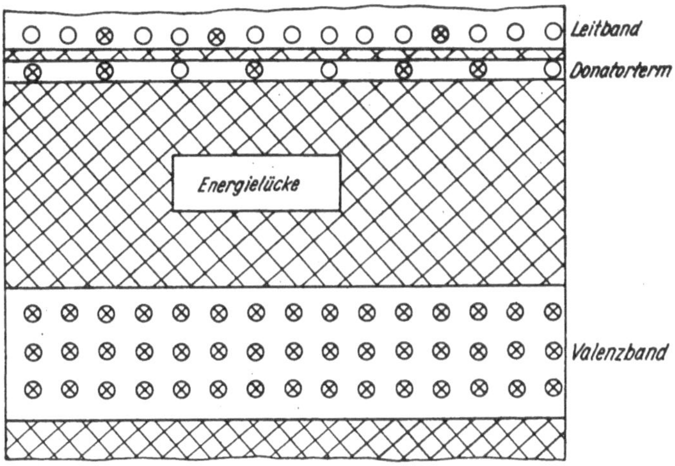

a)

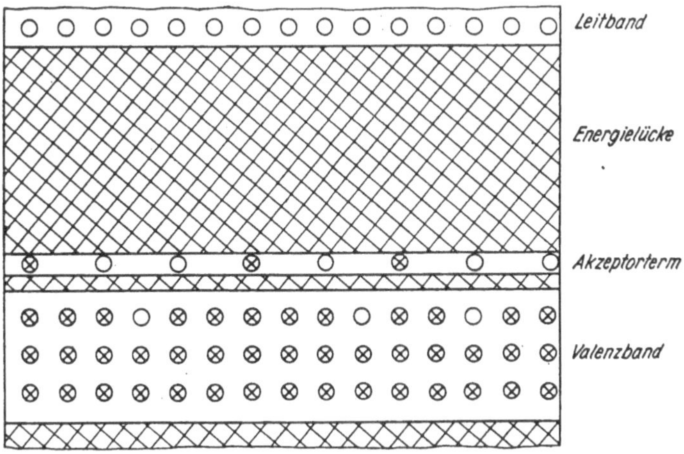

b)

Abb. 2.5. Die Bildung zusätzlicher Energieniveaus zwischen dem Valenz- und dem Leitungsband bei der Dotierung eines Kristalls mit Fremdstoffen

a) Donatorterm knapp unterhalb des Leitungsbandes bei der Dotierung von Silizium oder Germanium mit Arsen, b) Akzeptorterm knapp oberhalb des Valenzbandes bei der Dotierung von Silizium oder Germanium mit Bor

oder leer. Die dazwischen befindliche Zone nicht möglicher Energiezustände heißt Energielücke (vgl. Abb. 2.4). Tabelle 2.2 gibt Werte für die Energielücke bei einigen reinen Kristallen an. Ein Elektron auf dem Leitungsband kann sich durch den gesamten Kristall bewegen.

Dotiert man einen reinen Kristall mit einem geringen Zusatz an Fremdstoffen, z. B. den Rubinkristall Al_2O_3 mit dreiwertigen Chromionen Cr^{3+}, so werden zwischen dem Valenz- und dem Leitungsband zusätzliche Energieniveaus gebildet (vgl. Abb. 2.5). Sie liefern die erforderlichen Niveaus für den Lasereffekt. Für die Laserstrahlung sind in der Regel vier, mindestens drei Energieniveaus erforderlich.

Als Pumpquellen zur Anregung des Festkörperlasers dienen verschiedene Lichtquellen. An Lampen werden besonders Xenonlampen in wendel-, ring- oder stabförmiger Ausführung verwendet. Auch Quecksilberhochdruck- und Wolframlampen finden Anwendung. Spezielle Ausführungen des Lasers gestatten auch die Ausnutzung des Sonnenlichtes.

Tabelle 2.2. Die Energielücke zwischen Valenz- und Leitungsband

Stoff	E eV	Stoff	E eV
Diamant	5,33	Te	0,34
Si	1,09	InSb	0,17
Ge	0,72	PbSe	0,25
ZnS	3,7	MgSn	0,20
InSe	0,96	InAs	0,37
GaP	2,29	PS	0,40
GaAs	1,35	HgSe	0,65
GaSb	0,69	PbTe	0,28

Durch die einfallende Energie werden die Elektronen vom Grundzustand *1* (vgl. Abb. 2.6) auf das Pump- oder Anregungsniveau *3* gehoben (*a*). In diesem Zustand verweilen sie jedoch nur sehr kurze Zeit ($\tau < 10^{-7}$ s) und fallen danach auf das metastabile Zwischenniveau *2* herab (*b*). Die Differenzenergie zwischen

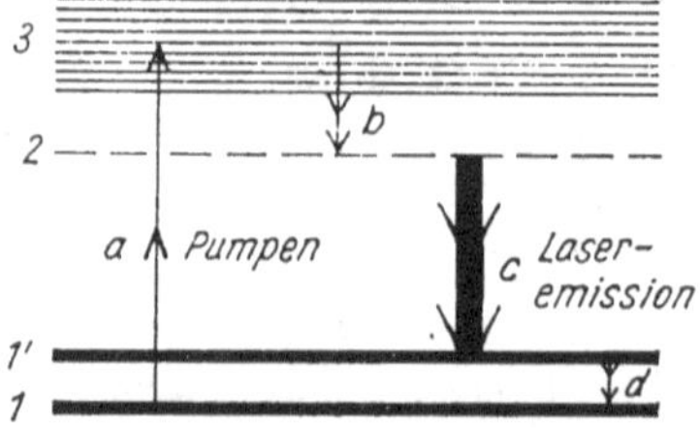

Abb. 2.6 Energieniveaus eines Laserprozesses
1 — Grundzustand, *2* — metastabiler Zwischenzustand, *3* — Pump- oder Anregungsniveau, *1'* — Endzustand nach der Laseremission

2 und *3* wird als Wärmeenergie an das Kristallgitter übertragen. Der metastabile Zustand *2* kann für mehrere Millisekunden aufrecht erhalten werden. Bei starker Pumpleistung vom Niveau *1* in das Niveau *3* läßt sich infolgedessen eine Überbesetzung des metastabilen Terms *2* und damit eine Energiespeicherung erzielen. Hat das Niveau *2* eine Besetzung N_2, die größer ist als die Besetzung N_1 des Grundterms, so bezeichnet man diesen Zustand als *Besetzungsumkehr bzw. Inversion.*

Im Zustand *2* genügen bereits wenige, von außen zuzuführende Photonen, um einen lawinenartig ablaufenden Strahlungsprozeß zu induzieren (*c*). Dieser Vorgang stellt den eigentlichen Laserprozeß dar. Dabei fallen die Elektronen vom Term *2* auf den Term *1'* und senden Licht aus (Laserübergang). Dieser Prozeß wird als induzierte bzw. stimulierte Emission bezeichnet. Ihre Intensität ist proportional der spektralen Energiedichte des Wellenfeldes.

Der Energiezustand *1'* charakterisiert den Endzustand des Laserprozesses. Von *1'* erfolgt der Übergang zurück in den Grundzustand ohne Strahlung (*d*). Die Verweilzeit τ in *1'* ist dabei nur sehr kurz ($\tau_{1'} < 10^{-7}$ s).

Beim ersten, von MAJMAN 1960 entwickelten Festkörperlaser sind die Zustände *1* und *1'* identisch. Der Rubinlaser bildet somit ein Drei-Niveau-System. Alle übrigen bisher bekannten Festkörperlaser sind Vier-Niveau-Systeme. Dazu gehören insbesondere mit Neodym oder Dysprosium (Seltene Erden) dotierte Gläser oder Kristalle, z. B. von Kalziumfluorid oder Kalziumwolframat.

Die Auswahl der Lasermaterialien erfolgt derart, daß das nichtstabile Pumpniveau (*3*) aus einem breiten Energieband besteht. Dadurch wird die Absorption des eingestrahlten Pumplichtes in einem breiten Spektrum ermöglicht ([2.7] bis [2.11]).

2.3. Resonatoren

Der Resonator wird durch zwei reflektierende Flächen gebildet, zwischen denen sich das laseraktive Material befindet. Es hat im allgemeinen die Gestalt eines Zylinders, dessen Länge bei Festkörperlasern bis zu 30 cm und dessen Durchmesser etwa zwischen 5 mm und 2 cm beträgt. Abb. 2.7 zeigt Ausführungsformen verschiedener Festkörperresonatoren.

Für die Resonanzstruktur wird ein hoher Gütefaktor gefordert. Das bedeutet, das Verhältnis der gesamten, im Resonatorvolumen enthaltenen elektromagnetischen Energie muß sehr groß im Verhältnis zu der während einer Schwingungsperiode durch Streuung, Dämpfung oder Abstrahlung verloren gehenden Energie sein.

Resonanzanordnungen zur Erzeugung von Laserstrahlen unterscheiden sich von den üblichen Anordnungen bei niedrigeren Frequenzen dadurch, daß sie groß gegen die Wellenlänge der Strahlung sind und wegen der notwendigen Ausstrahlung nicht allseitig geschlossen sein können. Ein besonders hoher Gütefaktor läßt sich für einen offenen Resonator mit gleichen sphärischen Spiegeln erreichen. Der FABRY-PEROT-Resonator mit zwei Planspiegeln ist technisch einfacher herzustellen als die Anordnung mit sphärischen Spiegeln. Sein Gütefaktor liegt dafür jedoch wesentlich niedriger. Er ist genau dann auf Resonanz abgestimmt, wenn der Abstand seiner beiden Planspiegel gleich einem ganzzahligen Vielfachen der halben Wellenlänge ist.

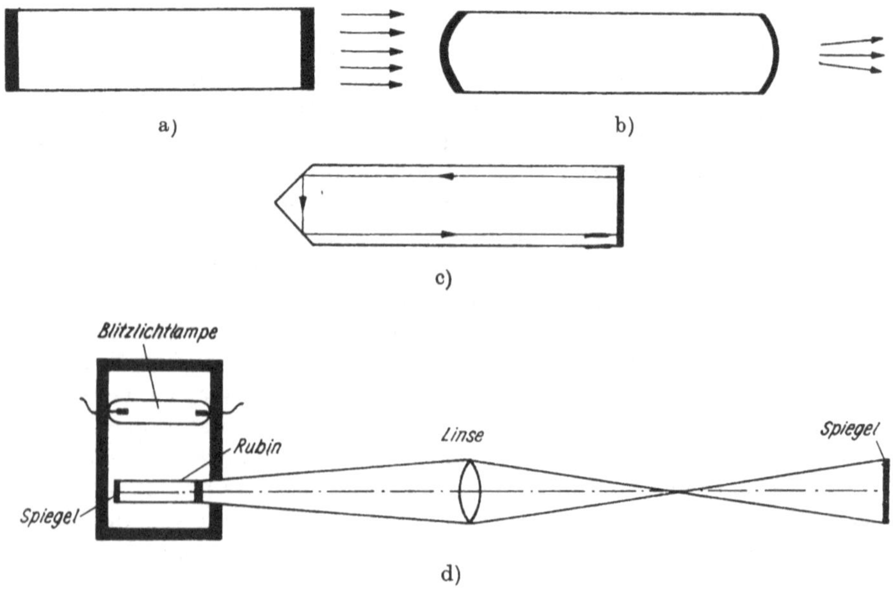

Abb. 2.7. Ausführungsformen von Resonatoren bei Festkörperlasern

a) Laseraktiver Stab mit planparalleler Spiegelschicht an den Enden, b) Laseraktiver Stab mit konfokaler Verspiegelung an den Enden, c) Laserstab mit aufgesetztem Prisma (totalreflektierend), d) Festkörperlaser mit Linse und externen Spiegeln zur Erzielung großer Resonatorlängen (50 m)

Bei Resonanz laufen die Photonen zwischen den Spiegeln hin und her. Die Wechselwirkung mit den Atomen des Lasermaterials führt zur Absorption von Photonen, d. h. zu Quantenübergängen auf höhere Energieniveaus. Hiermit verbunden sind verstärkt auftretende Übergänge in der entgegengesetzten Richtung. Sie sind mit einer Emission verknüpft. Das ausgestrahlte Licht wird durch die Reflektoren in den Resonatorraum zurückgeworfen und vergrößert die Zahl der zwischen den Spiegeln hin- und herreflektierten Photonen. Durch die induzierte Emission wird also das elektromagnetische Feld infolge der Resonatoranordnung phasentreu verstärkt. Diese verstärkten elektromagnetischen Schwingungen führen zu verstärkten Übergängen in das metastabile Niveau *2* und zur Besetzungsinversion.

In der BOLTZMANNschen Beziehung (2.1) ist die Besetzungsinversion gleichbedeutend mit dem Auftreten einer negativen absoluten Temperatur. Der Zustand einsetzender Inversion wird statistisch über ansteigende Temperaturen erreicht und tritt nach Überschreiten des Grenzwertes $T = \pm\infty$ auf.

Von den beiden reflektierenden Flächen des Resonators ist die eine voll-, die andere teilverspiegelt (offene Resonatoranordnung). Auch die Durchlässigkeit der teilverspiegelten Fläche ist sehr gering. Durch sie verläßt der Laserstrahl den Kristall nach erfolgtem Laserprozeß in Form eines Impulses von rund einer Millisekunde Dauer ([2.12], [2.13]).

2.4. Q-switch-Laser (Riesenimpuls-Laser)

Nach den beschriebenen Verfahren kann die gespeicherte Energie eines Resonators diesen nicht momentan verlassen, sondern wird durch die Teilverspiegelung im Verlauf von Zeiten abgegeben, die in der Größenordnung einer Millisekunde liegen. Die Entladung eines derartigen Lasers mit Impulsbetrieb erfolgt in einer Serie von oszillierenden Schwingungen. Dabei werden Ausgangsleistungen bis zu 10 kW erzielt.

Der Riesenimpuls-Laser vermag den gesamten Energievorrat in einem einzigen Impuls auszustoßen. Die Entladung erfolgt innerhalb von Zeiträumen der Größenordnung 10^{-8} s. Hierdurch kann die Ausgangsleistung bis zu einigen hundert Megawatt gesteigert werden.

Derartige Riesenimpulse lassen sich durch eine Steuerung des Gütefaktors der Resonatoranordnung herstellen. Der Gütefaktor ist zunächst klein. In diesem Zustand wird das laseraktive Material durch die Lichtquelle angeregt, stabile elektromagnetische Schwingungen sind zunächst jedoch unterdrückt. Die Zahl der angeregten Atome bleibt daher weit unter der Schwellenbesetzung. Während einer kurzen Schaltzeit werden die Resonatorverluste verringert, der Verstärkungsfaktor erhöht (Q-switching oder loss-switching). In Verbindung mit einer Herabsetzung des Gütefaktors wird danach die gespeicherte elektromagnetische Feldenergie in kürzester Zeit in Lichtenergie umgewandelt.

Zur technischen Steuerung verwendet man eine KERR-Zelle. Sie wird zusammen mit einem Polarisationsprima in den Strahlengang gebracht (vgl. Abb. 2.8a). Das Polarisationsprisma läßt die normalerweise im Rubin-Kristall entstehende Laserstrahlung ungehindert passieren und beseitigt nur die Strahlung, deren Schwingungsrichtung senkrecht dazu liegt (vgl. Abb. 2.8b).

Die physikalischen Grundlagen der elektrooptischen Kerr-Zelle gehen aus Abschnitt 7 hervor. Sie kann z. B. von zwei Kondensatorplatten gebildet werden, zwischen denen sich Nitrobenzol befindet. Beim Durchgang linearpolarisierten Lichtes durch die KERR-Zelle wird dieses in zwei zueinander senkrecht polarisierte Komponenten zerlegt, die das Medium mit verschiedenen Phasengeschwindigkeiten durchlaufen.

Schaltet man die KERR-Zelle so, daß die elektrische Feldstärke zwischen den Kondensatorplatten um 45° gegen die Schwingungsrichtung der einfallenden Laserstrahlung geneigt ist, so wird diese in zwei gleichgroße Komponenten zer-

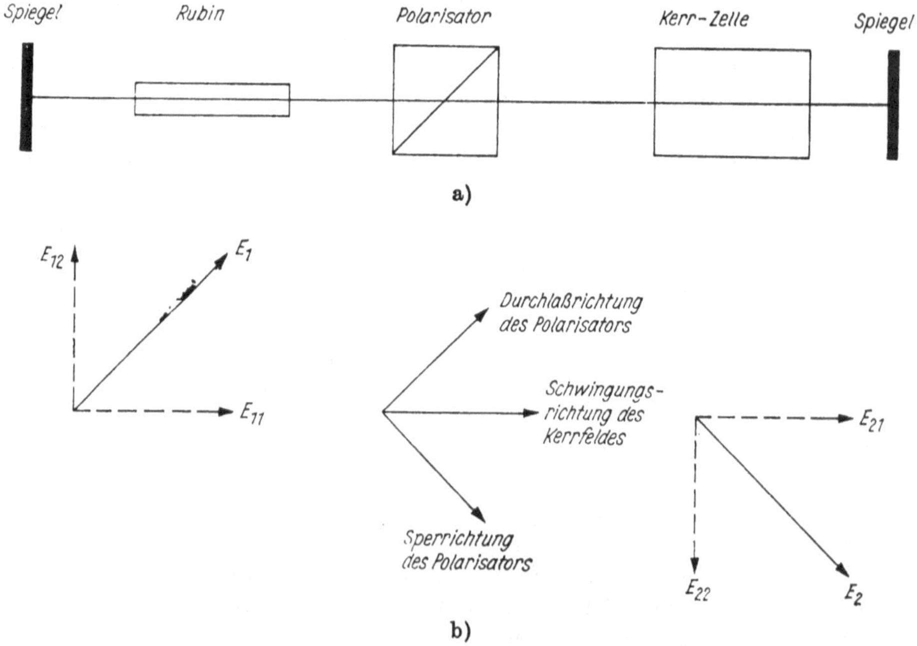

Abb. 2.8a. Prinzipieller Aufbau des Riesenimpuls-Lasers

Abb. 2.8b. Der elektrische Vektor des Laserlichtes beim Eintritt in die KERR-Zelle (E_1) und nach zweimaligem Passieren der KERR-Zelle (E_2)

legt. Beide Strahlen passieren die KERR-Zelle, werden am Reflektor zurückgeworfen und passieren erneut die KERR-Zelle. Man kann die elektrische Feldstärke zwischen den Platten so einstellen, daß nach zweimaligem Passieren der KERR-Zelle die Phasenverschiebung zwischen beiden Komponenten gerade π beträgt. Das ist gleichbedeutend damit, daß die Schwingung der ersten Komponente unverändert geblieben, die der zweiten in der entgegengesetzten Richtung orientiert worden ist. Setzt man die beiden Komponenten daher wieder zusammen, so entsteht linear polarisiertes Licht, das gegenüber seiner ursprünglichen Schwingungsrichtung um 90° verdreht ist. Es schwingt daher in der Sperrichtung, wenn es vor dem Durchgang in Durchlaßrichtung polarisiert war, d. h. der Strahl wird durch das Polarisationsprisma aus dem Strahlengang entfernt. Die Laserschwingungen sind damit unterdrückt.

Erst nach dem Ausschalten der Spannung in der KERR-Zelle geht das Licht ungehindert hindurch, und die Anordnung wirkt als Resonator. Die Rückkopplung der Lichtquelle mit dem Resonator ist daher nur während eines extrem kurzen Zeitabschnittes hergestellt. Bei Anwendung der KERR-Zelle zur Steuerung des Riesenimpulses ergeben sich Schaltzeiten von 10^{-8} s. Ein Drehprisma mit etwa 60000 Umdrehungen je Minute, das die Rückkopplung der

Lichtwelle mit dem Resonator ebenfalls nur kurzzeitig herstellt, gestattet nur Schaltzeiten von 10^{-7} s.

Das Blitzlicht wird nun so gezündet, daß das Maximum der Besetzung im Kristall mit der günstigsten Rückkoppelstellung zusammenfällt. Die induzierte Emission setzt also erst nach dem Schalten durch die KERR-Zelle ein bzw. nachdem das rotierende Prisma für einen kurzen Zeitabschnitt die Resonatorstellung eingenommen hat. Hierdurch wird die Ausstrahlung der gespeicherten Energie innerhalb weniger hundert Nanosekunden bewirkt und damit ein Riesenimpuls höchster Leistungsdichte erzeugt ([2.14] bis [2.16]).

2.5. Gaslaser

Bei den Gaslasern erfolgt die Anregung des Gasmediums durch Hochfrequenz- oder durch Gleichspannungsentladung. Der Resonator wird beim Festkörperlaser durch Plan- oder Konkavspiegel abgegrenzt. Abb. 2.9 zeigt den Aufbau von Gaslasern in zwei verschiedenen Anordnungen.

In der Gassäule treten zwar statistische Schwankungen zwischen den Gasteilchen auf. Die hierdurch bedingten örtlichen und zeitlichen Abweichungen von den Mittelwerten sind jedoch klein gegen die im Festkörper vorhandenen Spannungen. Auch Störungen durch fremde Bestandteile, wie sie im Festkörper

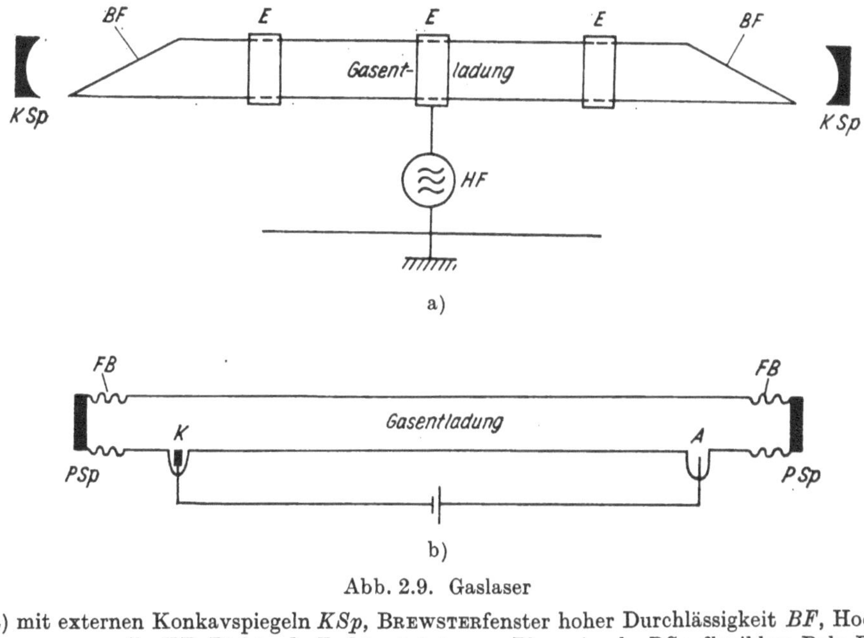

Abb. 2.9. Gaslaser

a) mit externen Konkavspiegeln KSp, BREWSTERfenster hoher Durchlässigkeit BF, Hochspannungsquelle HF, Elektrode E, b) mit internen Planspiegeln PSp, flexiblem Balg FB, Anode A, Katode K

in Form von Einschlüssen und Schlieren auftreten, lassen sich in Gasen stärker reduzieren als in festen Stoffen. Größere Streuverluste sind beim Gaslaser nur an den Spiegeln sowie am Abschlußfenster zu erwarten. Das erzeugte kontinuierliche Licht zeigt daher bei gasförmigen Lasermedien eine um mehrere Größenordnungen bessere Qualität als bei Festkörperlasern.

Ein Vorteil, der für den Betrieb bei der Speicheraufzeichnung und -wiedergabe von Bedeutung ist, besteht in der Möglichkeit, die Gasentladung so zu steuern, daß kontinuierlich ausgehendes Laserlicht erzeugt wird. Dagegen ist der Wirkungsgrad des Gaslasers im allgemeinen geringer als beim Festkörperlaser. Die Ausgangsleistung des Gaslasers liegt nach dem Stand der Technik in einem breiten Bereich der Größenordnung Mikrowatt bis einige Kilowatt (vgl. Tabelle 2.1).

In Gasmedien haben die absorbierenden Übergänge zwischen zwei Energiezuständen nur eine sehr geringe Breite. Zwischen der Frequenz des einfallenden und der das absorbierten Lichtes läßt sich daher keine gute Resonanz erzielen. Das beim Festkörperlaser angewandte Prinzip des optischen Pumpens ist für die Erzielung der Besetzungsinversionen bei Gasen ohne Bedeutung geblieben.

Die Anregung erfolgt im allgemeinen entweder durch Elektronenstoß nach den Formeln

$$e + A \to A^* + e \tag{2.2}$$

(Anregung eines atomaren Zustandes, Beispiel Edelgaslaser),

$$e + A \to (A^+)^* + 2e \tag{2.3}$$

(Anregung eines Ionenzustandes, Beispiel Edelgas-Ionen-Laser, gepulst),

$$\left.\begin{aligned} e + A' &\to (A^+)^* + 2e \\ e + (A^+)' &\to (A^+)^* + e \end{aligned}\right\} \tag{2.4}$$

(Zweistufenanregung über metastabile Zustände, Beispiel Edelgas-Ionen-Laser, kontinuierlich)
oder durch Stöße zweiter Art gemäß

$$A + C' \to A^* + C \tag{2.5}$$

(Austausch von rein elektronischer Anregungsenergie, Beispiel Helium-Neon-Laser).
In diesen Gleichungen bedeuten A und C zwei Atome oder Moleküle, A^* kennzeichnet den angeregten Zustand des Teilchens A, A' den metastabilen; e charakterisiert das Elektron. An die Stelle der Atome oder Moleküle A können auch Ionen A^+ bzw. elektrisch geladene Moleküle treten.

Erste erfolgreiche Versuche zur induzierten Strahlungsemission in Gasen wurden bereits im Jahre 1961 mit einem Gemisch aus Helium und Neon durchgeführt, das unter einem Gesamtdruck in der Größenordnung 1 mbar stand.

Die Laserübergänge des He-Ne-Gemisches zeichnen sich durch eine im Verhältnis zu anderen Gaslasern große Verstärkung aus. Das ausgestrahlte kohärente Licht liegt im sichtbaren oder nahen infraroten Spektralbereich, der meßtechnisch gut zugänglich ist. Zur experimentellen Realisierung einer Ausgangsleistung im Größenordnungsbereich Milliwatt ist nur ein relativ geringer Aufwand erforderlich. Der Helium-Neon-Laser hat daher sowohl als Forschungsobjekt als auch für die technische Anwendung große Bedeutung erlangt.

Die Erzeugung hochbesetzter metastabiler Zustände geht beim He–Ne-Laser nach verschiedenen Prozessen vor sich. Vereinfacht kann das Arbeitsprinzip nach Abb. 2.10 umrissen werden: Während der Gasentladung werden die

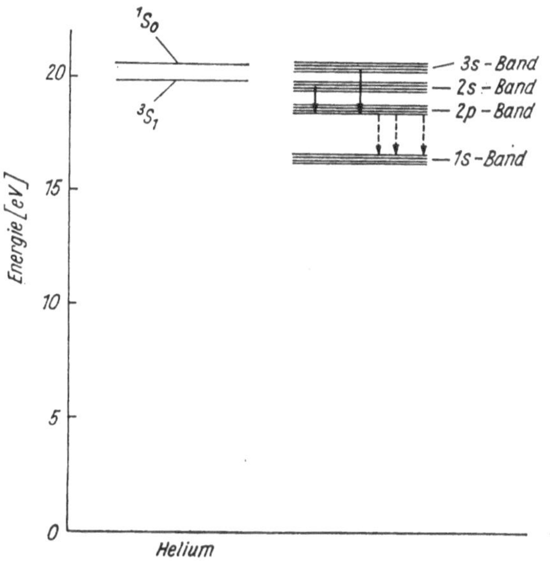

Abb. 2.10. Energieschema des Helium–Neon-Lasers
——→ Laseremission, - - -→ spontane Emission

Heliumatome in den metastabilen 2^3S_1-Zustand angeregt. Dieser liegt nahe bei einer Gruppe dichtbenachbarter $2s$-Zustände des Neons. Infolgedessen können die Neonatome leicht von den 2^3S_1-Heliumatomen durch Stöße zweiter Art aus dem Grundzustand in einen der $2s$-Zustände angeregt werden. Unterhalb der $2s$-Niveaus, im Abstand von etwa 1 eV, liegen die $2p$-Niveaus der Neonatome. Diese Energiedifferenz ist bereits zu groß, als daß Übergänge durch Stöße zweiter Art wahrscheinlich sind. Die $2p$-Niveaus werden in der Hauptsache durch Elektronenstöße und durch spontane Emission aus höheren Termen besetzt. Auch hierfür ist jedoch die Wahrscheinlichkeit gering. Da außerdem die Lebensdauer des $2p$-Niveaus geringer ist als die des $2s$-Niveaus, tritt Besetzungsumkehr und Laseremission ein. Vom $2p$-Zustand erfolgt der weitere Übergang in das $1s$-Niveau durch spontane Emission, von dort durch Wand- und Teilchenstöße in den Grundzustand.

In gleicher Weise erfolgt Energieaustausch zwischen He 2 $^1S_0$ und Ne $3s$ mit Laseremission zwischen Ne $3s$ und Ne $3p$ sowie Ne $2p$.

Außer den He-Ne-Lasern hat von den Gaslasern besonders der CO_2-Laser Verbreitung gefunden. Er kann einen Wirkungsgrad von über 20% erreichen und übertrifft damit erheblich die Festkörperlaser. Die Laserleistung kann bis auf einige kW gesteigert werden. Der CO_2-Laser wird daher vielfach für die Materialbearbeitung, wie Metallschneiden und -schweißen, angewandt. Wegen der großen Wellenlänge von $\lambda = 10{,}6\ \mu m$ des von ihm ausgehenden Lichtes ist er dagegen für Mikrobearbeitungen und für raumkonzentrierte Prozesse wenig geeignet ([2.17] bis [2.22]).

2.6. Halbleiterlaser

Halbleiterlaser sind für die Informations- und Speicherphysik von besonderem Interesse, da sie eine einfache Modulation und Demodulation des Laserlichtes gestatten (vgl. Abschnitt 7).

Das aktive Medium eines Halbleiterlasers besteht aus zwei verschiedenen, aneinandergrenzenden Halbleiterschichten. Abb. 2.11a zeigt den prinzipiellen Aufbau, Abb. 2.11b die Lichtcharakteristik in der *pn*-Ebene und Abb. 2.11c senkrecht zur *pn*-Ebene. Diese Ausstrahlungsintensitäten sind besonders für die Einwirkung bei der Modulation des Laserlichtes von Bedeutung (vgl. Abschnitt 7.6). Die Eigenschaften eines Halbleiterlasers lassen sich aus der Bandstruktur eines Halbleiters erklären.

Bei Halbleitern ist das Leitungsband für die Temperatur am absoluten Nullpunkt leer. Halbleiter besitzen für $T = 0$ die Elektronenleitfähigkeit Null. Zunehmende Temperatur erhöht ihre Elektronenleitfähigkeit, im Gegensatz zu den Metallen.

Die Leitfähigkeit der Halbleiter wird durch Elektronen bewirkt, die aus dem Valenzband in das Leitungsband springen. Mit wachsender Temperatur nimmt die Wahrscheinlichkeit für derartige Übergänge zu. Bei Zimmertemperatur liegt die mittlere thermische Energie eines Elektrons zwischen 0,01 und 0,1 eV. Diesen Wert darf die Energielücke um nicht mehr als eine Größenordnung übersteigen, wenn auf Grund der statistischen Energieverteilung eine merkliche Anzahl von Elektronen in das Leitungsband gelangen soll.

Reine Kristalle, bei denen die Bandlücke thermische Elektronenübergänge zuläßt, werden als Eigenhalbleiter bezeichnet. Technisch von Bedeutung sind die Fremdhalbleiter, die auch das aktive Medium der Halbleiterlaser bilden. Ein Fremdhalbleiter entsteht, indem ein Eigenhalbleiter mit geringen Zusätzen an Fremdstoffen dotiert wird. Z. B. beträgt bei den reinen Kristallen der vierwertigen Elemente Silizium und Germanium nach Tab. 2.2 die Energielücke zwischen dem Valenz- und dem Leitungsband 1,14 bzw. 0,67 eV. Silizium und Germanium zeigen daher als reine Kristalle nur eine schwache elektrische Leitfähigkeit. Sie steigt um ein Vielfaches an, wenn anstelle des reinen Kristalls ein mit drei- oder fünfwertigen Fremdatomen dotierter Kristall verwendet wird.

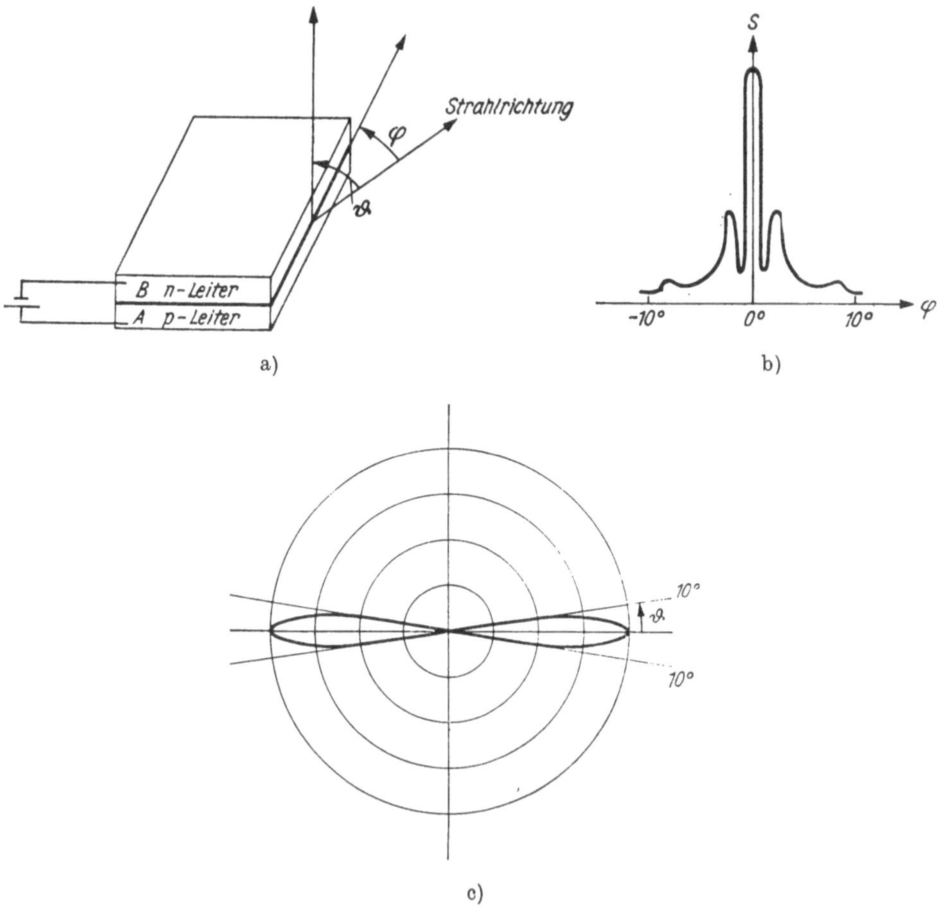

Abb. 2.11. Halbleiterlaser

a) Prinzipieller Aufbau, b) Ausstrahlungsintensität in der pn-Ebene, c) Ausstrahlungsintensität senkrecht zur pn-Ebene

Bei den Fremdhalbleitern unterscheidet man zwischen Überschuß- (n-) und Mangelhalbleitern (p-Halbleitern). In n-Halbleitern bleibt eine Valenz des Fremdatoms, in p-Halbleitern eine des Wirtsatoms ungedeckt. Fremdatome, durch die ein Kristall zum n-Halbleiter wird, bezeichnet man als Donatoren. Dagegen werden Fremdstoffe, die einen Kristall zum p-Halbleiter werden lassen, Akzeptoren genannt.

Man kann z. B. nach Abb. 2.12 in den Kristall mit vierwertigen Siliziumatomen fünfwertige Arsenatome einbauen. Von ihren fünf Valenzelektronen finden nur vier Platz auf dem Valenzband, das aus zwei sich überlagernden Teilbändern besteht. Ein Valenzelektron des Arsenatoms ist überschüssig und läßt sich infolgedessen leicht vom Arsenatom abtrennen. Man benötigt nur eine geringe Energie, um das überschüssige Elektron aus dem Verband mit dem Donatoratom zu lösen und in das Leitungsband zu überführen, wo es sich frei durch den gesamten Kristall bewegen kann.

Der Einbau von Donatoren (Fremdatome mit einer überschüssigen Valenz) erzeugt somit im Bänderschema des Kristalls einen Donatorterm, der knapp unterhalb des Leitungsbandes liegt.

Baut man Atome mit drei Valenzelektronen, z. B. Boratome, in den Siliziumkristall ein, so bleibt eine Valenz der vierwertigen Wirtsatome frei. Um die tetraedrische Bindung der Siliziumatome zu vervollständigen, muß jedes der dreiwertigen Akzeptoratome ein Elektron als negative Überschußladung erhalten. Diese kann aus dem Valenzband entnommen werden, wo dadurch eine Elektronenlücke (Defektelektron) entsteht. Das Elektron wird bei diesem Vorgang auf ein Energieniveau gehoben, das man als Akzeptorniveau bezeichnet. Der Einbau von Akzeptoratomen schafft hiernach knapp oberhalb des Valenzbandes ein Energieniveau, in das leicht Elektronen übergehen können (vgl.

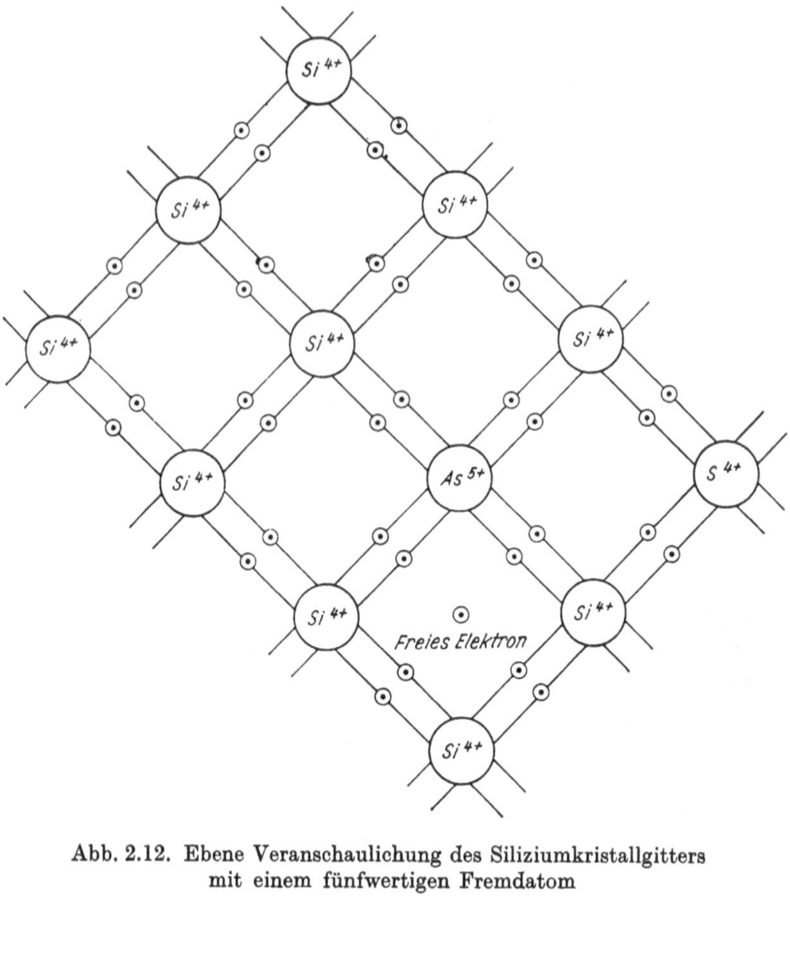

Abb. 2.12. Ebene Veranschaulichung des Siliziumkristallgitters mit einem fünfwertigen Fremdatom

Abb. 2.5b und Tab. 2.3). Eine derartige Halbleiterschicht heißt p-Schicht oder p-Halbleiter.

An der Stelle, an der eine p- und eine n-Halbleiterschicht zusammenstoßen, entsteht ein pn-Übergang (vgl. Abb. 2.13). Ein pn-Übergang läßt Elektronen bevorzugt in der Richtung von der n- zur p-Schicht passieren, während in der entgegengesetzten Richtung der elektrische Widerstand um Größenordnungen höher liegt. Die Ursache für dieses Verhalten an einem pn-Übergang liegt im Potentialgefälle (bei $T = 0$ treten im n-Halbleiter wegen des Donatorterms be-

Tabelle 2.3. Ionisierungsenergien E von Donatoren und Akzeptoren bei Zimmertemperatur nach [2.29]

Grundstoff	Silizium	Germanium
Fremdstoff	$\frac{E}{\text{eV}}$	$\frac{E}{\text{eV}}$
Phosphor	0,045	0,012
Arsen	0,049	0,013
Antimon	0,039	0,010
Bor	0,045	0,010
Aluminium	0,057	0,010
Gallium	0,065	0,011

setzte Zustände für höhere Energien als im p-Halbleiter auf) und im Mangel an freien Elektronen in der p-Schicht begründet. Der elektrische Strom fließt also an einem pn-Übergang bevorzugt von der p- zur n-Schicht. Legt man die n-Schicht an den negativen, die p-Schicht an den positiven Pol einer Spannungsquelle, so besteht also Durchlaßpolung mit einem kleinen Widerstand, während die entgegengesetzte Polung als Sperrpolung bezeichnet wird, da hierbei ein um Größenordnungen höherer Widerstand auftritt.

Bei einem Halbleiterlaser wird der Grundzustand durch das Valenzband, der Anregungszustand durch das Leitungsband charakterisiert. Die durch Fremd-

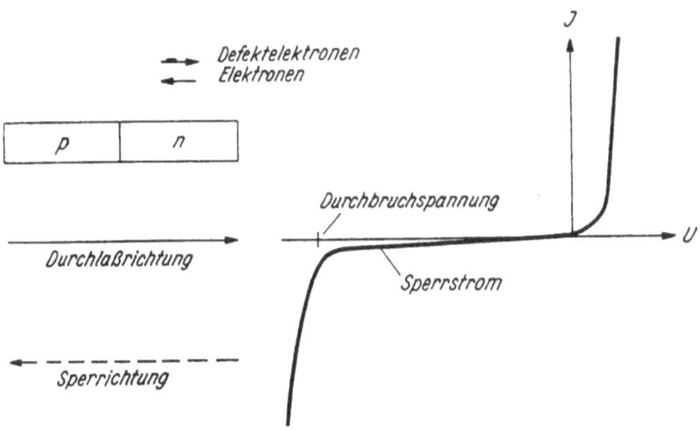

Abb. 2.13. pn-Diode mit Kennlinie

substanzen erzeugten Energiezustände nahe dem Valenz- bzw. Leitungsband markieren die für den Laserprozeß notwendigen Zwischenniveaus. Zur Anregung wendet man beim Halbleiterlaser Arbeitsmethoden an, die Transportprozesse, z. B. die elektrische Stromleitung ausnutzen.

In Abb. 2.11 kennzeichnet die Schicht A ein laseraktives Medium, für das beim Halbleiterlaser im allgemeinen Gallium-Arsenid verwendet wird. Durch Fremdsubstanzen ist dieses in einen hochdotierten p-Halbleiter umgewandelt worden. An die Schicht A grenzt die Schicht B, die ebenfalls aus Gallium-Arsenid besteht, jedoch mit Donatoren dotiert ist, also einen n-Halbleiter bildet. Legt man an den pn-Übergang eine Spannung in Durchlaßrichtung, so erhöht sich die potentielle Energie der Ladungsträger und es erfolgen verstärkt Elektronenübergänge nach der Schicht A. Bei dieser Injektion springen die Elektronen unter Lichtaussendung vom Leitungsband in das Valenzband zurück.

Das Lasermedium kann als FABRY-PEROT-Resonator ausgebildet werden. Bei geringer Dichte des Injektionsstromes finden spontane Emissionsprozesse statt. Übersteigt der Elektronenstrom jedoch einen vom Material und von der Dotierung abhängigen Grenzwert, so wird induzierte Strahlungsemission ausgelöst. Die Grenzstromdichte liegt in der Größenordnung 100 Amm^{-2}. Für die Frequenz der emittierten Strahlung ergibt sich ein Wert, der genähert gleich der Energiedifferenz zwischen Leitungs- und Valenzband ist.

Andere Anregungsverfahren für Halbleiter- bzw. Injektionslaser benutzen Elektronenstrahlen. Diese erzeugen durch Stoßprozesse nahe der Oberfläche Trägerpaare, die durch Diffusion gleichmäßig auf das laseraktive Medium verteilt werden.

Auch die Auslösung von Elektronen durch starke elektrische Felder der Größenordnung $10^7\ \mathrm{Vm}^{-1}$ wird zur Anregung von Injektionslasern ausgenutzt. Das elektrische Feld wird dabei direkt an eine halbleitende Schicht gelegt, die an hochdotierte Kontaktsubstanzen grenzt. Der Laserprozeß erfolgt lawinenartig bei einer Grenzspannung, die von der Kristallgeometrie und vom Dotierungsgrad abhängt ([2.23] bis [2.30]).

2.7. UV-Laser und Röntgenlaser. Die Laserbedingung

Für die Informations- und Speicherphysik sind im besonderen Maße Lichtquellen von Interesse, die kohärente Strahlung hoher Frequenz erzeugen. Ein scharfgebündelter Strahl kleiner Wellenlänge kann auch auf kleine Flächenabmessungen fokussiert werden. Er ermöglicht damit, den Informationsinhalt auf Speicherzellen mit kleinen geometrischen Abmessungen zu übertragen, wodurch eine hohe Speicherdichte erzielt werden kann.

Der Entwicklung von Lasern beliebig hoher Frequenz wird jedoch durch die Laserbedingung eine Grenze gesetzt. Damit Laserstrahlung erzeugt werden kann, muß der Absorptionskoeffizient des Lasermediums für die anregende Welle bzw. für den anregenden Prozeß negativ werden, d. h., die induzierte

Emission muß die Absorption übertreffen. Aus dieser Forderung ergibt sich die Laserbedingung.

Es bezeichne λ die Wellenlänge der emittierten Strahlung, $\Delta\nu$ das Frequenzintervall der spontanen Strahlung, N die Zahl der angeregten Teilchen, bezogen auf die Raumeinheit. τ gebe die mittlere Lebensdauer der angeregten Atome, t die mittlere Verweilzeit eines im Resonator hin- und herreflektierten Lichtquants an. Mit diesen Bezeichnungen folgt aus der Forderung eines negativen Absorptionskoeffizienten die Laserbedingung

$$\frac{c}{8\pi^2}\frac{\lambda^2 N}{\Delta\nu\tau} > \frac{1}{t}\,. \tag{2.6}$$

Sie läßt sich mit mechanischen Mitteln (großes Resonatorvolumen, großer Abstand und hohes Reflexionsvermögen der Spiegel) nur innerhalb gewisser Grenzen realisieren. Dabei hat man zu berücksichtigen, daß auch die Verspiegelung nur soweit erfolgen darf, daß der induzierte Laserstrahl den Resonator verlassen kann.

Um die linke Seite der Ungleichung möglichst groß werden zu lassen, ist man bestrebt, Lasermedien zu entwickeln, die nur eine schmale Frequenzbreite $\Delta\nu$ der spontanen Emission bei großer Lebensdauer τ der angeregten Atome besitzen.

Wie man aus (2.6) entnimmt, wird diese Ungleichung um so leichter erfüllt, je größer die Wellenlänge der emittierten Strahlung ist. Aus diesem Grunde strahlten die ersten entwickelten Laser im Infrarotbereich aus. Für die wenig später entwickelten Laser im sichtbaren Bereich existieren dagegen eine wesentlich geringere Anzahl von Typen. Ultraviolette Laser mit einer Wellenlänge von 200 nm sind bisher nur im Impulsbetrieb vorhanden. Ein großer Fortschritt für die physikalische und chemische Forschung wird durch den Einsatz von Röntgenlasern eintreten. An ihrer Entwicklung wird gearbeitet. Die Lösung der hiermit zusammenhängenden Probleme ist bereits so weit fortgeschritten, daß mit der Fertigstellung eines Röntgenlasers in der Zeit zwischen 1975 und 1985 gerechnet werden kann (Lit. [2.4], [2.31] bis [2.35]).

Literatur

[2.1] Schwalow, A. J., Townes, C. H., Physical Review **112** (1958), 1940.

[2.2] Basov, N. G., Prochorov, A. M., Doklady Akademii Nauk **101** (1955), 47.

[2.3] Maiman, T. K., Physical Review Letters **4** (1960), 564.

[2.4] Kleen, W., Müller, R., Laser, Springer-Verlag Berlin, Heidelberg, New York 1969.

[2.5] Junge, K., Exp. Technik der Physik **15** (1967), 221.

[2.6] Fachtagung Lasertechnik, Bezirksvorstand Suhl/Fachvorstand Elektrotechnik.

[2.7] Finkelnburg, W., Einführung in die Atomphysik, Springer-Verlag Berlin, Göttingen, Heidelberg 1956.

[2.8] Joos, G., Lehrbuch der Theoretischen Physik. Akadem. Verlagsges. Geest & Portig KG. Leipzig 1964.

[2.9] Schilling, H., Statistische Physik in Beispielen, Fachbuchverlag Leipzig 1972.

[2.10] LANDOLT-BÖRNSTEIN, Zahlenwerte und Funktionen, Atom- und Molekularphysik 1. Teil Atome und Ionen. Springer-Verlag Berlin, Göttingen, Heidelberg 1950.
[2.11] LANDOLT-BÖRNSTEIN, Zahlenwerte und Funktionen, Atom- und Molekularphysik 4. Teil Kristalle. Springer-Verlag Berlin, Göttingen, Heidelberg 1955.
[2.12] KOGELNIK, H., LI, T., Proc. IEEE 54, **10** (1966), 1312.
[2.13] RISKEN, H., Z. Phys. **180** (1964), 150.
[2.14] MC CLUNG, F. J., HELLWARTH, R. W., Proc. IEEE **51**, 1 (1963), 46.
[2.15] VUYLSTEKE, A. A., J. Appl. Phys. **34**, 6 (1963), 1615.
[2.16] RÖSS, D., Z. Naturf. **20**a, 5 (1965), 696.
[2.17] FABRIKANT, V. A., Diss. Lebeder Inst. Akademie Nauk (1939).
[2.18] FABRIKANT, V. A., UdSSR-Pat. 123209 v. 18. 6. 1951, Proc. IEEE **51** (1963), 216.
[2.19] SCHWALOW, A. L., TOWNES, C. H., Phys. Rev. **112** (1958), 1940.
[2.20] JAVAN, A., BENNET, W. R., HERRIOTT, D. R., Phys. Rev. Letters **6** (1961), 106.
[2.21] FABRIKANT, V. A., Doklady Akademii Nauk **26** (1962), 61.
[2.22] HERZIGER, G., HOLZAPFEL, W., SEELIG, W., Z. Phys. **189** (1966), 385.
[2.23] BASOV, N. G., KROKHIN, O. N., POPOV, Y. M., Sowjet. Fiz. Uspekhi **3** (1960), 702.
[2.24] BASOV, N. G., Fiz. Twerdogo Tela **7** (1965), 3639.
[2.25] WAWILOW, V. S., NOLLE, E. L., Sowjet. Fiz. Doklady **10** (1965), 827.
[2.26] HORAK, G., Z. angew. Math. Phys. **16** (1965), 556.
[2.27] PILKUHN, M. H., RUPPRECHT, H., J. Appl. Phys. **38** (1967), 5.
[2.28] DYMENT, J. C., D'ASARO, L. A., Appl. Phys. Lett. **11** (1967), 292.
[2.29] KITTEL, CH., Einführung in die Festkörperphysik, Oldenbourg-Verlag München-Wien 1969.
[2.30] Autorenkollektiv, Grundlagen aktiver elektronischer Bauelemente, Deutscher Verlag für Grundstoffindustrie Leipzig 1972.
[2.31] 1974 International Quantum Electronics Conference DIGEST OF TECHNICAL PAPERS, Sess. M: UV, X-ray and Gamma Ray Lasers, Institute of Electrical and Electronics Engineers, Inc. 345 East 47th Street New York, NY 10017.
[2.32] YARIV, A., Appl. Phys. Lett. **25** (1974), 105.
[2.33] STANKEWITSCH, Y. L., Dokl. Akad. Nauk SSSR, **191** (1970), 805.
[2.34] LAX, B., GUNTHER, A. H., Appl. Phys. Lett. **21** (1972), 361.
[2.35] DAS GUPTA, K., Phys. Lett. **46** (1973), 179.

3. MAGNETISCHE SPEICHERSCHICHTEN

3.1. Magnetische Grundgrößen

Die Darstellung magnetischer Zustände erfolgt durch die magnetische Feldstärke $\boldsymbol{H}$ und durch die magnetische Flußdichte oder Induktion $\boldsymbol{B}$.

H wird in Am^{-1} gemessen und aus der Kraftwirkung auf eine Magnetnadel definiert. In einer vom Strom I durchflossenen Kreiszylinderspule der Länge l, die aus n Windungen besteht, beträgt die Feldstärke

$$H = \frac{nJ}{l} . \tag{3.1}$$

Für die Gültigkeit dieser Formel wird vorausgesetzt, daß die Länge l der Spule groß gegen den Kreisradius ist.

Die magnetische Flußdichte B hat die Maßeinheit $\mathrm{Vs\,m^{-2}}$. Sie läßt sich aus der induzierten Spannung U_{ind} beim Auf- oder Abbau des Magnetfeldes bestimmen. Durchsetzt das Magnetfeld eine Spule mit n Windungen, so folgt nach dem FARADAYschen Induktionsgesetz

$$U_{\mathrm{ind}} = -n \frac{\partial}{\partial t} \int_A \boldsymbol{B} \cdot d\boldsymbol{A} . \tag{3.2}$$

Steht $\boldsymbol{B}$ auf der Querschnittfläche senkrecht und ist diese für sämtliche Spulenwindungen konstant gleich A, so erhält man aus (3.2) durch Integration

$$B = -\frac{1}{nA} \int U_{\mathrm{ind}}\, dt . \tag{3.3}$$

Die magnetischen Eigenschaften der Materie werden durch die Verknüpfung zwischen der magnetischen Flußdichte und der magnetischen Feldstärke dargestellt. Zwischen $\boldsymbol{B}$ und $\boldsymbol{H}$ besteht der lineare Zusammenhang

$$\boldsymbol{B} = \mu \boldsymbol{H} = \mu_0 \mu_r \boldsymbol{H} . \tag{3.4}$$

Hierin wird μ als absolute Permeabilität des Mediums bezeichnet. Die magnetische Feldkonstante $\mu_0 = 1.257 \cdot 10^{-6}\ \mathrm{Vs\,A^{-1}\,m^{-1}}$ gibt die absolute Permeabilität des Vakuums an. Der Koeffizient

$$\mu_r = \frac{\mu}{\mu_0} \tag{3.5}$$

definiert die relative Permeabilität.

Bei magnetisierbaren Materialien schreibt man für den Zusammenhang zwischen den magnetischen Größen anstelle der Gleichung (3.4)

$$\boldsymbol{B} = \mu_0(\boldsymbol{H} + \boldsymbol{M}) \tag{3.6}$$

und bezeichnet

$$\boldsymbol{M} = (\mu_r - 1)\,\boldsymbol{H} = \varkappa \boldsymbol{H} \tag{3.7}$$

als Magnetisierung des Mediums. Sie hat die gleiche Maßeinheit wie H. Der Koeffizient

$$\varkappa = \mu_r - 1 \tag{3.8}$$

wird als magnetische Suszeptibilität des Stoffes definiert. Zwischen den Einheiten im physikalisch-technischen Maßsystem und den häufig noch verwendeten Einheiten Gauß G und Oersted Oe im cgs-System besteht die Umrechnung

$$1\,\mathrm{G} = 10^{-4}\,\mathrm{Vsm^{-2}} = 10^{-8}\,\mathrm{Vscm^{-2}}\,,$$

$$1\,\mathrm{Oe} = \frac{1000\,\mathrm{Am^{-1}}}{4} = \frac{10\,\mathrm{Acm^{-1}}}{4}$$

(vgl. [3.1] bis [3.5]).

3.2. Diamagnetische und paramagnetische Stoffe — Curiesches Gesetz

Für diamagnetische Stoffe ist die magnetische Suszeptibilität kleiner als Null, die relative Permeabilität demzufolge kleiner als Eins. Die Abweichung vom Wert Eins ist jedoch sehr gering und liegt in der Größenordnung $10^{-8} \dots 10^{-4}$. Von der Temperatur ist die magnetische Suszeptibilität bei diamagnetischen Werkstoffen immer unabhängig.

In paramagnetischen Stoffen nimmt die magnetische Suszeptibilität Werte größer als Null, die relative Permeabilität Werte größer als Eins an. Auch hier liegt die Abweichung etwa in der Größenordnung $10^{-8} \dots 10^{-4}$. Im Gegensatz zu den diamagnetischen Stoffen zeigt die Suszeptibilität $\varkappa$ bei paramagnetischen Substanzen jedoch eine Abhängigkeit von der Temperatur T. Diese Abhängigkeit wird durch das *Curiesche Gesetz*

$$\varkappa = \frac{C}{T} \tag{3.9}$$

zum Ausdruck gebracht. Darin bezeichnet T die absolute Temperatur in K (Kelvin), C ist eine Stoffkonstante. (3.9) gilt im allgemeinen bis zu wenigen Zehntel oder Hundertstel Grad am absoluten Nullpunkt. Vom äußeren Feld $\boldsymbol{H}$ ist die Suszeptibilität $\varkappa$ sowohl bei dia- als auch bei paramagnetischen Stoffen unabhängig (vgl. [3.1] bis [3.5]).

3.3. Ferromagnetische Stoffe

Ferromagnetische Materialien zeigen gegenüber para- und diamagnetischen Stoffen nicht nur in quantitativer, sondern auch in qualitativer Hinsicht wesentlich andere Eigenschaften. Die magnetische Permeabilität kann nicht mehr als Stoffkonstante aufgefaßt werden. Sie ist nicht nur vom äußeren Feld $\boldsymbol{H}$, sondern auch von der Vorgeschichte seiner Entstehung abhängig. Darüber hinaus besteht eine Temperaturabhängigkeit.

Wird an nichtmagnetisiertes Eisen ein magnetisches Feld $\boldsymbol{H}$ angelegt, so wächst die Magnetisierung zunächst proportional der äußeren Feldstärke (jungfräuliche Kurve). Mit zunehmender Feldstärke nimmt die Magnetisierung immer weniger steil zu und erreicht schließlich bei der Sättigungsfeldstärke H_S seine Grenze. Atomistisch ist dieser Prozeß dadurch zu erklären, daß die elementaren Magnete bzw. die Spins der Elektronen zunächst proportional der äußeren Feldstärke ausgerichtet werden. Die Sättigungsmagnetisierung M_S ist dadurch gekennzeichnet, daß sämtliche Elementarmagnete ausgerichtet sind.

$$B_S = \mu_0(H_S + M_S) \tag{3.6a}$$

wird als Sättigungsinduktion definiert.

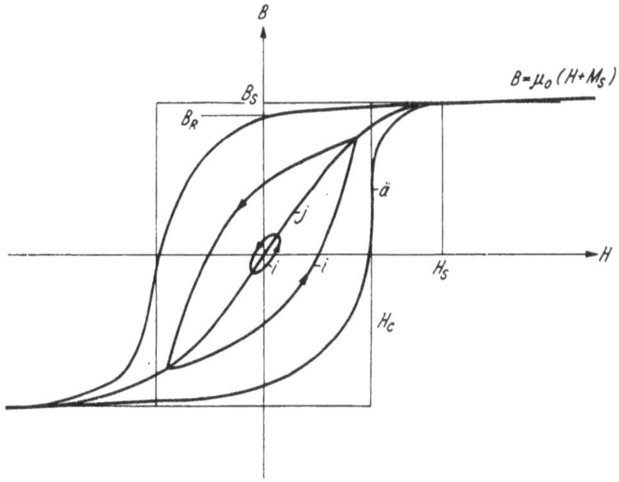

Abb. 3.1. Hysteresisschleife
ä — äußere Schleife, *i* — innere Schleife, *j* — jungfräuliche Kurve

Läßt man die Feldstärke wieder abnehmen, so nimmt die Magnetisierung M schwächer ab, als der Anstieg erfolgte (vgl. Abb. 3.1). Zum gleichen Wert der Feldstärke H gehört also bei der Magnetisierung des ferromagnetischen Mediums ein anderer Wert des Magnetisierungsvektors M bzw. der Flußdichte B als bei der Entmagnetisierung. Ist die äußere Feldstärke H gleich Null, so besteht noch immer eine bestimmte Magnetisierung. Sie wird als Remanenz M_R bezeichnet. $B_R = \mu_0 M_R$ gibt die zugeordnete remanente Flußdichte an. Um auch diese zu beseitigen, ist es erforderlich, in der entgegengesetzten Richtung ein Magnetfeld aufzubauen. Die aufzuwendende Feldstärke bezeichnet man als Koerzitivfeldstärke H_c. Mit weiter wachsender Feldstärke wird schließlich symmetrisch zum ursprünglichen Feld die Sättigung erreicht.

Im Gegensatz zur Sättigungsmagnetisierung, die bis auf ganz spezielle Fälle (vgl. Abschnitt 3.6) eine Stoffkonstante ist, sind H_c und M_R außer vom Material von weiteren Faktoren abhängig. Dazu gehören Verunreinigungen, innere Spannungen, bei Dünnschichtsystemen die Dichte der ferromagnetischen Schicht, sowie bei anisotropem Material die Richtung des äußeren Feldes.

Wechselt das Magnetfeld periodisch zwischen den Sättigungsfeldstärken, so wird im H–M-Diagramm eine Kurve durchlaufen, die man als äußere Hysteresisschleife definiert. Auf dieser Kurve gehören zu jedem Wert H zwei Werte M und umgekehrt. Je nach Breite der Hysteresisschleife bezeichnet man das magnetische Material als hart- oder weichmagnetisch. Ein Werkstoff ist magnetisch um so härter, je größer seine Koerzitivfeldstärke ist.

Die Energie zum Durchlaufen der äußeren Hysteresisschleife ergibt sich gemäß

$$W_m = V \oint \boldsymbol{H} \cdot d\boldsymbol{B} . \tag{3.10}$$

V gibt darin das Volumen des magnetisierten Körpers an. Nach (3.6) kann das Differential der Flußdichte zerlegt werden:

$$d\boldsymbol{B} = \mu_0(d\boldsymbol{H} + d\boldsymbol{M}) . \tag{3.11}$$

Beim Einsetzen der Beziehung (3.11) in die Gleichung (3.10) verschwindet das Umlaufintegral über die magnetische Feldstärke, da die magnetische Feldkonstante μ_0 unverändert bleibt. Es folgt somit

$$W_m = \mu_0 V \oint \boldsymbol{H} \cdot d\boldsymbol{M} . \tag{3.12}$$

Das Umlaufintegral über die Hysteresisschleife ist gleich der von dieser Kurve eingeschlossenen Fläche im H-M-Diagramm.

Es bezeichne der Magnetisierungszustand $\boldsymbol{M} = +\boldsymbol{M}_S$ einer Speicherzelle mit dem Volumen V, daß die Information L gespeichert ist. Dagegen sei die Information 0 durch den Magnetisierungszustand $\boldsymbol{M} = -\boldsymbol{M}_S$ gekennzeichnet. Es gibt dann (3.12) die Energie an, die erforderlich ist, um ein aufgezeichnetes Bit zu löschen und wieder einzuschreiben. Diese Energie ist nach (3.12), abgesehen von der notwendigen Größe V der Speicherzelle, um so größer, je größer die von der Hysteresisschelife umfahrene Fläche ist. Sie hängt im wesentlichen von der magnetischen Härte des Speichermaterials und von der Sättigungsmagnetisierung ab.

Kann man die Hysteresisschleife durch ein Rechteck nähern, dessen Grundlinie durch die Koerzitivfeldstärke H_c und dessen Höhe durch die Sättigungsmagnetisierung bestimmt wird, so folgt

$$W_m = 4\mu_0 V H_c M_S . \tag{3.13}$$

Diese Formel ist jedoch im allgemeinen nur als sehr grobe Näherung aufzufassen.

Erreicht die äußere Feldstärke H nicht die zur Sättigungsmagnetisierung erforderliche Stärke, so wird bei Umkehr der Feldrichtung eine von der äußeren

Hysteresisschleife abweichende Kurve durchlaufen (vgl. Abb. 3.1). Die Gesamtheit dieser Kurven definiert man als innere Schleifen. Sie erhöhen die Vieldeutigkeit des Zusammenhanges zwischen den Feldgrößen H und M bzw. H und B.

3.3.1. Struktur ferromagnetischer Substanzen

Die ferromagnetischen Erscheinungen finden ihre Ursache im Spin der $3d$-Elektronen. Bei der Magnetisierung ferromagnetischer Substanzen werden die Spins dieser Elektronen für sämtliche Atome eines ganzen Bereiches gleichgerichtet. Statistische Schwankungen treten nicht auf. Hierin liegt die Anwendbarkeit ferromagnetischer Erscheinungen für die Speicherphysik begründet.

Ein Bereich, in dem sämtliche Elementarmagnete gleichgerichtet sind, wird als WEISSscher Bezirk oder auch als Domäne bezeichnet. Innerhalb einer Domäne besteht Sättigungsmagnetisierung.

Zwischen zwei Domänen befindet sich eine Grenzschicht, die als Bereichswand bezeichnet wird. Innerhalb dieser erfolgt ein allmählicher Übergang zwischen den beiden verschiedenen Richtungen der Magnetisierung. Die Dicke der Bereichswände liegt in der Größenordnung 0,1 μm.

3.3.2. CURIE-WEISSsches Gesetz

Ursache, daß bei den paramagnetischen Substanzen das äußere Feld eine Gleichrichtung der Elementarmagnete nicht erzwingen kann, ist die Wärmebewegung. Sie führt dazu, daß von den Atomen oder Molekülen des paramagnetischen Stoffes entsprechend einem statistischen Verteilungsgesetz nur etwas mehr als die Hälfte eine Magnetisierungskomponente in Richtung des äußeren Feldes besitzt. Bei der nur wenig kleineren Zahl der übrigen Teilchen besitzt der Magnetisierungsvektor eine Komponente in der entgegengesetzten Richtung.

In den ferromagnetischen Substanzen verhindern die starken magnetischen Ordnungskräfte, daß statistische Schwankungen auftreten kännen. Erst bei hohen Temperaturen kommen auch in ferromagnetischen Stoffen die Wärmebewegungen zur Geltung und führen zunächst dazu, daß mit wachsender Temperatur die Koerzitivfeldstärke H_c abnimmt. Für eine bestimmte Temperatur T_C überwiegen schließlich die infolge der Wärmebewegung verursachten Kräfte die magnetischen Ordnungskräfte: Der Stoff wird paramagnetisch.

Die Temperatur T_C bezeichnet man als CURIE-Punkt oder CURIE-Temperatur des Materials. Nach Überschreiten von T_C wird das paramagnetische Verhalten durch das CURIE-WEISSsche Gesetz

$$\varkappa = \frac{C}{T - T_C} \tag{3.14}$$

beschrieben. Ferromagnetische Stoffe unterscheiden sich hiernach von den paramagnetischen dadurch, daß bei ihnen der CURIE-Punkt T_C nicht unmittelbar am absoluten Nullpunkt liegt.

Tabelle 3.1. Magnetische Eigenschaften ferromagnetischer Stoffe bei Zimmertemperatur

Bezeichnung (Zusammensetzung in Gewichtsprozent)	B_S Vs m^{-2}	B_R Vs m^{-2}	H_c Am^{-1}	T_C °C	μ_{rel} Anfangs-Permeabilität 10^3	μ_{rel} Maximal-Permeabilität 10^3
Reines Eisen (99,99 Fe)	2,16		>4	768	6	100
Technisch reines Eisen	2,15…2,24	0,9…1,4	10…60	768	0,25…1,0	6,2…10
Stahlguß (Fe, 0,56 Co, 0,18 Si, 0,29 Mn, P, S)	2,02	1,06	3500			
Nickel (99 Ni, 1 Fe)	0,61	0,38	50…220	358	0,1…0,3	2,4…6,0
Kobalt (99,6 Co)	1,67…1,89	0,5…0,9	650…900	1120	0,07…0,22	0,24…1,3
Hyperm 36 (64 Fe, 36 Ni)	1,3		10…25	230…270	2	11,2…14
Ultraperm (16 Fe, 79 Ni, 5 Mo)	0,8	0,55	1	410		300
Hyperm 900 (78 Ni, 12 Fe, 5 Cu, 4 Mo, 0,5 Mo; Rechteckschleife)	0,8	0,4…0,6	0,4…1,5	270	45…60	120…200
4-79-Permalloy (79 Ni, 17 Fe, 4 Mo; 1100 °C erwärmt, Rechteckschleife)	0,7…0,8	0,55	2,5…12	430…460	10…40	60…250
Supermalloy (79 Ni, 17 Fe, 4 Mo, spez. Wärmebeh.)	0,68…0,8	0,4…0,5	0,15…0,7	400	55…150	300…900
Supermendur (49 Fe, 49 Co, 1,8 V; spez. Wärmebeh. Rechteckschleife)	2,4	1,5…2,9	15…37			70…92,5
Hyperm Co 50 T (49 Fe, 49 Co, 1,8 V; spez. Wärmebeh.; Rechteckschleife)	2,4	2,0…2,15	15…25			
Vacoflux 50 Z (49 Fe, 49 Co, 1,8 V; spez. Wärmebeh.; Rechteckschleife)	2,4	2,0…2,15	15…25		0,10…0,34	30…70

3.3.3. Curie-Punkt-Aufzeichnung

Die thermomagnetischen Eigenschaften führen zu Verfahren der Speicher-Aufzeichnung, von denen das wichtigste das Curie-Punkt-Verfahren ist.

Bei der Informationsspeicherung wird die Speicherfläche in Abschnitte oder Zellen unterteilt. Jede Zelle muß mindestens die Größe einer Domäne haben. Dabei ist es zweckmäßig, möglichst dünne Schichten zu verwenden, um eine rasche Speicheraufzeichnung zu ermöglichen. Herstellung und magnetische Eigenschaften dünner Schichten werden in 3.5 und 3.6 behandelt.

Auf die Speicherzellen läßt man ein äußeres Feld der Stärke $H < H_c$ einwirken. Es reicht nicht aus, die Magnetisierung in einer Speicherzelle zu verändern, da hierzu die Koerzitivfeldstärke H_c überschritten werden müßte. Richtet man nun auf eine bestimmte Speicherzelle einen fokussierten Laserstrahl, so ruft dieser in der Zelle eine Erwärmung hervor. Diese ist mit einer Herabsetzung der Koerzitivfeldstärke $H_c = H_c(T)$ verknüpft. Läßt man den Laserstrahl so intensiv wirken, daß das magnetische Material an der betreffenden Stelle den Curie-Punkt überschreitet, so geht die ursprüngliche Magnetisierung vollständig verloren. Die Speicherzelle wird paramagnetisch. Nunmehr kann die Einwirkung durch den Laserstrahl aufhören. Das Material kühlt sich daher unter den Curie-Punkt ab und wird wieder ferromagnetisch. Jetzt kann das äußere Feld eine Magnetisierung in der vorgeschriebenen Richtung erzwingen und die Information einschreiben.

Soll eine große Aufzeichnungsgeschwindigkeit erzielt werden, d. h. nur eine kurzzeitige Einwirkung des entmagnetisierenden Laserstrahls erforderlich sein, so muß die Temperatur des Speichermaterials dicht unter der Curietemperatur liegen. Eisen mit $T_C = 1043$ K und ebenso Kobalt mit $T_C = 1404$ K sind daher als Speichersubstanzen ungeeignet, da zu hohe Temperaturen aufrecht erhalten werden müßten.

Nickel besitzt zwar einen Curie-Punkt bei 631 K = 358 °C, jedoch hängen seine magnetischen Eigenschaften stark von äußeren Einflüssen ab. Die Koerzitivfeldstärke und die Sättigungsmagnetisierung liegen sehr niedrig, so daß äußere Störungen leicht eine unbeabsichtigte Ummagnetisierung hervorrufen können.

Dagegen liegt der Curie-Punkt von Mangan–Wismut (MnBi) bei 633 K bzw. 360 °C. Diese Substanz zeigt nicht die störenden Eigenschaften wie Nickel. MnBi gilt daher als Standardsubstanz für Curie-Punkt-Aufzeichnung. Europiumoxid (EuO) besitzt einen Curie-Punkt bei 69 K. Dotiert man EuO mit 8% Fe, so erhöht sich der Curie-Punkt auf 180 K. Diese Temperatur kann leicht durch flüssigen Stickstoff aufrecht erhalten werden. Auch Europiumoxid ist daher für die Curie-Punkt-Schreibung gut geeignet.

Die mit dem Curie-Punkt-Verfahren experimentell erzielten Aufzeichnungsgeschwindigkeiten liegen in der Größenordnung 10^5 bit s^{-1} (s. [3.6] bis [3.11]).

3.4. Antiferromagnetismus und Ferrimagnetismus

Neben den Ferromagnetika, bei denen sich die Spinmomente innerhalb einer Domäne parallel orientieren, gibt es Substanzen, in denen die Wechselwirkungskräfte benachbarte Spinmomente antiparallel orientieren. Dieser Zustand wird als antiferromagnetisch bezeichnet (vgl. Abb. 3.2). Der Stoff ist nach außen hin diamagnetisch und wird nach Überschreiten des CURIE-Punktes paramagnetisch.

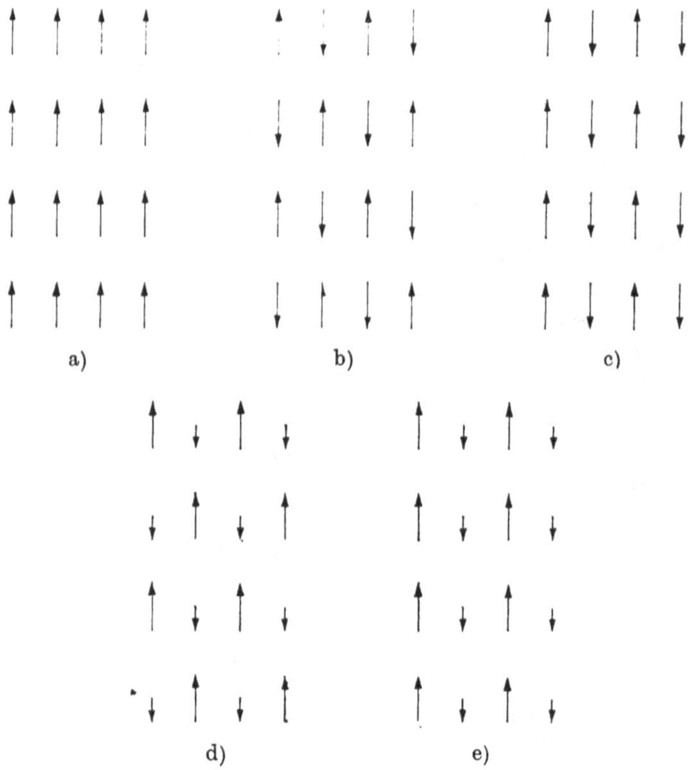

a) b) c) d) e)

Abb. 3.2. Die Magnetisierungsvektoren
a) in ferromagnetischen Stoffen bei Sättigungsmagnetisierung, b) und c) in antiferromagnetischen Stoffen, d) und e) in ferrimagnetischen Stoffen bzw. Ferriten

Das Verhalten antiferromagnetischer Stoffe kann dadurch erklärt werden, daß diese Stoffe aus zwei oder mehreren ferromagnetischen *Untergittern* zusammengesetzt sind. Die Untergitter besitzen in sich parallele Spinmomente, die jedoch derart zusammenwirken, daß sie sich insgesamt kompensieren.

Bei einer Reihe von Substanzen ist die Kompensation unvollständig. Diese Erscheinung wird als Ferrimagnetismus bezeichnet. Infolge der unvollständigen Kompensation besitzen ferrimagnetische Stoffe bzw. Ferrite eine von Null ver-

Tabelle 3.2. Magnetische Eigenschaften ferrimagnetischer Stoffe

Bezeichnung (Zusammenfassung in Gewichtsprozent)	B_S	B_R	H_c	T_C	μ_{rel} Anfangs-	Maximal-Permeabilität
	Vs m^{-2}	Vsm^{-2}	Am^{-1}	§C	10^3	10^3
Magnetit						
(Fe_3O_4 + 50 FeO)	···0,6	0,32	170	575	···0,065	0,36
(Fe_3O_4 + 50 NiO)	0,25···0,34		1100	600	0,016	0,1
Siferrit						
550 M 25						
(Fe_2O_3 + 26 MnO + + 16 ZnO)	0,44	0,19	50	250	0,65	1,15
2000 N 27						
(Fe_2O_3 + 30 MnO + + 17 ZnO)	0,48		20	180	1,9	3,4
Ferroxcube 3 C 2 (Fe_2O_3 + 31 MnO + + 19 ZnO)	0,47		30	165	1,1	2,2
Fermalite 2003 (Fe_2O_3 + 27 MnO + + 19 ZnO)	0,45		10	170	4,0	
Ferrinox T 5 (Fe_2O_3 + 27 MnO + + 20 ZnO, CaO)	0,45		10		2,5	
Keraperm 20505 (Fe_2O_3 + 30 MnO + + 17 ZnO)		0,14	12	100	2	4,5

schiedene Magnetisierung. Ihre Sättigungsmagnetisierung ist jedoch kleiner, als dem Gesamtmoment ihrer Ionen entspricht. Nach Überschreiten des CURIE-Punktes werden ferrimagnetische Stoffe wie Ferromagnetika paramagnetisch,

Eine wichtige Eigenschaft der Ferrite ist ihr großer elektrischer Widerstand. der größenordnungsmäßig um den Faktor 10^6 über dem der metallischen Ferromagnetika liegt. Wegen dieser Eigenschaft werden Ferrite bevorzugt in Bauteilen für Magnetverstärker, Meß- und Registriergeräten und als Hochgeschwindigkeits-Speicherelemente verwendet. Für die Anwendung in der Speichertechnik erweist sich die Rechteckform der Hysteresisschleife als besonders günstig (Rechteckferrit). Tabelle 3.2 enthält Kenndaten ferrimagnetischer Substanzen.

3.4.1. Kompensationspunkt-Aufzeichnung

Die Struktur der Ferrite ermöglicht ein Speicheraufzeichnungsverfahren, das in der Geschwindigkeit dem CURIE-Punkt-Verfahren gleichwertig ist, jedoch bei Zimmertemperatur erfolgen kann. Auf Grund ihrer Materialeigenschaften erweist sich besonders der ferrimagnetische Gadolinium-Eisen-Granat (GdIG-*Gadolinium Iron Garnet*) als Speichermaterial geeignet. Er hat die chemische Formel $Gd_3Fe_5O_{12}$. Allgemein sind die Granate der Form

$$Me_3Fe_5O_{12} \text{ (MeIG)} \tag{3.15}$$

für die Speicherphysik von Interesse. Me steht dabei für eine der folgenden seltenen Erden: Samarium (Sm), Europium (Eu), Gadolinium (Gd), Terbium (Tb), Dysprosium (Dy), Holmium (Ho), Erbium (Er), Thulium (Tm), Ytterbium (Yb), Lutenium (Lu). Auch Yttrium (Y) kann in dieses Gitter eingebaut werden.

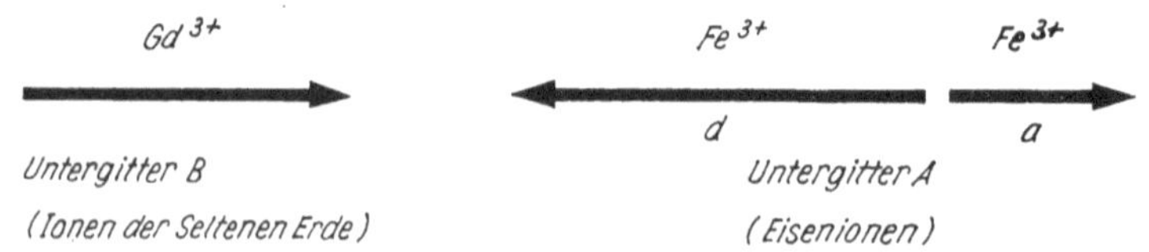

Abb. 3.3. Magnetisierungsvektoren in einem ferrimagnetischen Granat

Das Kristallgitter der MeIG (*Metal Iron Garnet*) setzt sich aus drei Untergittern zusammen (vgl. Abb. 3.3). Auf den Plätzen a und d befinden sich Fe^{3+}-Ionen, deren Spins einander entgegengerichtet sind. Die Eisenionen setzen sich zu einem resultierenden Untergitter A zusammen, in dem noch ein schwaches Spinmoment auftritt. Ihm entgegen wirkt das Spinmoment des Untergitters B, das von den Ionen der Seltenen Erden oder von Yttrium-Ionen gebildet wird. Es ist im allgemeinen verschieden von dem in A resultierenden Moment, wodurch ein nach außen wirkendes Spinmoment auftritt.

Bei tiefen Temperaturen überwiegt das magnetische Moment der aus den Seltenen Erden gebildeten Ionen. Dagegen ist das Moment der Eisenionen bei hohen Temperaturen stärker als das des Untergitters B. Die Temperatur, bei der sich die Untergittermomente gegenseitig aufheben, wird als Kompensationspunkt bzw. als Kompensationstemperatur T_K bezeichnet.

Der GdIG-Einkristall ist dadurch gekennzeichnet, daß bei ihm die Koerzitivfeldstärke am Kompensationspunkt ein Maximum besitzt. Abb. 3.4 zeigt $H_c = H_c(T)$ mit dem Maximum bei $T = T_K$.

Bei der Informationsaufzeichnung durch Kompensationspunktschreibung wird ein statisches Magnetfeld $H < H_c(T_K)$ an die Gadolinium-Eisen-Granat-Schicht gelegt. Diese wird auf der Temperatur des Kompensationspunktes gehalten, so daß die Schicht nach außern hin unmagnetisch erscheint. Die hohe Koerzitivfeldstärke am Kompensationspunkt verhindert eine remanente Magnetisierung.

Ein schmales Laserbündel durchstrahlt eine Speicherzelle der Schicht und führt damit zur Veränderung der Temperatur in dieser Zelle. Sie erfordert nur eine geringe Laserintensität, da für die Kompensationspunktschreibung bereits wenige Grad Temperaturdifferenz ausreichen. Infolge der Erwärmung verändert sich die Koerzitivfeldstärke H_c in der Speicherzelle; sie nimmt ab. Das stark ausgeprägte Maximum nach Abb. 3.4 bewirkt, daß die Änderung von H_c sehr stark ist. Daher ist das äußere Magnetfeld bereits nach wenigen Mikrosekunden Strahlungseinwirkung in der Lage, eine Magnetisierung der Speicherzelle herbeizuführen und damit die gewünschte Information aufzuzeichnen (Verfahren nach [1.16]). Der GdIG-Einkristall erfordert eine hohe Laserleistung und liefert Magnetisierungszonen mit einem Durchmesser von 50 μm. Der Abstand zweier Magnetisierungszonen muß über 100 μm betragen, um Störungen auszuschließen.

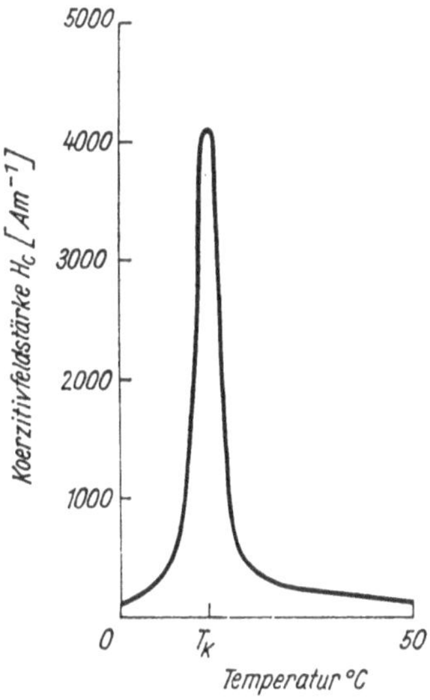

Abb. 3.4. Koerzitivfeldstärke H_c für den GdJG-Einkristall in Abhängigkeit von der Temperatur

Bei einem GdIG-Polykristall hat die Koerzitivfeldstärke $H_c(T)$ für die Kompensationstemperatur $T = T_k$ ein Minimum. Das Verfahren der Kompensationspunktschreibung ist demgemäß derart abzuwandeln, daß die Laserstrahlung bei niedrigeren Temperaturen $T < T_k$ mit größerer Koerzitivfeldstärke $H_c > H_c(T_k)$ einsetzt und die Temperatur solange erhöht wird, bis H_c soweit abgesunken ist, daß das äußere Feld die Umschaltung erzwingt.

Mit dem GdIG-Polykristall werden bei Kompensationspunktschreibung bit-Durchmesser von 10 μm bei einem erforderlichen Abstand von 25 μm erzielt. Verwendet man heißgepreßte GdIG-Polykristalle, so lassen sich bit-Durchmesser von 1 μm bei einem erforderlichen Abstand von 5 μm erzielen (Lit. [3.10] bis [3.15] sowie [1.14] und [1.15]).

Tabelle 3.3 enthält Angaben über die mit magnetisierbaren Medien zu erzielenden Speicherdaten. Für MnBi und EuO gelten diese Werte nach dem CURIE-Punkt-Verfahren, für GdIG bei Anwendung der Kompensationspunktschreibung.

Tabelle 3.3. Experimentelle Daten für Speicheraufzeichnungsverfahren im magnetisierbaren Medien

Speichersubstanz	Laserleistung mW	bit-Durchmesser μm	bit-Abstand μm	Minimale Umschaltzeit μs
MnBi	3	1…2	10	1
EuO	10	3	5…10	0,01
GdIG-Einkristall	100	50	100	1
GdIG-Polykristall	10	10	25	1
GdIG heiß gepreßt	10	1…5	5…10	1

3.5. Herstellung und Bearbeitung dünner Schichten

Dünne Schichten können durch Abtragen aus kompaktem Material (Dünnischliff) bis zu Toleranzen von $1\ \mu m = 10^{-6}$ m hergestellt werden. In der Specherphysik werden jedoch Schichten mit Dicken bis zu $10\ nm = 10 \cdot 10^{-9}$ m herab bei Toleranzen von einigen Nanometern benötigt, wobei zusätzlich hohe Anforderungen an die Schichthomogenität und an die Oberflächenbeschaffenheit gestellt werden.

Je nach Art des Ausgangsmaterials und des Verwendungszweckes werden zur Schichtherstellung verschiedene Methoden angewandt. Am genauesten arbeiten die *Vakuumverfahren*, bei denen die Schicht durch *Aufdampfen* oder durch Katodenzerstäubung auf das Substrat niedergeschlagen wird. Bei der galvanischen Platierung erfolgt die Schichtherstellung durch elektrolytisches Abscheiden. Chemische Methoden nutzen das abgekühlte Niederschlagsprodukt bei Gas- oder Flüssigkeitsreaktionen. Auch Sprühverfahren (Spray-Technik) werden für die Herstellung dünner Schichten angewandt.

Vielfach ist es erforderlich, auf oder in einer dünnen Schicht eine große Zahl identischer Strukturen mit kleinen Abmessungen einzutragen. Dazu gehören z. B. monolithische integrierte Schaltungen oder periodisch aufeinanderfolgende Bereiche schwächerer und stärkerer Lichtabsorption. Von den Toleranzen hängt dabei häufig die Anwendbarkeit einer physikalischen oder technischen Methode ab, so daß an diese höchste Anforderungen gestellt werden.

Die Anwendung der Laserstrahlung zur Erzeugung von kleinen Strukturen in dünnen Schichten scheitert, da kein einfaches Verfahren zur präzisen Lichtablenkung vorhanden ist. Dagegen kann man Elektronenstrahlen für derartige Materialvearbeitungen verwenden; sie erfordern jedoch Vakuumtechnik. Am häufigsten erfolgt die Bearbeitung von Dünnschichten mit chemischen Mitteln durch die Folienätz- oder, als Weiterentwicklung davon, durch die Fotorepetiertechnik.

Beim *Fotorepetierverfahren* werden die gewünschten Markierungen zunächst vergrößert aufgezeichnet. Diese Zeichnungen werden fotografiert und verkleinert, wobei als mikrofotografisches Negativ die Fotomaske entsteht. Die dünne Schicht wird mit Fotolack beschichtet, auf den man die Fotomaske legt (vgl.

Abb. 3.5). Nach Belichtung ist der Lack an den belichteten Stellen chemisch verändert. Er läßt sich z. B. durch Lösen in einer Entwicklerflüssigkeit entfernen (Positiv-Lack), oder er wird gerade unlöslich (Negativ-Lack).

Der Fotolack tritt an die Stelle der Folie beim Folienätzverfahren: An den nicht mehr bedeckten Stellen kann die dünne Schicht in einem selektiven Ätzbad

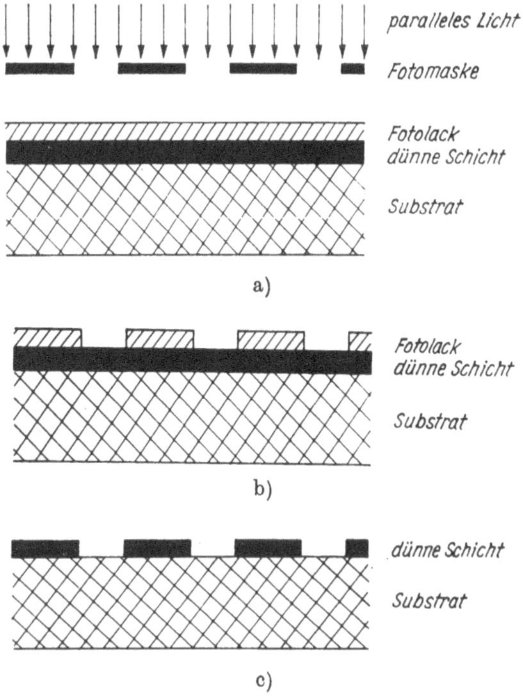

Abb. 3.5. Fotorepetierverfahren zur Bearbeitung dünner Schichten
a) Substrat mit dünner Schicht, darauf aufgebrachtem Fotolack, darüber befindlicher Fotomaske. Die Belichtung erfolgt durch eine Quecksilberdampflampe, b) der Fotolack ist stellenweise entfernt, c) an den freigelegten Stellen ist die dünne Schicht weggeätzt worden. Danach wurde der restliche Fotolack entfernt

bearbeitet werden. Diesem Fotoätzprozeß können weitere Bearbeitungsvorgänge folgen. Es kann z. B. durch Diffusionsvorgänge an bestimmten Stellen eine Dotierung mit Fremdsubstanzen vorgenommen werden oder ein Aufdampfen von Leiterelementen erfolgen. Abschließend wird der verbleibende Fotolack entfernt.

Je nach Art der gewünschten Strukturen können die einzelnen Bearbeitungsvorgänge mehrfach wiederholt werden.

Nach dem Stand der Technik werden in den für das Fotorepetierverfahren entwickelten optischen Spezialeinrichtungen Fotomasken mit einer Genauigkeit von 0,2 μm hergestellt ([3.16] bis [3.18]).

3.6. Einfluß der Schichtdicke auf die magnetischen Eigenschaften

In den dünnen Schichten treten eine Reihe von Eigenschaften auf, die bei der Entwicklung von Dünnschichtsystemen zu Informationsspeichern berücksichtigt werden müssen. Insbesondere sind der CURIE-Punkt, die Koerzitivfeldstärke und die Remanenz von der Schichtdicke abhängig (vgl. Abb. 3.6 und Tab. 3.4). H_c und M_R sind außerdem von einer Reihe anderer Faktoren abhängig. Die wichtigsten sind: das Herstellungsverfahren der Schicht, das Magnetfeld während des Herstellungsprozesses, die Rauhigkeit und die Eigenspannungen in der Unterlage, die Unterlagentemperatur, Verunreinigungen und Fehlstellen. Außerdem treten thermische und chemische Alterungsprozesse auf,

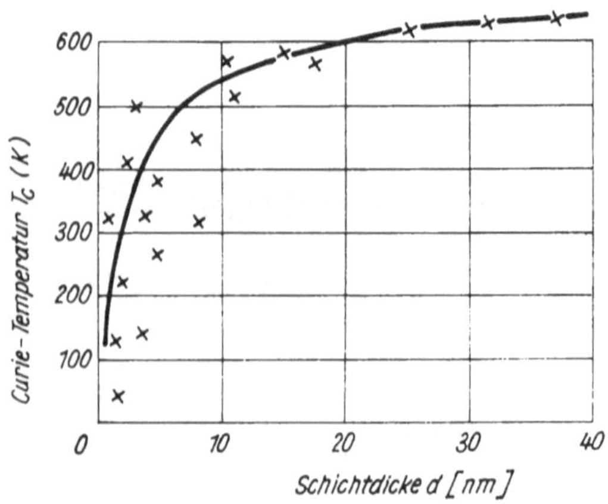

Abb. 3.6. CURIE-Temperatur von Nickelschichten
——— – theoretische Kurve, × – Meßwert

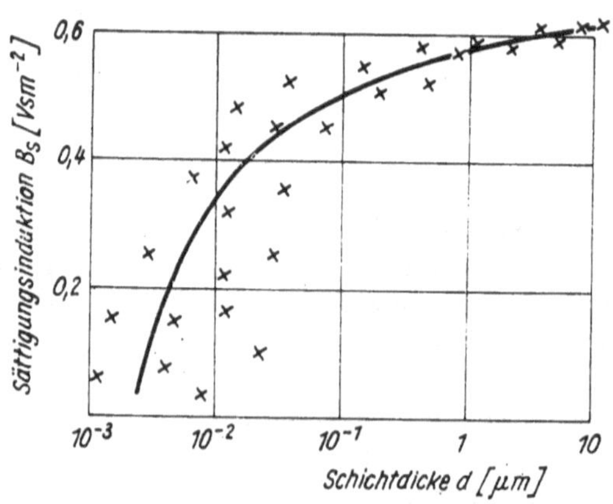

Abb. 3.7. Sättigungsmagnetisierung von Nickelschichten
——— – theoretische Kurve, × – Meßwert

die Änderungen der Schichteigenschaften mit sich bringen. Bei sehr dünnen Schichten, z. B. Nickel unter 20 nm, kann auch die Sättigungsmagnetisierung von der Schichtdicke abhängen (vgl. Abb. 3.7, Lit. [3.18] bis [3.23]).

Tabelle 3.4. Koerzitivfeldstärke aufgedampfter Nickelschichten

H_c in Am^{-1}	Temperatur des Substrats beim Aufdampfen in °C		
	75	200	400
Schichtdicke nm			
5	1400	120	
10	1500	350	2000
20		1200	2800
30		1400	3000
50		1500	3200

Literatur

[3.1] SCHILLING, H., Physik in Beispielen: Elektromagnetische Felder und Wellen, Fachbuch-Verlag Leipzig 1974.

[3.2] SOMMERFELD, A., Vorlesungen über Theoretische Physik, Bd. III Elektrodynamik. Akademische Verlagsgesellschaft Geest & Portig Leipzig 1967.

[3.3] WONSOWSKIJ, S. V., Moderne Lehre des Magnetismus (Übersetzung aus dem Russischen), Deutscher Verlag der Wissenschaften Berlin 1956.

[3.4] HABERDITZL, W., Magnetochemie, Akademie-Verlag Berlin, Pergamon Press Oxford, Vieweg & Sohn, Braunschweig 1968.

[3.5] KNELLER, E., Ferromagnetismus, Springer-Verlag, Berlin-Göttingen-Heidelberg 1962.

[3.6] CARAY, R., ISAAC, E. D., Magnetic Domains and Techniques for their observation, St.Paul's House Warwick London EC 4 1966.

[3.7] AAGARD, R. L., IEEE Trans. Magn. MAG-4 (1968), 412.

[3.8] FAN, G. Y., GREINER, J., Journ. Appl. Phys. **39** (1968), 1216.

[3.9] AHN, K. Y., Appl. Phys. Letters **17** (1970) 8, 347.

[3.10] – Hütte IV B Bd. Elektrotechnik, Teil B Fernmeldetechnik, Verlag Wilhelm Ernst & Sohn, Berlin-München 1962.

[3.11] –, Handbuch für Hochfrequenz- und Elektro-Techniker, 8 Bände, Verlag für Radio-Foto-Kinotechnik Berlin 1952.

[3.12] KRINTSCHIK, G. S., TSCHETKIN, M. W., J. exp. teor. fiz. **38**, 5 (1960), 1613.

[3.13] KRINTSCHIK, G. S., TSCHETKIN, M. W., J. exp. teor. fiz. **41**, 3 (1961), 673.

[3.14] STEINBUCH, K., Handbuch der Nachrichtenverarbeitung, Springer-Verlag Berlin 1960.

[3.15] WANGSNESS, R. K., Phys. Rev. **95**, 2 (1954), 339.

[3.16] REINBOTH, H., Technologie und Anwendung magnetischer Werkstoffe, Verlag Technik Berlin 1963.

[3.17] KLOSTERMANN, F. J., Philips Techn. Rundschau **30** (1969/70), 4, 85.

[3.18] PRUTTON, H., Thin Ferromagnetic Films, London Butterworths 1964.

[3.19] CHOPRA, K. L., Thin Film Phenomena, New York, Mc Graw Hill 1969.

[3.20] ANDRÄ, W., physica status solidi **2** (1962), 99 nebst 345, 941, 1227, 1417; **3** (1963), 3.

[3.21] BROWN, W. F., Magnetostatic Principles in Ferromagnetism, North Holland Publ. Co. Amsterdam 1962.

[3.22] LUBORSKY, F. E., McCARY, R. O., Proc. IEEE **59** (1971), 1474

[3.23] RADO, G. T., SUFT, H. Magnetism, Academic Press, New York, London 1963

4. DER STRAHLGESTEUERTE FESTKÖRPERSPEICHER

4.1. Die Struktur kristalliner Festkörper

Kristalle können sich aus elektrisch neutralen oder aus ionisierten Teilchen aufbauen. Zwischen den Elementarbausteinen der Festkörper wirken anziehende und abstoßende Kräfte. Sie bedingen, daß im Gleichgewichtszustand, d. h. im Zustand minimaler potentieller Energie, eine regelmäßige Anordnung der Elementarbausteine vorliegt. Ein derart geordneter Verband elementarer Bausteine wird als Kristall bezeichnet.

Ordnungskräfte treten nicht nur im festen Zustand der Materie auf. Sie sind auch in Flüssigkeiten und Gasen nachzuweisen. Insbesondere in Flüssigkeiten können kristallartige, regelmäßige Anordnungen erzeugt und für technische Anwendungen ausgenutzt werden.

Der ideale Kristall baut sich durch die regelmäßige Wiederholung identischer Struktureinheiten im dreidimensionalen Raum auf. Die Struktureinheit bzw. Elementarzelle hat im allgemeinen die Form eines Parallelepipeds.

Von besonderem Interesse als Speichermedium sind die *Alkalihalogenidkristalle*. Der bekannteste Vertreter dieser Kristallstruktur ist das Steinsalz $Na^{+}Cl'$. Sein Aufbau wird durch einen Würfel nach Abb. 4.1 veranschaulicht, dessen

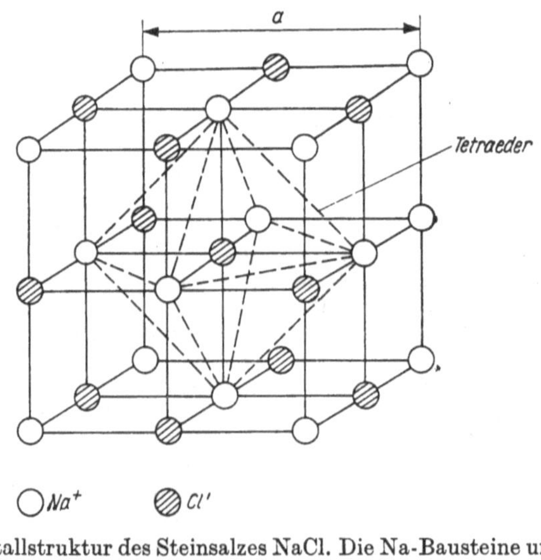

Abb. 4.1. Die Kristallstruktur des Steinsalzes NaCl. Die Na-Bausteine und die Cl-Bausteine bilden für sich ein kubisch-flächenzentriertes Gitter

Bausteine auswechelnd aus positiv geladenen Natriumionen Na^+ und negativ geladenen Chlorionen Cl' bestehen.

Jede dieser beiden Ionenarten repräsentiert für sich allein ein kubisch-flächenzentriertes Gitter. Bei diesem sind die Elementarzellen wie beim NaCl-Gitter Würfel. Der Ausdruck kubisch-flächenzentriert ergibt sich durch die Lage der Bausteine. Sie befinden sich in den acht Ecken und im Zentrum jeder der sechs Flächen.

Das Steinsalz-Gitter entsteht aus den beiden kubisch-flächenzentrierten Gittern der Na^+-Ionen und der Cl'-Ionen durch Verschachtelung, d. h., das Cl'-Gitter ist gegen das Na^+-Gitter um die Strecke $a/2$ achsenparallel verschoben. Die Gitterkonstante a gibt den Abstand zweier benachbarter Bausteine des kubisch-flächenzentrierten Gitters bzw. die Kantenlänge einer Elementarzelle an. Sie liegt bei 0,5 nm (vgl. Tab. 4.1).

Tabelle 4.1. Die Gitterkonstante a bei Kristallen mit Steinsalzstruktur

Kristall	NaCl	KCl	AgBr	PbS
a nm	0,563	0,629	0,577	0,592

4.2. Ideale und reale Kristalle

Bei der Ableitung der Festkörpereigenschaften aus der Materialstruktur unterscheidet man zwischen idealen und realen Kristallen. Der ideale Kristall existiert nur in der Modellvorstellung. Seine Bausteine sind genau nach der geometrischen Struktur angeordnet. Dagegen enthält der reale Kristall stets Fehlstellen. Sie werden durch Unregelmäßigkeiten beim Kristallwachstum und durch nicht zu vermeidende Verunreinigungen erzeugt. Außerdem sind thermische Prozesse beteiligt.

Selbst bei sehr tiefen Temperaturen ist der Anteil der Fehlstellen auch für die besten realen Kristalle größer als $1:10^9$. In einem Würfel mit der Kantenlänge 10^3 Gitterpunktabstände befindet sich im Mittel wenigstens eine Fehlstelle. Nimmt die Temperatur zu, so erhöht sich auch die Fehlstellendichte. Fehlstellen in Kristallen sind besonders für Farbzentrenspeicher von Interesse.

Mit der Unterscheidung zwischen idealen und realen Kristallen ist die Unterscheidung der physikalischen Eigenschaften verknüpft. Eigenschaften, die aus dem idealen Gitter abzuleiten sind, bezeichnet man als strukturunempfindlich. Zu ihnen gehören z. B. Magnetismus und Supraleitfähigkeit. Dagegen werden Eigenschaften als strukturempfindlich bezeichnet, wenn sie durch die Zahl, die Art und die Anordnung der Gitterfehlstellen bestimmt sind. Hierzu gehören Diffusion, innerer Photoeffekt, Ionen- und Elektronenleitung in Halbleitern (Lit [4.1] bis [4.5]).

4.3. Informationsspeicherung durch Farbzentren

Der Farbzentrenspeicher stellt eine spezielle Ausführung des strahlgesteuerten Speichers dar. Das Speichermedium ist ein Alkalihalogenid-Kristall. Die Speichereigenschaft beruht auf einer strukturempfindlichen Eigenschaft des Kristallgitters. Sie sind durch die Gitterfehlstellen verursacht. Im folgenden befassen wir uns mit thermisch erzeugten Gitterdefekten und lassen Fehlstellen infolge ungleichmäßigen Kristallwachstums oder infolge von Verunreinigungen außer acht.

Der Speicherprozeß besteht beim Farbzentrenspeicher in einer lokalen Verfärbung des Kristalles. Sie findet ihre Erklärung in der speziellen Struktur der Gitterfehlstellen, die im folgenden behandelt wird. Verursacht werden kann die Verfärbung z. B. durch eine kurzzeitige intensive Bestrahlung mit Laserlicht.

Die Wiedergabe des Speicherzustandes erfolgt auf Grund der Intensitätsunterschiede beim Durchgang oder bei der Reflexion von Laserlicht (vgl. Abschnitt 5 und 6.)

4.4. Eigenschaften der Fehlstellen

Die Fehlstellen können in Form von Zwischengitterplätzen auftreten. Dabei befindet sich ein Teilchen nicht an einem im idealen Gitter vorhandenen Platz, sondern ist zwischen den Gitterpunkten postiert (vgl. Abb. 4.2). Derartige Fehlstellen werden als FRENKEL-*Defekte* bezeichnet. Durch sie entstehen im Kristallgitter gleichzeitig Leerstellen und Zwischengitterionen.

Eine zweite Möglichkeit der Bildung von Fehlstellen ist durch das Auswandern von Gitterionen gegeben. Die elektrische Neutralität, die für jedes Teilstück des Kristalls erfüllt sein muß, bedingt, daß gleichzeitig sowohl Kationen als auch Anionen auswandern. Sie bewegen sich auf Plätze an der Oberfläche

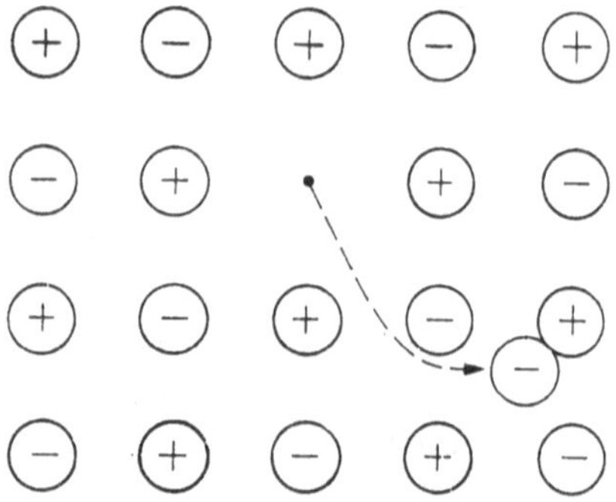

Abb. 4.2a. FRENKEL-Defekt

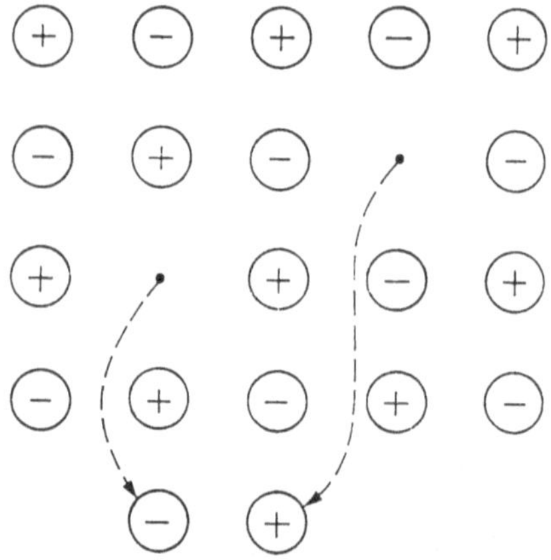

Abb. 4.2b. SCHOTTKY-Defekt

des Kristalls, wodurch positive und negative Gitterleerstellen erzeugt werden. Man bezeichnet diese als SCHOTTKY-*Defekte.*

Im thermischen Gleichgewicht besitzt jeder reale Kristall eine bestimmte Anzahl von Fehlstellen. Mit zunehmender Temperatur nimmt der Ordnungsgrad eines thermodynamischen Systems ab, seine Entropie wächst. Daher wächst mit zunehmender Temperatur auch die Dichte der Fehlstellen.

Bezeichnet ε_s die zur Erzeugung eines Fehlstellenpaares erforderliche Aktivierungsenergie, N die Zahl der Gitterbausteine je cm³, so ergibt sich die Zahl der SCHOTTKY-Defekte je cm³ nach der Formel

$$n_s = N e^{-\frac{\varepsilon_s}{2kT}}. \tag{4.1}$$

$k = 1{,}38 \cdot 10^{-23}\,\mathrm{K}^{-1}$ bedeutet die BOLTZMANN-Konstante, T die absolute Temperatur in K.

Die Dichte der FRENKEL-Defekte hängt nicht nur von der Zahl der Gitterbausteine, sondern auch von der Zahl N' möglicher Zwischenplätze je cm³ ab. Außerdem hat man zu berücksichtigen, daß durch ein auswanderndes Ion beim FRENKEL-Defekt zwei Fehlstellen erzeugt werden und daß die mittlere Energie ε_f zur Bewegung eines Ions von einem Gitterpunkt auf einen Gitterzwischenplatz verschieden ist von der Aktivierungsenergie ε_s beim SCHOTTKY-Defekt. Hieraus resultiert beim FRENKEL-Defekt die Fehlstellendichte

$$n_f = NN' e^{-\frac{\varepsilon_f}{2kT}}. \tag{4.2}$$

Die Fehlordnungstypen überlagern sich, wobei im allgemeinen die eine Art deutlich gegen die andere überwiegt. In Alkalihalogeniden ist in der Regel besonders die SCHOTTKY-Fehlordnung anzutreffen.

Tab. 4.2 gibt die Aktivierungsenergien für einige Alkalihalogenide an.

Tabelle 4.2. Bildungsenergie für Fehlstellen in Alkali-Halogeniden

Kristall	ε eV	Defekt
NaCl	2,06	SCHOTTKY
LiF	2,68	SCHOTTKY
KCl	2,01	SCHOTTKY
LiBr	1,80	SCHOTTKY
AgCl	1,4	FRENKEL
AgBr	1,1	FRENKEL

Bei Zimmertemperatur ist die Fehlstellendichte gering. Für $T = 300$ K folgt z. B. aus Tabelle 4.2 für NaCl als Anteil der SCHOTTKY-Defekte im Verhältnis zur Gesamtzahl der Plätze

$$\frac{n_s}{N} = e^{-\frac{\varepsilon_s}{2kT}} = e^{-\frac{2{,}06 \cdot 1{,}60 \cdot 10^{-19}}{2 \cdot 1{,}38 \cdot 10^{-23} \cdot 300}} = e^{-39{,}8} = 5 \cdot 10^{-18}.$$

Aus Massedichte $\varrho = 2{,}2 \cdot 10^3\ \mathrm{kg\ m^{-3}}$, AVOGADROscher Zahl $N_A = 6{,}02 \times 10^{26}\ \mathrm{kmol^{-1}}$ und relativer Molekülmasse $M_r = 58{,}45\ \mathrm{kg\ kmol^{-1}}$ errechnet man für die Zahl N der Gitterpunkte

$$N = 2 \cdot \frac{6{,}02 \cdot 10^{26} \cdot 2{,}2 \cdot 10^3}{58{,}45}\ \mathrm{m^{-3}} = 4{,}5 \cdot 10^{22}\ \mathrm{cm^{-3}}\,.$$

Für die Zahl der SCHOTTKY-Defekte in NaCl erhält man daraus bei $T = 300$ K

$$n_s = 4{,}5 \cdot 10^{22} \cdot 5 \cdot 10^{-18}\ \mathrm{cm^{-3}} = 2{,}2 \cdot 10^5\ \mathrm{cm^{-3}}\,,$$

also eine relativ geringe Dichte. Bei $T = 900$ K steigt nach (4.1) die Zahl der SCHOTTKY-Defekte im Gleichgewichtszustand jedoch auf $8 \cdot 10^{16}\ \mathrm{cm^{-3}}$, d. h., ein Würfel von 1 μm Kantenlänge enthält im Mittel $8 \cdot 10^4$ Fehlstellen.

Die Aussage über die Fehlstellendichte im Gleichgewicht enthält keine Angabe über die Zeit bis zur Realisierung des Gleichgewichtszustandes. Insbesondere verhalten sich beide Arten von Fehlstellen unterschiedlich, wenn nach vorhergehender Erwärmung der Kristall abgekühlt wird. Während die FRENKEL-Defekte durch Rekombination der Zwischengitterionen mit Gitterleerstellen bei der Abkühlung rasch wieder verschwinden, bleiben SCHOTTKY-Defekte über einen langen Zeitraum erhalten. Durch Erwärmung und anschließendes Abschrecken läßt sich daher eine Überkonzentration von SCHOTTKY-Defekten erzeugen, die bei der weiteren Behandlung des Kristalles genutzt werden können.

4.5. F-Zentren

Die Alkalihalogenidkristalle sind im Normalzustand durchsichtig. Bei der Bestrahlung mit kurzwelligem Ultraviolettlicht, Röntgen- oder Katodenstrahlen wird eine charakteristische Färbung hervorgerufen. Diese läßt sich auch erzeugen, wenn das Alkalihalogenid unter der Dampfatmosphäre seines eigenen Alka-

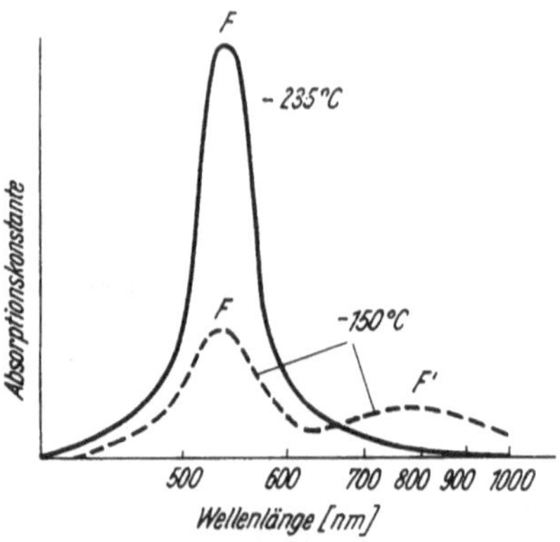

Abb. 4.3. Absorptionsbande der F-Zentren in KCl bei verschiedenen Temperaturen

lis erhitzt wird (additive Verfärbung). Die Färbung ist im wesentlichen vom Kation, geringfügig von der Temperatur abhängig. Sie variiert von gelb für LiCl über grün für KCl bis blau für CsCl. Das Absorptionsband, das dieser Farbe im durchgehenden Licht entspricht, wird nach Pohl als F-Bande bezeichnet. Die entsprechenden Zentren im Kristall werden als F-*Zentren* definiert. Abb. 4.3 zeigt die F-Bande in KCl für verschiedene Temperaturen.

Das F-Zentrum besteht aus einem angeregten Elektron in einer Anionenlücke (vgl. Abb. 4.4). Es ist nicht genau lokalisierbar. Seine Aufenthaltswahrscheinlichkeit verteilt sich im Sinne der Quantentheorie über einen Bereich mehrerer Gitterbausteine, wobei die sechs der Lücke benachbarten Kationen gleichberechtigt in die Elektronenverteilung eingehen. Der größte Teil der Wahrscheinlichkeitsverteilung entfällt jedoch auf die Lücke.

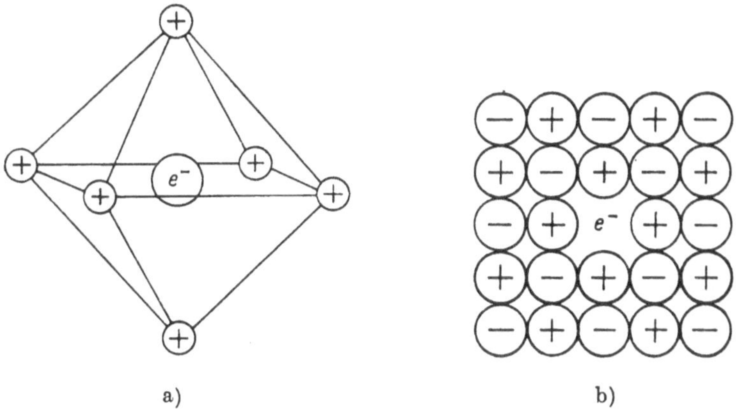

Abb. 4.4. F-Zentrum
a) räumliche Struktur, b) ebene Veranschaulichung

Die Verfärbung durch Bestrahlung ist unter Umständen direkt zur Informationsaufzeichnung geeignet. Dagegen kann die additive Verfärbung nur zur Herstellung des Ausgangszustandes für nachfolgende Verfahren zur Informationsspeicherung angewendet werden. Im Kristall werden dabei zunächst durch Erhitzung auf hohe Temperaturen eine große Zahl von F-Zentren geschaffen, die beim nachfolgenden Abschrecken im Zustand des Nichtgleichgewichtes bei Zimmertemperatur und erst recht bei sehr tiefen Temperaturen erhalten bleiben (Lit. [4.1] bis [4.5]).

4.6. F'-Zentren

In der Speicherphysik kommt der Frage nach der Stabilität eines Gitterdefektes maßgebliche Bedeutung zu. Eine Fehlstelle darf sich durch statistische Fluktuationserscheinungen in ihrer makrophysikalischen Eigenschaft nicht verändern. Sie muß andererseits durch äußere Einwirkung leicht reproduziert oder gelöscht werden können und stets eindeutig nachweisbar sein.

Die Frage nach der Stabilität eines Zustandes steht im Zusammenhang mit der Frage, welche Übergangsmöglichkeiten in andere Zustände bestehen. Für das angeregte Elektron in einem F-Zentrum bestehen zwei Möglichkeiten. Es kann seine überschüssige Energie in Form einer Lumineszenzstrahlung oder als Wärme zurückgeben und in das Valenzband zurückkehren. In diesem Fall wird das F-Zentrum zerstört. Das angeregte Elektron kann jedoch auch durch äußere Zuführung weiterer Energie, z. B. von thermischer Energie, in das Leitband gehoben werden. Auch in diesem Fall wird das bestehende F-Zentrum zerstört; es besteht jedoch die Möglichkeit der Bildung anderer Farbzentren.

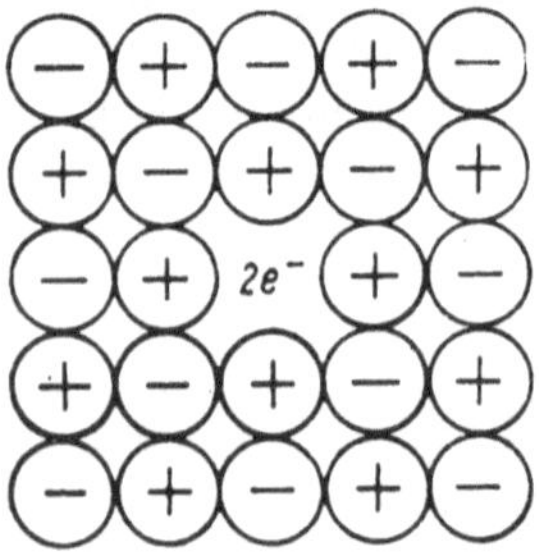

Abb. 4.5. Ebene Veranschaulichung des *F'*-Zentrums

Einmal kann das im Leitband freibewegliche Elektron von einer anderen Anionenlücke eingefangen werden. An dieser Stelle entsteht dann ein neues F-Zentrum. Es kann jedoch auch der Fall eintreten, daß das freie Elektron von einem bereits vorhandenen F-Zentrum eingefangen wird. Auf die Anionenlücke und ihre Umgebung verteilen sich dann zwei Elektronen und bilden mit dieser ein F'-Zentrum (vgl. Abb. 4.5).

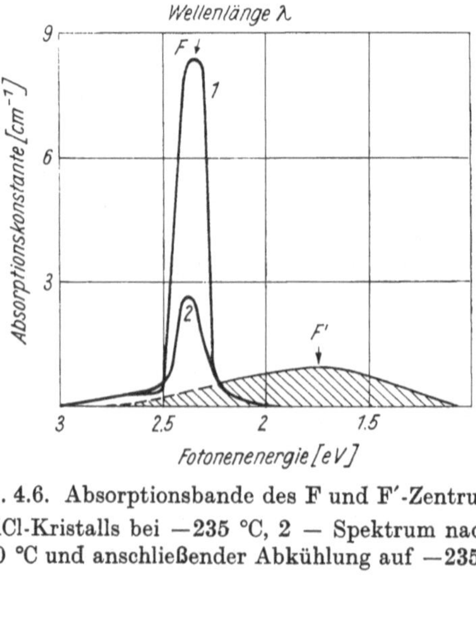

Abb. 4.6. Absorptionsbande des F und F'-Zentrums

1 — Spektrum eines KCl-Kristalls bei —235 °C, 2 — Spektrum nach Lichtabsorption bei —50 °C und anschließender Abkühlung auf —235 °C

Die Absorptionsbande der F'-Zentren ist gegen das F-Band in Richtung größerer Wellenlängen verschoben (vgl. Abb. 4.6). In KCl sind bei —235 °C nur die F-Zentren stabil. Auch bei —50 °C sind die F-Zentren in KCl noch stabil, sofern keine Einwirkung von außen durch Lichtstrahlung erfolgt. Bestrahlt man dagegen bei dieser Temperatur den Kristall mit Licht, dessen Wellenlänge im Bereich der F-Bande liegt, so beobachtet man, daß sich die Absorption an der Absorptionskante des F-Zentrums verringert. Die Zahl der F-Zentren wird durch die Lichteinstrahlung bei erhöhter Temperatur verkleinert. Gleichzeitig erscheint im Bereich größerer Wellenlängen eine neue breite Absorptionskante, die F'-Bande. Bestrahlt man andererseits die F'-Zentren mit Licht im Wellenlängenbereich ihrer Absorptionskante, so verschwindet die F'-Bande allmählich wieder, und die F-Bande erreicht ihre alte Höhe. Beide Effekte sind stark temperaturabhängig. Abb. 4.7 zeigt die hierbei registrierte Quantenausbeute η in Abhängigkeit von der Temperatur. η ist definiert gemäß

$$\text{Quantenausbeute } \eta = \frac{\text{Anzahl der die Bindung wechselnden Elektronen}}{\text{Anzahl der absorbierten Photonen}} . \qquad (4.3)$$

Der Maximalwert ist für beide Umwandlungsprozesse gleich Zwei. Dieser Wert erklärt sich daraus, daß zwei F-Zentren sich zu einem F'-Zentrum vereinigen können, im Maximum also durch ein Photon die Bindung zweier Elektronen verändert werden kann. Ebenso können aus einem F'-Zentrum im Maximum zwei F-Zentren entstehen, also ebenfalls zwei Elektronen durch den Einfluß eines Photons ihre Bindung wechseln.

Wie man aus Abb. 4.7 entnimmt, sind bei Temperaturen um —250 °C in KCl die F-Zentren stabil, und es besteht keine Neigung zur Bildung von F'-Zentren. Andererseits zeigen bei Temperaturen um —50 °C die F'-Zentren keine Neigung zur Umwandlung in F-Zentren.

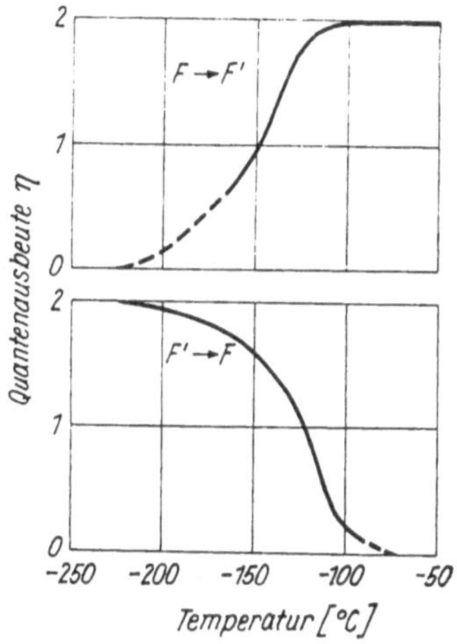

Abb. 4.7. Quantenausbeute bei der Bestrahlung eines KCl-Kristalls zur Umwandlung der Elektronenbindung in Farbzentren

Dieses Verhalten ist sowohl für den Aufzeichnungs- als auch für den Wiedergabeprozeß von Bedeutung. Kennzeichnet ein Bereich von F′-Zentren eine bestimmte Information, so ist die Aufzeichnung bei hohen, die zerstörungsfreie Wiedergabe dagegen bei tiefen Temperaturen vorzunehmen.

4.7. F-Aggregat-Zentren

Durch Zusammenlegen von zwei oder mehreren F-Zentren erhält man Farbzentren, die als F-Aggregat-Zentren bezeichnet werden. Zwei F-Zentren in der Stellung nach Abb. 4.8 bilden ein M-Zentrum. Durch Aneinanderlagerung von drei bzw. vier F-Zentren entstehen Farbzentren, die man als R- bzw. N-Zentren definiert.

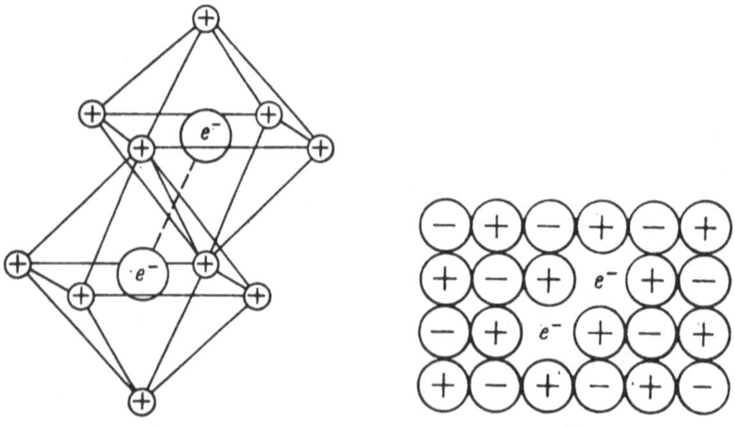

a) b)

Abb. 4.8. Räumliche Struktur M-Zentrum
a) räumliche Struktur, b) ebene Veranschaulichung

F-Aggregat-Zentren bilden sich bei der Bestrahlung von F-Zentren, wenn die Temperatur um 0 °C liegt. Die Bildung von R- und von N-Zentren wird erst bei hoher Dichte der M-Zentren wahrscheinlich, wenn die Strahlung längere Zeit einwirkt.

Die Verbindungslinie zwischen den beiden das M-Zentrum bildenden Fehlstellen wird als Hauptsache des M-Zentrums definiert. Sie charakterisiert eine Vorzugsrichtung, die von maßgeblicher Bedeutung für die Absorption des eingestrahlten Lichtes ist und die Technik bei der Anwendung zur Informationsspeicherung bestimmt.

Durch die Existenz der Vorzugsrichtung wird der Kristall gegenüber der Absorption von Lichtwellen anisotrop: Sind die Hauptachsen der M-Zentren überwiegend in einer Richtung orientiert, so hängt die Lichtabsorption außer von der Frequenz zusätzlich von der Polarisation ab.

In Abb. 4.9 überlagert sich die Absorption der F-Zentren und der M-Zentren. Licht, das in Richtung der Hauptachse des M-Zentrums polarisiert ist (gestrichelte Linie), besitzt eine Absorptionsbande M_1, die für KCl bei 800 nm liegt. Eine zweite Absorptionsbande bei 550 nm wird durch F-Zentren verursacht. Dagegen ist bei Licht, das senkrecht zur ursprünglichen Schwingungsrichtung polarisiert ist, die Absorptionsbande M_1 fast vollständig verschwunden. Die noch vorhandene Kante stammt von dem geringen Anteil von M-Zentren her, die nicht in der vorgegebenen Richtung orientiert sind. Die ursprünglich vorhandene Absorptionskante bei 550 nm ist dagegen verstärkt. Diese Verstärkung ergibt sich durch Überlappung der F-Bande mit einer Bande der M-Zentren, die als M_2-Bande bezeichnet wird.

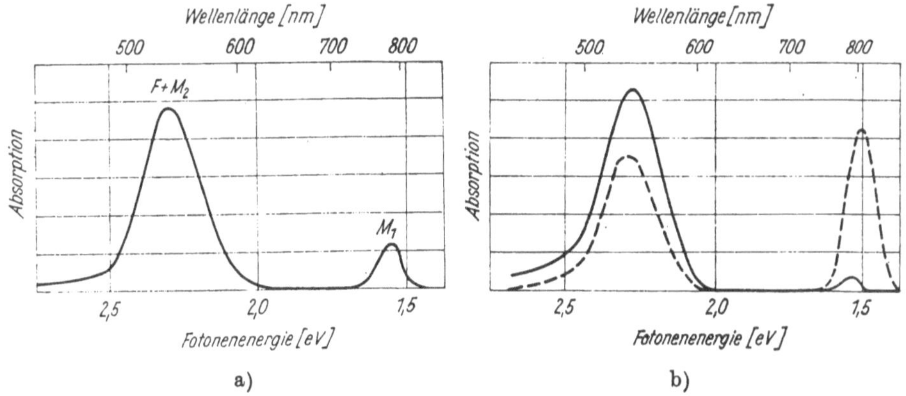

Abb. 4.9. Absorption in KCl

a) bei Gleichverteilung der Zentrenachsen über alle Raumrichtungen, b) bei überwiegend in einer Richtung orientierten Zentren

- - - - Licht in Richtung der Hauptachse des M-Zentrums polarisiert, ——— Licht senkrecht dazu polarisiert

M-Zentren mit parallelen Hauptachsen besitzen somit für Licht, das in Hauptachsenrichtung polarisiert ist, eine Absorptionsbande M_1. Dagegen tritt für Licht mit dazu senkrechter Schwingungsrichtung eine davon verschiedene Absorptionsbande M_2 auf.

Die Einwirkung linear polarisierten Lichtes geeigneter Frequenz und geeigneten Polarisationszustandes führt bei hohen Temperaturen (um 100 °C) zur Zerstörung der M-Zentren unter Rückbildung in F-Zentren.

Bei mittleren Temperaturen bewirkt dagegen die Bestrahlung, daß die vorhandenen M-Zentren ihre Hauptachsen umorientieren, jedoch als M-Zentren erhalten bleiben. Erfolgt z. B. die Bestrahlung im Wellenlängenbereich der M_1-Bande bei 0 °C, so wird Licht, das z. B. in der [110]-Richtung polarisiert ist, nur von M-Zentren absorbiert, deren Hauptachsen in der [110]-Richtung liegen. Dabei orientieren sich die Hauptachsen in eine Richtung, die zur ursprünglichen Hauptachsenrichtung senkrecht steht.

Bei tiefen Temperaturen (unter −50 °C) bleiben die M-Zentren mit ihren Hauptachsen auch bei der Lichtabsorption unverändert.

Die anisotropen Eigenschaften der M-Zentren lassen sich für die Informationsspeicherung verwenden. Das Einschreiben erfolgt bei mittleren Temperaturen, indem die Speicherzelle im Wellenlängenbereich der M_1- oder M_2-Bande bestrahlt wird. Die Polarisation des Laserlichtes ist dabei derart vorzunehmen, daß die M-Zentren die vorgeschriebene Hauptachsenrichtung einnehmen. Dagegen hat die Speicherwiedergabe bei tiefen Temperaturen zu erfolgen. Hierdurch wird gewährleistet, daß die Wiedergabe zerstörungsfrei vor sich geht (Lit. [4.6] bis [4.12]).

4.8. Störstellen durch Fremdionen

Für die Speicherphysik sind besonders gitterfremde Alkaliionen, z. B. Lithiumionen in Kaliumchlorid, von Interesse. Die Fremdatome führen zu einer Änderung der Symmetrieeigenschaften und dadurch vor allem zu quantitativen Veränderungen der Eigenschaften.

Zur Kennzeichnung verwendet man den Index *A*. Ist z. B. in der Nähe eines F-Zentrums ein Wirtsgitterion durch ein Fremdion ersetzt, z. B. in K^+Cl^- das Kaliumion durch ein Lithiumion, so bezeichnet man das entstandene Farbzentrum als F_A-Zentrum.

Die Farbzentren dotierter Kristalle verhalten sich bei Lichteinwirkung qualitativ wie die Farbzentren reiner Kristalle. F_A-Zentren können z. B. durch Bestrahlung in M_A-Zentren überführt werden, die sich durch das Einwirken geeignet polarisierten Lichtes bei bestimmten Temperaturen umorientieren.

Im Absorptionsverhalten zeigen sich die Unterschiede in der Lage der Absorptionskanten. Beispielsweise treten bei Lithiumionen in KCl anstelle eines hohen Absorptionsmaximums zwei nahe benachbarte, niedrigere Maxima auf.

Auf den quantitativen Veränderungen beruhen Möglichkeiten zur Steuerung der optischen Effekte mittels geeigneter Dotierungen.

4.9. Farbzentren-Speicher

Für die Anwendung der Farbzentren als Informationsspeicher sind sowohl die F-Zentren als auch die M-Zentren geeignet. Die Farbzentren entstehen ohne Wechselwirkung mit Nachbarzellen. Bei ihrem Nachweis zur Speicherwiedergabe ergeben sich keine gegenseitigen Beeinflussungen. Fragen einer Bereichs- oder Domänenstruktur, wie bei magnetischen Speichersubstanzen, sind nicht vorhanden. Auch Fragen der Korngröße, wie sie bei fotografischen Schichten auftreten, spielen keine Rolle.

Da sich die Arbeitstemperaturen stets so einstellen lassen, daß statistische Fluktuationserscheinungen ohne Bedeutung sind, hängt die zu erzielende Speicherdichte praktisch vom Aufzeichnungs- und vom Wiedergabevorgang ab.

Wird für diese Prozesse Licht verwendet, so sind optische Effekte, Beugungs- und Streuerscheinungen und die Qualität des Lichtablenksystems (vgl. 7) maßgeblich für die zu erzielenden Speicherdaten.

Eine Schwierigkeit für die Verwendung der Farbzentren in der Speicherphysik bietet bisher vor allem der Aufzeichnungsvorgang. Auf Grund der optischen Eigenschaften bei der Aufzeichnung (Fokussierung) und bei der Wiedergabe kann man mit Bitvolumina von $10\,\mu m^3 = 10^{-17}\,m^3$ rechnen. Die Gitterkonstante liegt für einen Alkalihalogenid-Kristall bei 0,5 nm (vgl. Tabelle 4.2). Durch Bestrahlung oder auf additivem Wege lassen sich Konzentrationen von Farbzentren in der Größenordnung einige hundertstel Mol-Prozent realisieren, d. h., der Anteil der Farbzentren kann maximal mit $0{,}05 \cdot 10^{-2} = 0{,}0005$ angesetzt werden. Für den optischen Nachweis reichen bereits relative Konzentrationen der Größe 10^{-5} aus. Für die Zahl der Farbzentren einer Speicherzelle folgt daraus

$$n = \frac{10^{-17} \cdot 10^{-5}}{(0{,}5 \cdot 10^{-9})^3} = 8 \cdot 10^5 \approx 10^6 \,.$$

Einem Lichtstrahl mit der Intensität $\dot{\varepsilon} = 1$ mW im Bereich ultravioletten Lichtes $\lambda = 200$ nm entspricht der Quantenfluß

$$\dot{N} = \frac{\dot{\varepsilon}}{h\nu} = \frac{\dot{\varepsilon}\lambda}{hc} = \frac{10^{-3} \cdot 200 \cdot 10^{-9}}{6{,}62 \cdot 10^{-34} \cdot 3 \cdot 10^8} \text{Quanten s}^{-1} \approx 10^{15}\,\text{Quanten s}^{-1} \,.$$

Bei Quantenausbeuten in der Größenordnung $\eta = 10^{-3}$ erhält man damit für die Zeitdauer des Aufzeichnungsvorganges

$$t = \frac{n}{\dot{N}\eta} = \frac{10^6}{10^{15} \cdot 10^{-3}}\,\text{s} = 1\,\mu\text{s} \,.$$

Die Wiedergabe einer gespeicherten Information beruht auf Intensitätsunterschieden beim Durchgang oder bei der Reflexion von Licht (vgl. 5). Messungen an KCl ergeben bei Zimmertemperatur für die zugrunde gelegte Konzentration der Farbzentren eine Absorptionskonstante der Größe $k'' = 4\,\text{mm}^{-1}$ (vgl. Tab. 5.1). Beim Durchgang des Lichtes durch eine Schicht der Dicke $d = 1\,\mu$m folgt hieraus eine Abnahme der Intensität von Eins auf

$$e^{-2k''d} = 1 - 2\,k''d \pm \cdots = 1 - 2 \cdot 4 \cdot 10^{-3} \cdot 10^{-6} = 0{,}992$$

(Lit. [4.6] bis [4.12]).

4.10. Kristalline Flüssigkeiten

In kristallinen Flüssigkeiten bzw. flüssigen Kristallen gibt es elektrisch steuerbare Effekte, die diese Substanzen als Informationsspeicher geeignet erscheinen lassen.

Bei den flüssigen Kristallen handelt es sich um aliphatische oder aromatische Verbindungen, die stäbchenförmige Moleküle bilden. Sie gehen nach Überschreiten der Schmelztemperatur reversibel in den flüssigen Zustand über. Wie Kristalle besitzen sie dabei infolge ihrer Molekülstruktur anisotrope Eigenschaften. Ihr Verhalten hängt also von der Richtung ab, unter der die mechanischen, elektrischen, magnetischen oder optischen Störungen einwirken

Wird die Temperatur erhöht, so geht die Anisotropie von einer definierten Umwandlungstemperatur an verloren. Es bildet sich eine isotrope Flüssigkeit, die keine kristallinen Eigenschaften mehr besitzt.

Der Ordnungszustand des flüssigen Kristalles wird durch elektrische und magnetische Felder verändert. Unter ihrem Einfluß tritt ein elektrooptischer Effekt auf, der als dynamische Streuung bezeichnet wird. Er besteht in einer Trübung der Substanz beim Einwirken eines elektrischen Feldes.

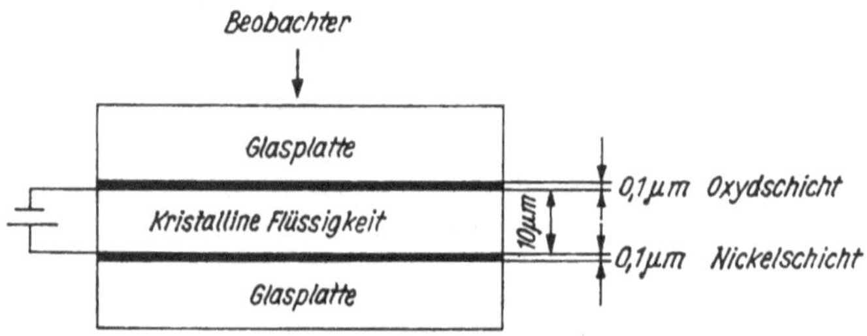

Abb. 4.10. Schaltung zur technischen Nutzung der Eigenschaften kristalliner Flüssigkeiten

Hierzu wird die kristalline Flüssigkeit zwischen zwei dünne Glasplatten gebracht. Die eine ist als durchsichtige Elektrode ausgebildet und auf ihrer Innenfläche mit einer dünnen Oxidschicht bedampft. Als Gegenkatode trägt die zweite auf ihrer Innenfläche eine Nickelschicht (vgl. Abb. 4.10). Jede der Elektrodenschichten hat eine Dicke in der Größenordnung 100 nm. Durch die transparente Elektrode kann das Verhalten der kristallinen Flüssigkeit registriert werden.

Ohne elektrisches Feld ist diese lichtdurchlässig und erscheint in der Farbe schwarz. Nach Anlegen einer Gleichspannung von 30 V verändert sich die Farbe in milchig-weiß.

Der Effekt wird durch eine Energiedichte von $3 \cdot 10^{-4}$ J cm^{-2} eingeleitet, die das elektrische Feld aufbringt. Nach seiner Induktion ist keine weitere Energiezuführung erforderlich. Hierauf beruht die Anwendbarkeit der dynamischen Streuung in kristallinen Flüssigkeiten als optischer Speichereffekt, indem die einzelnen Speicher- bzw. Bildelemente gezielt angesteuert werden.

Die flüssigen Kristalle können als Informationsträger bei Temperaturen zwischen -10 °C und $+80$ °C verwendet werden. Sie lassen sich auch zur Entwicklung eines Bildschirms mit flacher Fernsehröhre oder eines Gerätes zur optischen Datenausgabe benutzen (Lit. [4.13] bis [4.17]).

Literatur

[4.1] KLEBER, W., Einführung in die Kristallographie, Verlag Technik Berlin 1958.
[4.2] STREITWOLF, H. W., Gruppentheorie in der Festkörperphysik, Akad. Verlagsgesellschaft Leipzig 1961.
[4.3] KITTEL, CH., Einführung in die Festkörperphysik, Oldenbourg-Verlag München-Wien 1969.
[4.4] ANSELM, A. I., Einführung in die Halbleitertheorie, Akademie-Verlag Berlin 1964.
[4.5] BRAUER, W., STREITWOLF, H. W., Theoretische Grundlagen der Halbleiterphysik, Akademie-Verlag Berlin 1973.
[4.6] BUSSE, J., WEISS, H., Nachrichtentechnik **21** (1971), 7, 254.
[4.7] PICK, H., Ergebnisse der exakten Naturwissenschaften **38** (1965), 1.
[4.8] MARKHAM, J. J., Solid State Physics **18** (1966), 8.
[4.9] COMPTON, W. P., RABIN, H., Solid State Physics **16** (1966), 121.
[4.10] SCHNEIDER, I., Phys. Rev. Letters **16** (1966), 17, 743.
[4.11] BESSENT, R. G., RUNCIMANN, W. A., Brit. J. Appl. Phys. **17** (1966), 10, 991.
[4.12] SCHNEIDER, I., Appl. Optics **6** (1967), 12, 2197.
[4.13] DEMUS, O., BRAUER, B., KLOSE, H., Probleme der Festkörperelektronik Bd. 4, Verlag Technik, Berlin 1972.
[4.14] WALTO, K. H., KRÜGER, H. H., Ber. Bunsenges. **78** (1974), 912.
[4.15] STEINSTRÄSSER, R., POHL, L., Angew. Chemie **85** (1973), 706.
[4.16] PLANTA, C. V., HOFFMANN, F., Internationale Rundschau der Opteltronic, **3** (1972), 359.
[4.17] BÖTTCHER, B., GROSS, D., Umschau **18** (1969), 574.

5. WIEDERGABEPROZESSE FÜR HOMOGENE ISOTROPE SPEICHERMEDIEN

5.1. Beugung von Lichtstrahlen

Die Speicherdichte des strahlgesteuerten Speichers wird bei der Verwendung von Laserlicht im entscheidenden Maße durch wellenoptische Beugungseffekte bestimmt. Werden konventionelle Lichtquellen benutzt, so treten darüber hinaus Streueffekte auf. Sie ergeben sich daraus, daß Punkte der Lichtquelle, die nicht genau auf der optischen Achse des abbildenden Linsensystems liegen, Strahlen erzeugen, die gegen die Achsen mehr oder weniger geneigt sind. Infolgedessen streut die Gesamtheit aller von einer konventionellen Lichtquelle kommenden Strahlen. Die von einem Laser erzeugten parallelen Strahlen werden dagegen nur durch die wellenoptische Beugung gestreut.

Läßt man senkrecht zu einer kleinen kreisrunden Öffnung paralleles Licht auffallen, so bildet sich infolge der Beugung hinter der Öffnung auf einem ebenen Schirm ein System heller und dunkler Ringe. Für den Winkelabstand β des ersten dunklen Ringes vom Zentrum ergibt die wellenoptische Beugungstheorie

$$\sin\beta = 0{,}61\,\frac{r}{\lambda}\,. \tag{5.1}$$

Darin bedeutet r den Radius der Öffnung, λ die Wellenlänge des Lichtes. Bei bester Wahl des optischen Systems wird also ein Lichtpunkt als Ringsystem abgebildet (vgl. Abb. 5.1). Ein zum ersten Punkt benachbarter Lichtpunkt gibt ein gegen das erste System verschobenes Ringsystem. Beide Ringsysteme müssen voneinander getrennt werden können, wenn Fehlinterpretationen ausgeschlossen werden sollen.

Die beiden Punkte sind gerade noch voneinander trennbar, wenn das Zentrum des einen Ringsystems auf den ersten dunklen Ring des benachbarten Punktes fällt. Unter dieser Voraussetzung ergibt sich nach (5.1) für den kleinsten, noch trennbaren Winkelabstand bei der optischen Wiedergabe zweier Punkte

$$\Delta\beta = 0{,}61\,\frac{\lambda}{r}\,, \tag{5.2a}$$

genähert

$$\Delta\beta = \frac{\lambda}{D}\,. \tag{5.2b}$$

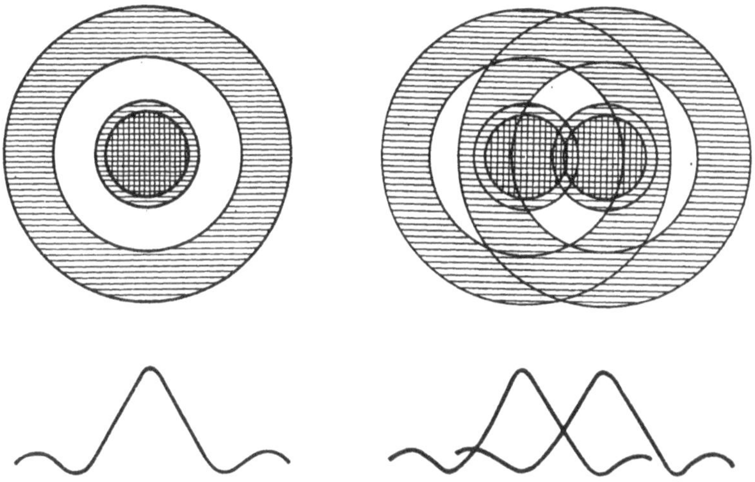

a) b)

Abb. 5.1. Zur Beugung des Lichtes

a) Die ersten beiden konzentrischen Ringe bei der Abbildung eines Punktes mit Darstellung der Lichtintensität, b) Zwei gerade noch voneinander unterscheidbare Punkte

Darin bedeutet D den Durchmesser der Blendenöffnung. (5.2) gibt allgemein die kleinste zu erzielende Winkelstreuung bei der Abbildung durch fehlerfreie optische Systeme an.

Ein Bündel paralleler Strahlen mit dem Strahlendurchmesser $D = 5$ cm und der Wellenlänge $\lambda = 0{,}2\ \mu\mathrm{m} = 0{,}2 \cdot 10^{-6}$ m (ultraviolettes Laserlicht) gestattet demzufolge im Höchstfall die Winkelstreuung

$$\Delta\beta = \frac{0{,}2 \cdot 10^{-6}}{0{,}05} = 4 \cdot 10^{-6}\,.$$

Das entspricht einem Winkel von etwas weniger als einer Bogensekunde.

Wird das parallel einfallende Licht durch ein Linsensystem auf einen Bildpunkt der Speicherschicht fokussiert, so hat der Fokussierungsfleck mindestens den Durchmesser

$$d = l \cdot \Delta\beta = \frac{l \cdot \lambda}{D}\,. \tag{5.3}$$

Bei einem Lichtweg von $l = 25$ cm erhält man mit den angenommenen Zahlen als unteren Grenzwert für die Ausdehnung des Lichtfleckes

$$d = 0{,}25 \cdot 4 \cdot 10^{-6}\, m = 1\ \mu\mathrm{m}\,.$$

Unter der Voraussetzung, daß strahlenoptische Bildfehler vernachlässigt werden können, muß somit das bei der Speicheraufzeichnung oder -wiedergabe verwendete Linsensystem mindestens mit Blendenöffnungen von 10 cm arbeiten, wenn bei einem Lichtweg von höchstens 25 cm und einer im Ultravioletten bei $\lambda = 0{,}2\ \mu m$ liegenden Wellenlänge Speicherzellen mit Abmessungen der Größe $1\ \mu m$ angesteuert werden sollen, d. h. eine Speicherdichte von 10^8 bit cm^{-2} zugrunde gelegt wird.

5.2. Reflexion und Brechung an der Trennebene zwischen nichtabsorbierenden Medien

Die Gesetzmäßigkeiten der Reflexion und Brechung elektromagnetischer Wellen an der Trennebene zwischen zwei verschiedenen Medien werden durch die FRESNELschen Gesetze ausgedrückt. In Abb. 5.2 kennzeichnet 1 das Einfallsmedium einer ebenen elektromagnetischen Welle. Diese fällt auf die Trennebene zu einem Medium 2 und wird dabei in eine reflektierte und eine gebrochene Welle zerlegt. Strahlen ergeben sich als Orthogonale der Wellenflächen.

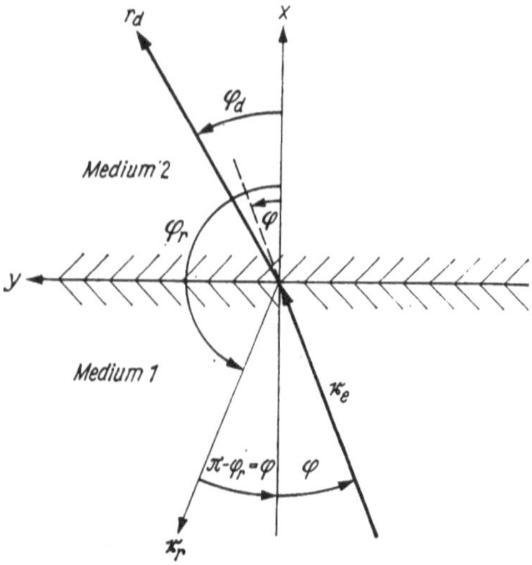

Abb. 5.2. Reflexion und Brechung an der Trennebene zwischen zwei verschiedenen Medien $\mathfrak{r}_e$ — einfallender Lichtstrahl, $\mathfrak{r}_r$ — reflektierter Lichtstrahl, r_d — gebrochener Lichtstrahl; φ — Einfallswinkel, φ_d — Brechungswinkel

Nach den Gesetzen der Reflexion und Brechung liegen die Richtungen des einfallenden, des reflektierten und des gebrochenen Strahles in einer Ebene, die man als Einfallsebene bezeichnet. Sie wird von der durch den einfallenden Strahl und die Flächennormale gebildeten Ebene definiert.

Das Reflexionsgesetz

$$\varphi_r = \pi - \varphi \tag{5.4}$$

bestimmt den Reflexionswinkel und damit die Ausbreitungsrichtung der reflektierten Welle bzw. die Lage des reflektierten Strahles in der Einfallsebene (vgl.

Abb. 5.2). Durch das Brechungsgesetz

$$\frac{\sin \varphi_d}{\sin \varphi} = \frac{n_e}{n_d} = n \tag{5.5}$$

wird die Richtung des gebrochenen Strahles in der Einfallsebene festgelegt. φ_d gibt den Brechungswinkel an, n_e und n_d bezeichnen die Brechzahlen der beiden aneinandergrenzenden Medien.

Die Intensität der reflektierten und der gebrochenen Welle hängen bei vorgegebener Brechzahl n und vorgegebener Intensität der einfallenden Welle außer vom Einfallswinkel φ von der Polarisation der einfallenden Welle ab. Bei parallel zur Einfallsebene schwingendem elektrischem Vektor erhält man für die relative Amplitude der reflektierten Welle

$$R_p e^{i\delta rp} = \frac{\cos\varphi - n\sqrt{1 - n^2 \sin^2\varphi}}{\cos\varphi + n\sqrt{1 - n^2 \sin^2\varphi}}. \tag{5.6}$$

Die relative Amplitude der gebrochenen Welle ist gleich

$$D_p e^{i\delta dp} = \frac{2n\cos\varphi}{\cos\varphi + n\sqrt{1 - n^2 \sin^2\varphi}}. \tag{5.7}$$

Schwingt der elektrische Vektor orthogonal zur Einfallsebene, so lauten die entsprechenden Formeln

$$R_s e^{i\delta rs} = \frac{n\cos\varphi - \sqrt{1 - n^2 \sin^2\varphi}}{n\cos\varphi + \sqrt{1 - n^2 \sin^2\varphi}}, \tag{5.8}$$

$$D_s e^{i\delta ds} = \frac{2n\cos\varphi}{n\cos\varphi + \sqrt{1 - n^2 \sin^2\varphi}}. \tag{5.9}$$

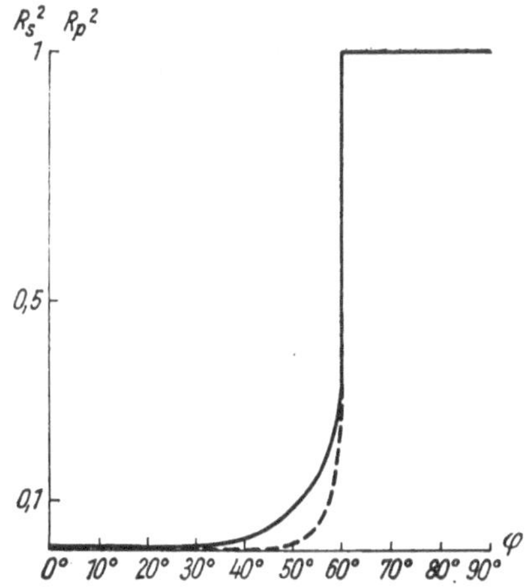

Abb. 5.3. Die relativen Intensitäten R_p^2 und R_s^2 in Abhängigkeit vom Einfallswinkel für $n = 1{,}1548$

- - - - R_p^2, ——— R_s^2

Die FRESNELschen Formeln (5.6) bis (5.9) gelten in dieser Form für nichtabsorbierende Medien. Solange der Einfallswinkel den Grenzwinkel der Totalreflexion nicht überschreitet, d. h., solange

$$\varphi \leqq \varphi_g = \arcsin \frac{1}{n} \tag{5.10}$$

gilt, sind die Amplituden der reflektierten und der gebrochenen Wellen reell. Für die Phasenverschiebungen δ_{rp} und δ_{dp} bzw. δ_{rs} und δ_{ds} ergeben sich daher im Bereich $\varphi \leqq \varphi_g$ die Werte 0 oder π.

Bei Totalreflexion $\varphi \geqq \varphi_g$ ist die Intensität der reflektierten Welle gleich der Intensität der einfallenden Welle. Die Beträge R_p und R_s der Amplituden sind gleich Eins.

Der Intensitätsanstieg mit zunehmendem Einfallswinkel φ erfolgt besonders am Grenzwinkel $\varphi = \varphi_g$ sehr steil (vgl. Abb. 5.3). Aus (5.6) und (5.8) erhält man für den Grenzwinkel der Totalreflexion bei nichtabsorbierenden Medien

$$\left(\frac{dR_p^2}{d\varphi}\right)_{\varphi_g} = \infty\,, \qquad \left(\frac{dR_s^2}{d\varphi}\right)_{\varphi_g} = \infty\,. \tag{5.11}$$

Hieraus ergibt sich die Möglichkeit, geringe Änderungen der Brechzahl n durch eine deutliche Intensitätsveränderung bei der Reflexion elektromagnetischer Wellen nachzuweisen. Sind zwei gespeicherte Informationen 0 und L durch unterschiedliche Brechzahlen n und $n + \Delta n$ gekennzeichnet, so können sie auf Grund der abweichenden Intensitäten bei der Reflexion eines Laserstrahles wiedergegeben werden.

Die Änderung der Brechzahl kann z. B. nach Abschnitt 4 bei einem strahlgesteuerten Speicher durch die Erzeugung von Farbzentren in einem Alkalihalogenid-Kristall realisiert werden. Abb. 5.4 zeigt die Abhängigkeit der Brechzahl n von der Wellenlänge in der Umgebung der Absorptionskante eines Farb-

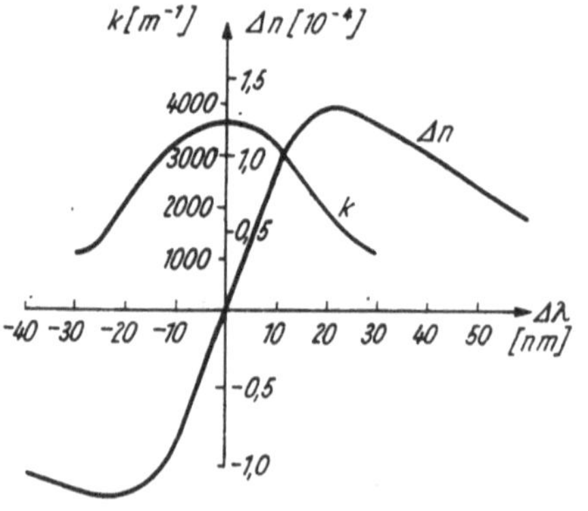

Abb. 5.4. Abhängigkeit der Brechzahl und der Absorptionskonstanten $k = \frac{2\pi\varkappa}{n\lambda}$ von der Wellenlänge in der Umgebung der F-Bande von KCl bei der Störstellendichte $N = 1{,}5 \cdot 10^{23}\ \mathrm{m}^{-3}$

zentrums. Bei nicht vorhandenem Farbzentrum bleibt die Brechzahl in dem angegebenen Bereich praktisch konstant. Der Einfluß der Absorption auf die Intensität der reflektierten Welle kann in erster Näherung vernachlässigt werden.

Angenommen, die gespeicherte Information 0 sei dadurch gekennzeichnet, daß die relative Brechzahl den Wert $n = 1{,}1548$ besitzt. Der Grenzwinkel der Totalreflexion ist in diesem Falle gleich $\varphi_g = 60°$. Die Speicherung der Information L in einer Zelle der Speicherschicht werde durch einen kurzzeitigen Prozeß bewirkt, der die relative Brechzahl um $\Delta n = 0{,}0001$ auf $1{,}1547$ ändere. Licht, das unter dem Winkel $\varphi = 60°$ auf diese Speicherzelle gerichtet wird, fällt daher, wenn L gespeichert ist, nicht mehr unter dem Grenzwinkel der Totalreflexion ein, sondern im Bereich $\varphi < \varphi_g$ der partiellen Reflexion.

Bei Einfall unter dem Grenzwinkel, d. h. bei Speicherung der Information 0, sind die relativen Intensitäten R_s^2 und R_p^2 nach (5.6) und (5.8) gleich Eins. Ist dagegen die Information L gespeichert und hat man demzufolge mit der relativen Brechzahl $n + \Delta\, n$ zu rechnen, so folgt

$$R_p^2 = \left(\frac{\cos\varphi - [n + \Delta n]\sqrt{1 - [n + \Delta n]^2 \sin^2\varphi}}{\cos\varphi + [n + \Delta n]\sqrt{1 - [n + \Delta n]^2 \sin^2\varphi}}\right)^2, \tag{5.12}$$

$$R_s^2 = \left(\frac{[n + \Delta n]\cos\varphi - \sqrt{1 - [n + \Delta n]^2 \sin^2\varphi}}{[n + \Delta n]\cos\varphi + \sqrt{1 - [n + \Delta n]^2 \sin^2\varphi}}\right)^2. \tag{5.13}$$

Speziell für den durch $\sin\varphi = \frac{1}{n}$ bestimmten Einfallswinkel erhält man daraus, $|\Delta n| \ll 1$ angenommen,

$$(R_p^2)_L = 1 - 4n\sqrt{\frac{-2n\,\Delta n}{n^2 - 1}}, \tag{5.12a}$$

$$(R_s^2)_L = 1 - 4\sqrt{\frac{-\,2\Delta n}{n(n^2 - 1)}}. \tag{5.13a}$$

Mit den zu Grunde gelegten Zahlen folgt

$$(R_p^2)_L = 0{,}88\,, \qquad (R_s^2)_L = 0{,}90\,.$$

Die Änderung der relativen Brechzahl um nur 10^{-4} ist also bei gleichbleibendem Einfallswinkel im vorliegenden Fall mit einer Schwächung der reflektierten Welle um 12% verknüpft, wenn der elektrische Vektor der Lichtwelle parallel zur Einfallsebene schwingt. Bei orthogonaler Schwingung tritt eine Schwächung um 10% auf.

Der Intensitätsabfall durch Verschiebung des Einfallswinkels aus dem Bereich der Totalreflexion in das Gebiet der partiellen Reflexion infolge Brechzahländerung kann durch Kopplung mit einem zweiten, nur in einem schmalen Bereich um den Grenzwinkel der Totalreflexion auftretenden Effekt verstärkt werden. Er findet seine Erklärung durch die Phasenverschiebungen δ_{rp} und δ_{rs} nach (5.6) und (5.8).

5.3. Goos-Hänchen-Effekt

In den Formeln (5.6) und (5.8) wird der Ausdruck $\sqrt{1 - n^2 \sin^2 \varphi}$ nach Überschreiten des Grenzwinkels der Totalreflexion imaginär. Für die relativen Amplituden der reflektierten Wellen erhält man

$$R_p e^{i\delta_{rp}} = \frac{\cos \varphi - in\sqrt{n^2 \sin^2 \varphi - 1}}{\cos \varphi + in\sqrt{n^2 \sin^2 \varphi - 1}}, \tag{5.14}$$

$$R_s e^{i\delta_{rs}} = \frac{n \cos \varphi - i\sqrt{n^2 \sin^2 \varphi - 1}}{n \cos \varphi + i\sqrt{n^2 \sin^2 \varphi - 1}}. \tag{5.15}$$

Hieraus folgt

$$R_p = 1, \quad \delta_{rp} = -2 \arctan \frac{n\sqrt{n^2 \sin^2 \varphi - 1}}{\cos \varphi}, \tag{5.16}$$

$$R_s = 1, \quad \delta_{rs} = -2 \arctan \frac{\sqrt{n^2 \sin^2 \varphi - 1}}{n \cos \varphi}. \tag{5.17}$$

Das Vorzeichen der Wurzeln in (5.14) bis (5.17) ergibt sich aus der Betrachtung der gebrochenen Welle. Ihre elektrische Feldstärke hat die Form

$$E_d = E_0 e^{-i\left(\omega t - \frac{2\pi}{\lambda_d}[x \cos \varphi_d + y \sin \varphi_d]\right)}. \tag{5.18}$$

Die Wellenlänge λ_d im Medium 2 ist mit der Wellenlänge λ im Medium 1 gemäß

$$\lambda_d = n\lambda \tag{5.19}$$

verknüpft. Auf Grund dessen folgt aus (5.18)

$$E_d = E_0 e^{-\frac{2\pi}{n\lambda} \times \sqrt{n^2 \sin^2 \varphi - 1}}\, e^{-i\left(\omega t - \frac{2\pi}{\lambda} y \sin \varphi\right)}. \tag{5.20}$$

Diese Größe stellt eine mit zunehmender Eindringtiefe x abklingende Welle dar, wenn das Wurzelvorzeichen positiv ist, d. h., wenn

$$\sqrt{n^2 \sin^2 \varphi - 1} > 0 \tag{5.21}$$

gilt.

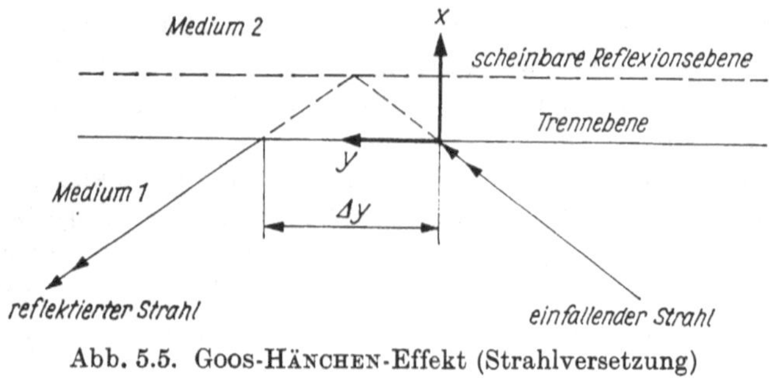

Abb. 5.5. Goos-Hänchen-Effekt (Strahlversetzung)

Die Phasenverschiebungen nach (5.16) und (5.17) bewirken eine Versetzung des totalreflektierten Strahles gegenüber einem ideal reflektierten Strahl (vgl. Abb. 5.5). Der reflektierte Strahl schneidet die Trennebene nicht in dem Punkt, in dem der einfallende Strahl auf die Trennebene trifft, sondern ist dagegen versetzt. Dieser Effekt wird als Goos-Hänchen-Effekt bezeichnet. Er wurde von Goos und Hänchen im Jahre 1947 erstmals experimentell nachgewiesen, nachdem er bereits im Jahre 1929 von Picht aus dem Verhalten von Zylinderwellen vorausberechnet worden war. Die elektromagnetische Welle dringt danach auch bei Totalreflexion geringfügig in das zweite Medium ein. Sie wird in diesem umgelenkt und vollständig wieder in das erste Medium zurückgeworfen. Es findet also eine Totalreflexion der einfallenden Welle statt; die relativen Amplituden der reflektierten Welle sind nach (5.16) und (5.17) gleich Eins. Trotzdem tritt im zweiten Medium eine elektromagnetische Schwingung auf. Der scheinbare Widerspruch findet seine Erklärung in der *Strahlversetzung*.

Zur Berechnung der Größe des Goos-Hänchen-Effektes wendet man das Wolterсche Verfahren der *Minimumstrahl*-Kennzeichnung an. Es läßt sich nicht nur zur Definition eines begrenzten Strahles anwenden, sondern bildet auch die Grundlage für eine Reihe optischer Meßverfahren.

Aus der Betrachtung einer unbegrenzten ebenen Welle kann über das Verhalten des einzelnen Strahles nichts ausgesagt werden. Um diese Schwierigkeit zu umgehen, überlagert man nach Wolter auf eine ebene Welle

$$\psi_1 = e^{-i\omega t}\, e^{ik(x\cos\varphi + y\sin\varphi)} \tag{5.22}$$

eine zweite Welle

$$\psi_2 = -e^{-i\omega t}\, e^{ik(x\cos[\varphi + d\varphi] + y\sin[\varphi + d\varphi])}\,. \tag{5.23}$$

Sie ist gegen die erste um π phasenverschoben und weicht in ihrer Ausbreitungsrichtung um $\Delta\varphi \ll 1$ ab. $k = \frac{2\pi}{n\lambda}$ ist die Wellenzahl. Bei der Berechnung des resultierenden Wellenfeldes $\psi = \psi_1 + \psi_2$ kann man die Formel

$$e^{i\alpha} - e^{i\beta} = -2\sin\frac{\alpha - \beta}{2}\, i e^{i\frac{\alpha+\beta}{2}} \tag{5.24}$$

anwenden. Wie hieraus zu erkennen ist, ergibt die Überlagerung $\psi_1 + \psi_2$ im Raum eine stehende Welle, deren Knotenlinien durch

$$\alpha = \beta + \nu\pi \qquad (\nu = 0 \pm 1 \pm 2 \cdots) \tag{5.25}$$

bestimmt sind.

Zur Definition eines ausgezeichneten Strahles benutzen wir die Minimumbedingung $\alpha = \beta$. Die Phasen nach (5.16) und (5.17) eingesetzt, ergibt

$$k(x\cos\varphi + y\sin\varphi) = k(x\cos[\varphi + \Delta\varphi] + y\sin[\varphi + \Delta\varphi])\,.$$

Den rechtsstehenden Ausdruck kann man für $\Delta\varphi \ll 1$ schreiben

$$x\cos(\varphi + \Delta\varphi) + y\sin(\varphi + \Delta\varphi) = x(\cos\varphi - \sin\varphi\,\Delta\varphi) + \\ + y(\sin\varphi + \cos\varphi\,\Delta\varphi)\,.$$

Somit folgt für die Punkte minimaler Schwinoung

$$(-x \sin \varphi + y \sin \varphi)\, \Delta\varphi = 0$$

bzw. für $\Delta\varphi \neq 0$

$$y = x \tan \varphi\,. \tag{5.26}$$

Damit ist der einfallende Strahl definiert. Er geht durch den Ursprungspunkt des Koordinatensystems.

Bei der Berechnung des reflektierten Strahles hat man die Phasenverschiebungen zu berücksichtigen. Die ebene Welle (5.22) ergibt das reflektierte Feld

$$\psi_{1r} = e^{ik(-x \cos \varphi + y \sin \varphi) + i\delta(\varphi) - i\omega t}\,. \tag{5.27}$$

(12.23) liefert

$$\psi_{2r} = -\, e^{ik(-x \cos[\varphi + \Delta\varphi] + y \sin[\varphi + \Delta\varphi] + i\delta(\varphi + \Delta\varphi) - i\omega t}\,. \tag{5.28}$$

Durch Überlagerung dieser beiden Wellen folgt, wenn man zur Strahlbestimmung wieder die Minimumbedingung (5.25) anwendet,

$$k(-x \cos \varphi + y \sin \varphi) + \delta(\varphi) = k(-x[\cos \varphi - \sin \varphi\, \Delta\varphi] + y[\sin \varphi + \cos \varphi\, \Delta\varphi]) + \delta(\varphi + \Delta\varphi)\,. \tag{5.29}$$

Die Phasenverschiebung läßt sich nach dem TAYLORschen Satz

$$\delta(\varphi + \Delta\varphi) = \delta(\varphi) + \Delta\varphi \frac{d\delta(\varphi)}{d\varphi} + \cdots \tag{5.30}$$

entwickeln. (5.30) in (5.29) eingesetzt, führt auf

$$k\left(x \sin \varphi + y \cos \varphi + \frac{d\delta(\varphi)}{d\varphi}\right) \Delta\varphi = 0$$

bzw.

$$y = -\, x \tan \varphi - \frac{1}{k \cos \varphi} \frac{d\delta(\varphi)}{d\varphi} \tag{5.31}$$

als Gleichung des totalreflektierten Strahles. Dieser schneidet also die Trennebene nicht wie der einfallende Strahl im Anfangspunkt des Koordinatensystems, sondern ist um

$$\Delta y = -\frac{\lambda}{2\pi} \frac{1}{\cos \varphi} \frac{d\delta(\varphi)}{d\varphi} \tag{5.32}$$

seitenversetzt (vgl. Abb. 5.5).

Für den Strahl mit parallel zur Einfallsebene schwingendem elektrischem Vektor ergibt sich als Strahlversetzung, (5.16) in (5.32) eingesetzt,

$$\Delta y_p = \frac{\lambda n}{\pi} \frac{\tan \varphi}{\sqrt{n^2 \sin^2 \varphi - 1}}\,. \tag{5.33}$$

Bei orthogonal schwingendem elektrischem Vektor folgt aus (5.17)

$$\Delta y_s = \frac{\lambda n}{\pi} \frac{\tan \varphi}{(n^2 \sin^2 \varphi - \cos^2 \varphi) \sqrt{n^2 \sin^2 \varphi - 1}}\,. \tag{5.34}$$

Abb. 5.6 zeigt die Strahlversetzungen Δy_p und Δy_s in Abhängigkeit vom Einfallswinkel φ. Charakteristisch für den Effekt ist der Sprung auf sehr große Werte in einem schmalen Bereich am Grenzwinkel der Totalreflexion. Im Gebiet der partiellen Reflexion erfolgt keine Versetzung des reflektierten Strahles. Dagegen tritt bei Erreichen des Grenzwinkels plötzlich eine sehr große Versetzung auf. Änderungen der Brechzahl n bei biologischen, chemischen oder physikalischen Prozessen lassen sich dadurch mit größter Präzision nachweisen.

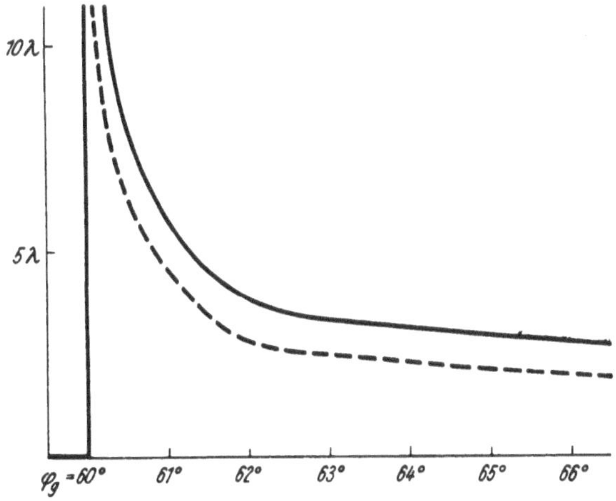

Abb. 5.6. Abhängigkeit der Strahlversetzung vom Einfallswinkel in der Umgebung des Grenzwinkels der Totalreflexion

——— Δy_s nach Gl. (5.34), – – – Δy_p nach Gl. (5.33)

Für die Anwendung in der Speicherphysik denken wir uns die Information 0 durch den Brechungsindex $n = 1{,}1548$, die Information L durch $n = 1{,}1547$ charakterisiert. Der einfallende Strahl wird nach der WOLTERschen Minimummethode als Gebiet kleinster elektromagnetischer Schwingungen gekennzeichnet. Dabei findet entsprechend den Ansätzen (5.22) und (5.23) eine derartige Überlagerung von Wellen statt, daß sich ein schmales Gebiet verschwindender Lichtintensität gegen seine Umgebung heraushebt.

Der betrachtete Strahl falle unter dem Winkel $\varphi = 60°$ ein. Wir stellen den Fotoempfänger so auf, daß er bei Speicherung der Information L vom partiell reflektierten Minimumstrahl genau getroffen wird, also ein Minimum der Lichtintensität anzeigt (vgl. Abb. 5.7). Bei Speicherung der Information 0 dagegen erfolgt der Einfall genau unter dem Grenzwinkel. Das Intensitätsminimum ist seitlich versetzt, daher fällt die energiereichere Umrandung des Minimumstrahles auf den Fotoempfänger. Die Information L ist somit durch schwache, die Information 0 durch starke Intensität gekennzeichnet. Mit dieser Anordnung werden sowohl die Strahlversetzung als auch der steile Intensitätsabfall reflektierter Wellen nach Unterschreiten des Grenzwinkels ausgenutzt (vgl. 5.3).

5.4. Absorbierende Medien

Um die absorbierenden Eigenschaften der Medien zu berücksichtigen, geht man von reellen zu komplexen Werten der Brechzahl n und der Dielektrizitätskonstanten ε' über:

$$\varepsilon \to \varepsilon' = \varepsilon \left(1 - i \frac{\sigma}{\varepsilon\omega}\right), \tag{5.35}$$

$$n \to n' = \sqrt{\frac{\varepsilon'}{\varepsilon_0}} = n(1 - i\varkappa) = \sqrt{\frac{\varepsilon}{\varepsilon_0}\left(1 - i \frac{\sigma}{\varepsilon\omega}\right)}. \tag{5.36}$$

Darin bedeutet $\varepsilon_0 = 8{,}85 \cdot 10^{-12}$ As V^{-1} m^{-1} die elektrische Feldkonstante; ε bezeichnet die absolute Dielektrizitätskonstante, σ die elektrische Leitfähigkeit des Mediums. $\omega = 2\pi f$ gibt die Kreisfrequenz der elektromagnetischen Schwingung an. Als Absorptionskonstante definiert man den Ausdruck

$$k'' = \frac{\beta}{2} = \frac{2\pi\varkappa}{n\lambda}. \tag{5.37a}$$

Er wird mit der Wellenzahl

$$k = \frac{2\pi}{n\lambda} \tag{5.37b}$$

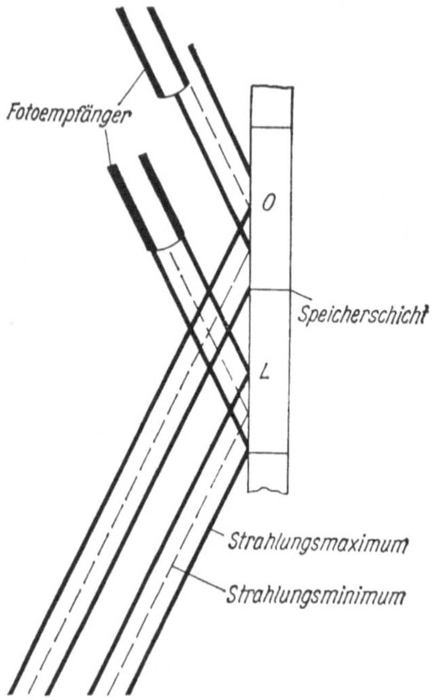

Abb. 5.7. Modell der Speicherwiedergabe druch Intensitätsabfall und Strahlversetzung bei der Speicheraufzeichnung an brechzahländernden Medien

zur komplexen Wellenzahl

$$k' = k + ik'' \tag{5.37}$$

zusammengefaßt.

k' ist ebenso wie ε bzw. ε' und n bzw. n' von der Frequenz abhängig.

Unter der Voraussetzung

$$\varkappa \ll 1\,,$$

die für

$$\sigma \ll \varepsilon\omega$$

erfüllt ist, ergibt sich aus (5.36)

$$\frac{1}{n'} = \frac{1}{n(1 - i\varkappa)} = \frac{1 + i\varkappa}{n(1 + \varkappa^2)} \approx \frac{1 + i\varkappa}{n}\,.$$

Damit folgt aus (5.18) und (5.19)

$$\begin{aligned} E_d &= E_0 \mathrm{e}^{-i\,(\omega t - k'\,[x\cos\varphi_d + y\sin\varphi_d])} \\ &= E_0 \mathrm{e}^{-\frac{2\pi}{n\lambda}\varkappa\,(x\cos\varphi_d + y\sin\varphi_d)}\, \mathrm{e}^{-i\left(\omega t - \frac{2\pi}{n\lambda}[x\cos\varphi_d + y\sin\varphi_d]\right)}\,, \end{aligned} \tag{5.38}$$

d. h., die gebrochene Welle klingt mit zunehmender Eindringtiefe ab.

Für die Amplituden der reflektierten Welle erhält man nach (5.6) und (5.8)

$$R_p \mathrm{e}^{i\delta_{rp}} = \frac{\cos\varphi - n(1 - i\varkappa)\sqrt{1 - n^2(1 - i\varkappa)^2 \sin^2\varphi}}{\cos\varphi + n(1 - i\varkappa)\sqrt{1 - n^2(1 - i\varkappa)^2 \sin^2\varphi}}\,, \tag{5.39}$$

$$R_s \mathrm{e}^{i\delta_{rs}} = \frac{n(1 - i\varkappa) - \sqrt{1 - n^2(1 - i\varkappa)^2 \sin^2\varphi}}{n(1 - i\varkappa) + \sqrt{1 - n^2(1 - i\varkappa)^2 \sin^2\varphi}}\,. \tag{5.40}$$

Aus diesen beiden Formeln können wie bei nichtabsorbierenden Medien die relativen Intensitäten R_p^2 und R_s^2, die Phasenverschiebungen δ_{rp} und δ_{rs} und daraus die Strahlversetzungen Δy_p und Δy_s der reflektierten Wellen berechnet werden.

Die Auswertung dieser Formeln zeigt, daß bei absorbierenden Medien der Anstieg der relativen Intensitäten R_p^2 und R_s^2 am Grenzwinkel der Totalreflexion nicht so steil erfolgt wie bei nichtabsorbierenden Medien. Infolgedessen treten auch kleinere Intensitätsabweichungen auf, wenn die Brechzahl n durch Speicherprozesse verändert wird.

Auch die Strahlversetzung steigt nach den aus (5.6) und (5.8) sowie (5.32) sich ergebenden Formeln bei absorbierenden Medien auf nicht so große Werte an wie bei nichtabsorbierenden. Eine Verkleinerung des Effektes tritt außerdem durch Beugungsvorgänge infolge der erforderlichen Strahlabgrenzung auf. Hierdurch ergeben sich nach theoretischen und experimentellen Untersuchungen von Wolter maximale Versetzungen zwischen zehn und zwanzig Wellenlängen bei Halbwertbreiten in der Größenordnung zehn Winkelminuten. Meßbare Werte der Strahlversetzung sind somit auf einen sehr schmalen Bereich von Einfallswinkeln beschränkt (vgl. Abb. 5.8). Es bleibt daher auch bei schwachen absor-

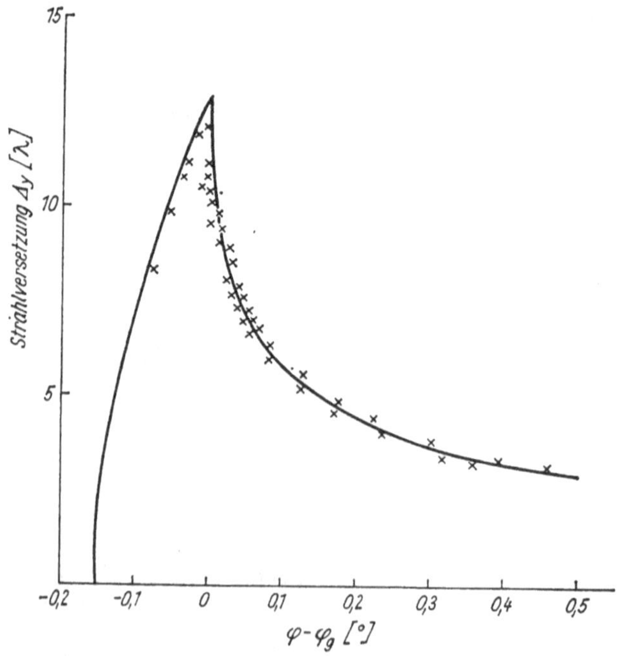

Abb. 5.9. Strahlversetzung in der Umgebung des Grenzwinkels der Totalreflexion für $\varphi_g = 41{,}14°$ unter Berücksichtigung der Beugung nach [5.6], × — Meßwerte

bierenden Medien der charakteristisch steile Anstieg am Grenzwinkel der Totalreflexion sowohl für die Intensität der reflektierten Welle als auch für ihre Strahlversetzung erhalten.

5.5. Grundzüge der Dispersionstheorie

Die Brechzahl n eines Mediums hängt von der Wellenlänge λ bzw. von der Frequenz f der Strahlung ab. Diese Erscheinung wird als Dispersion des Lichtes bezeichnet. Dispersion und Absorption sind miteinander verknüpft. Eine besonders starke Absorption für eine bestimmte Frequenz ist stets mit einer relativ großen Veränderlichkeit der Brechzahl verknüpft (vgl. Abb. 5.4).

Zur theoretischen Ableitung und quantitativen Darstellung der Dispersion geht man vom Modell des Festkörpers nach Unterabschnitt 4.1 aus. Die Bausteine bzw. Teilchen eines Festkörpers sind danach gebunden, können jedoch harmonische Schwingungen ausführen. Diese Schwingungen führen zu einer Polarisation der Materie und wirken sich damit auf die Dielektrizitätskonstante, d. h. auf den Brechungsindex, aus.

Die wichtigste Bedeutung in diesem Modell kommt den schwingungsfähig gebundenen Elektronen zu. Sie werden bei ihren periodischen Bewegungen durch eine Reibungskraft gebremst. Ihre Ursache findet diese Reibungskraft in der Einwirkung benachbarter Ladungen.

Als Differentialgleichung für den Bewegungsablauf eines Teilchens in einem gedämpften harmonischen Oszillator erhält man nach den Grundgesetzen der Mechanik

$$m\ddot{\boldsymbol{r}} + m\varrho\dot{\boldsymbol{r}} + m\omega_0^2\boldsymbol{r} = e\boldsymbol{E}' \,. \tag{5.41}$$

Darin bedeutet $\boldsymbol{r}$ die Auslenkung des betrachteten Teilchens aus seiner Ruhelage, m die Teilchenmasse, ϱ die Reibung. Ferner bezeichnet $\omega_0 = 2\pi f_0$ die Kreisfrequenz der Eigenschwingung des Oszillators; f_0 bedeutet also die Resonanzfrequenz. Das von außen verursachte elektrische Feld

$$\boldsymbol{E}' = \boldsymbol{E}_0' \, \mathrm{e}^{-i\omega t} \tag{5.42}$$

wird als periodisch veränderlich vorausgesetzt. Es kann also z. B. auf eine Lichtwelle zurückzuführen sein.

Die Lösung der Differentialgleichung (5.41) setzt sich aus einer freien, gedämpften Schwingung der Form $\mathrm{e}^{-i\omega_0 t}$ und einer erzwungenen ungedämpften Schwingung der Form $\mathrm{e}^{-i\omega t}$ zusammen. Von Interesse ist hier nur der ungedämpfte Anteil, da die gedämpfte Schwingung nach kurzer Zeit abgeklungen ist. Als Lösung der Differentialgleichung (5.41) wird somit ein Ausdruck der Form

$$\boldsymbol{r} = \boldsymbol{r}_0 \mathrm{e}^{-i\omega t} \tag{5.43}$$

betrachtet. Setzt man (5.43) in (5.41) ein, so folgt als Beziehung zwischen r_0 und E_0'

$$\boldsymbol{r}_0 = \frac{e}{m} \frac{1}{\omega_0^2 - \omega^2 - i\varrho\omega} \boldsymbol{E}_0' \,. \tag{5.44}$$

Durch die Auslenkung entsteht eine mit der Zeit veränderliche Polarisation

$$\boldsymbol{P} = \boldsymbol{P}_0 \mathrm{e}^{-i\omega t} \,. \tag{5.45}$$

$\boldsymbol{P}_0$ ist durch die Anzahl, die Ladung und die Auslenkung der Teilchen bestimmt:

$$\boldsymbol{P}_0 = Ne\boldsymbol{r}_0 \,. \tag{5.46a}$$

Darin bedeutet N die Teilchendichte, d. h. die Zahl der Teilchen je m^3. Handelt es sich um Elektronen, so bedeutet e die Elementarladung.

Im Falle verschiedener Teilchen mit verschiedenen Eigenfrequenzen $\omega_1, \ldots, \omega_l$ Teilchenzahlen $N_1, \ldots, N_l$ und Auslenkungen $r_1, \ldots, r_l$ tritt anstelle von (5.46a) die Formel

$$\boldsymbol{P} = \sum_i N_i e \boldsymbol{r}_i \qquad \text{bzw.} \qquad \boldsymbol{P}_0 = \sum_i N_i e \boldsymbol{r}_{i0} \,. \tag{5.46}$$

Setzt man (5.44) in (5.46) ein und berücksichtigt bei verschiedenartigen Teilchen die Verschiedenheit der Massen m_i, Ladungen e_i und Dämpfungen ϱ_i so ergibt sich

$$\boldsymbol{P} = \boldsymbol{E}' \sum_i \frac{N_i e_i^2}{m_i(\omega_i^2 - \omega^2 - i\varrho_i\omega_i)} \,. \tag{5.47}$$

Das effektive Feld $\boldsymbol{E}'$, das auf ein geladenes Teilchen des Dielektrikums wirkt, ist von dem im Vakuum erzeugten elektrischen Feld $\boldsymbol{E}$ zu unterscheiden, dessen Stärke durch die Polarisation der Materie verändert wird, bzw. von dem Feld, das an der betrachteten Stelle auftreten würde, wenn dort kein polarisierbares Dielektrikum mit beweglichen Teilchen, sondern Vakuum vorhanden wäre. Zwischen $\boldsymbol{E}$ und $\boldsymbol{E}'$ besteht die Beziehung

$$\boldsymbol{E}' = \boldsymbol{E} + \frac{1}{3\varepsilon_0}\boldsymbol{P}. \tag{5.48}$$

Die elektrische Feldstärke $\boldsymbol{E}$ ist mit der elektrischen Flußdichte $\boldsymbol{D}$ durch die die Beziehung

$$\boldsymbol{D} = \varepsilon'\boldsymbol{E} \tag{5.49a}$$

bzw. durch

$$\boldsymbol{D} = \varepsilon_0\boldsymbol{E} + \boldsymbol{P} \tag{5.49b}$$

verknüpft. Aus dem Vergleich der rechten Seiten von (5.49a) und (5.49b) erhält man für die Polarisation

$$\boldsymbol{P} = (\varepsilon' - \varepsilon_0)\,\boldsymbol{E}. \tag{5.50}$$

In Verbindung mit (5.48) folgt daraus

$$\boldsymbol{E}' = \frac{\varepsilon' + 2\varepsilon_0}{3\varepsilon_0}\boldsymbol{E}. \tag{5.51}$$

Setzt man in (5.47) $\boldsymbol{P}$ nach (5.50), $\boldsymbol{E}'$ nach (5.51) ein, so ergibt sich nach Umformung die DRUDEsche Formel

$$\frac{\varepsilon' - \varepsilon_0}{\varepsilon' + 2\varepsilon_0} = \frac{1}{3\varepsilon_0}\sum_i \frac{N_i e_i^2}{m_i(\omega_i^2 - \omega^2 - i\varrho_i\omega_i)}. \tag{5.52}$$

Hieraus lassen sich in Verbindung mit den Gln. (5.35), (5.36) und (5.37) durch Trennung von Real- und Imaginärteil die Brechzahl n und die Absorptionskonstante k'' bestimmen.

Bei der Untersuchung über die Veränderlichkeit von n und k'' in der Umgebung einer Eigenfrequenz ω_i kann man sich in (5.52) auf den i-ten Summanden beschränken. Wird der Einfluß oszillierender Elektronen in F-Zentren bei nicht zu starker Verfärbung untersucht, so kann man in (5.52) auf der linken Seite im Nenner ε' durch ε_0 ersetzen und erhält

$$\varepsilon' = \varepsilon_0' + \frac{Ne^2}{m(\omega_0^2 - \omega^2 + i\varrho\omega_0)}. \tag{5.53}$$

ε_0' bedeutet in (5.53) eine Konstante, die sich aus den übrigen Summanden für $\omega = \omega_0$ ergibt. m bezeichnet die Elektronenmasse, e die Elektronenladung, ω_0 die Eigenfrequenz der oszillierenden Elektronen.

Schreibt man die Veränderlichkeit der Brechzahl n und der Absorptionskonstanten k'' in der Umgebung der Eigenfrequenz ω_0 in der Form

$$n = n_0 + \Delta n, \tag{5.54a}$$

$$k'' = k_0'' + \Delta k'', \tag{5.55b}$$

so ergibt sich aus (5.53)

$$\Delta n = \frac{e^2 N(\omega_0^2 - \omega^2)}{2\sqrt{\varepsilon\varepsilon_0} m[(\omega_0^2 - \omega^2)^2 + \varrho^2\omega_0^2]}, \quad (5.5.5)$$

$$\Delta k'' = \frac{e^2 N \varrho \omega_0 \omega}{2c\sqrt{\varepsilon\varepsilon_0} m[(\omega_0^2 - \omega^2)^2 + \varrho^2\omega_0^2]}. \quad (5.56)$$

(5.56) kann nach Messung des Verlaufes von k'' in der Umgebung von ω_0 bei bekanntem Wert N zur Bestimmung der Dämpfungskonstanten ϱ verwendet werden. Damit ergibt sich aus (5.55) der Verlauf von Δn. Abb. 5.4 stellt die berechneten Werte von Δn für das F-Zentrum des KCl mit den Daten nach Tabelle 5.1 dar (Lit. [5.12] bis [5.17]).

Tabelle 5.1. Absorption von F-Zentren in Alkalihalogenid-Kristallen bei 20 °C

Bezeichnung	Lage des Maximums	Halbwert-breite	Konzentration der Alkali-moleküle	Konzentration der Farbzentren für $k''_{max} = 1$ mm absolut	relativ
	$\lambda_0 = \frac{2\pi c}{\omega_0}$ nm	H eV	N_1 10^{28} m^{-3}	N 10^{22} m^{-3}	N/N_1 10^{-6}
LiF	250	0,82	6,14	9,0	1,5
LiCl	385	0,62	2,94	5,6	1,9
NaF	340	0,62	4,00	7,2	1,8
NaCl	465	0,47	2,24	4,6	2,1
NaBr	540	0,52	1,87	4,7	2,5
KF	455	0,41	2,57	4,7	1,8
KCl	563	0,35	1,61	3,6	2,3
KBr	630	0,345	1,39	3,4	2,4
RbCl	624	0,31	1,39	3,2	2,3
RbBr	720	0,28	1,22	2,8	2,3
RbJ	775	0,35	1,01	3,2	3,2

Literatur

[5.1] SOMMERFELD, A., Vorlesungen über theoretische Physik, Bd. IV, Verlag Geest & Portig Leipzig 1967.

[5.2] SIMONYI, K., Theoretische Elektrotechnik, Deutscher Verlag der Wissenschaften Berlin 1971.

[5.3] BORN, M., WOLF, E., Principles of Optics, Academic Press London 1970.

[5.4] GOOS, F., HAENCHEN, H., Ann. Phys. (6), **1** (1947), 333; (6), **5** (1949), 251.

[5.5] PICHT, J., Ann. Phys. (4), **77** (1925), 685; Z. Phys. **39** (1926), 933.

[5.6] WOLTER, H., Ann. Phys. (6), **7** (1950), 341; Z. Naturforsch. **5a** (1950), 139 u. 143.

[5.7] BREKOWSKIJ, L. M., Waves in Layered Media. Academic Press Inc., New York-London 1960.

[5.8] SCHILLING, H., Ann. Phys. (7), **27** (1971), 4, 370; WP 21 a'/146338 v. 20. 3. 1970.

[5.9] LOTSCH, H., Die Strahlversetzung bei Totalreflexion, Der Goos-Hänchen-Effekt, Diss. TH Aachen 1970; J. Opt. Soc. Am. 58 (1968), 551.

[5.10] BLOEMBERGEN, N., LEE, C. H., Phys. Rev. Letters 19 (1967), 835.

[5.11] BLOEMBERGEN, N., SIMON, H.-J., LEE, C. H., Phys. Rev. 181 (1969), 1261.

[5.12] LANDAU, L. D., LIFSCHITZ, E. M., Lehrbuch der Theoretischen Physik Bd. 8, Elektrodynamik der Kontinua, Akademie-Verlag Berlin 1967.

[5.13] JOOS, G., Lehrbuch der Theoretischen Physik, Akademische Verlagsgesellschaft Geest & Portig Leipzig 1964.

[5.14] POHL, R. W., Einführung in die Physik. Bd. 3, Optik und Atomphysik, Springer-Verlag Berlin, Göttingen, Heidelberg 1964.

[5.15] FLÜGGE, S., Handbuch der Physik Bd. XXV, Kristalloptik, Springer-Verlag Berlin, Göttingen, Heidelberg 1961.

[5.16] LANDOLT, H., BÖRNSTEIN, Zahlenwerte und Funktionen aus Naturwissenschaft und Technik, Gr. III Kristall- und Festkörperphysik, Springer-Verlag Berlin, Heidelberg, New York 1969.

[5.17] SCHILLING, H., BUSSE, J., WP G 11c/162601 (26. 4. 1972).

6. MAGNETOOPTISCHE EFFEKTE

6.1. Der Dielektrizitätstensor anisotroper und aktiver Medien

Bei optisch anisotropen Medien bewirkt das äußere elektrische Feld $\boldsymbol{E}$ eine Polarisation $\boldsymbol{P}$, die von der Richtung des äußeren Feldes abweicht (vgl. Abb. 6.1). Infolgedessen sind die Vektoren der elektrischen Feldstärke $\boldsymbol{E}$ und der dielektrischen Verschiebung

$$\boldsymbol{D} = \varepsilon_0 \boldsymbol{E} + \boldsymbol{P} \tag{6.1}$$

nicht gleichgerichtet. Der lineare Zusammenhang zwischen $\boldsymbol{D}$ und $\boldsymbol{E}$ wird nicht wie bei isotropen Medien durch die skalare Dielektrizitätskonstante ε gemäß $\boldsymbol{D} = \varepsilon \boldsymbol{E} = \varepsilon_0 \varepsilon_r \boldsymbol{E}$ vermittelt. Zur Darstellung der optischen Materialeigenschaften hat man vielmehr einen zweistufigen Dielektriztätstensor $\boldsymbol{\varepsilon}$ zu verwenden. Schreibt man ihn in Form einer quadratischen Matrix, so sind auch die Vektoren $\boldsymbol{E}$ und $\boldsymbol{D}$ als einspaltige oder einreihige Matrizen darzustellen. Es ergibt sich damit

$$\boldsymbol{D} = \begin{pmatrix} D_\xi \\ D_\eta \\ D_\zeta \end{pmatrix} = \begin{pmatrix} \varepsilon_{\xi\xi} & \varepsilon_{\xi\eta} & \varepsilon_{\xi\zeta} \\ \varepsilon_{\eta\xi} & \varepsilon_{\eta\eta} & \varepsilon_{\eta\zeta} \\ \varepsilon_{\zeta\xi} & \varepsilon_{\zeta\eta} & \varepsilon_{\zeta\zeta} \end{pmatrix} \begin{pmatrix} E_\xi \\ E_\eta \\ E_\zeta \end{pmatrix}. \tag{6.2}$$

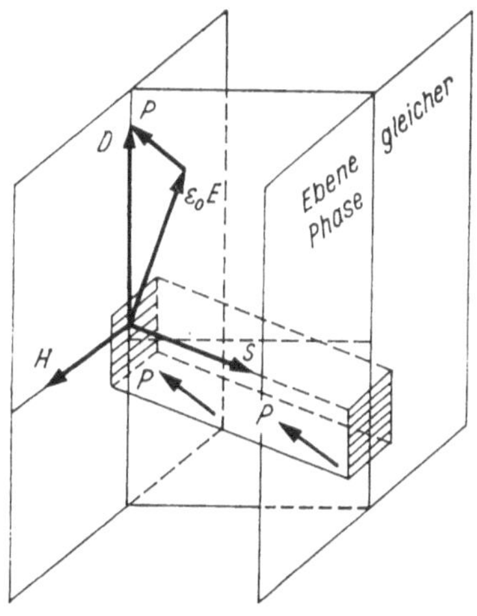

Abb. 6.1. Elektrische Feldstärke $\boldsymbol{E}$, dielektrische Verschiebungsdichte $\boldsymbol{D}$, Polarisation $\boldsymbol{P}$, magnetische Feldstärke $\boldsymbol{H}$ und POYNTINGscher Vektor $S = \boldsymbol{E} \times \boldsymbol{H}$ bei anisotropen Medien

Der Dielektrizitätstensor ist bei optisch anisotropen Medien symmetrisch, d. h., es bestehen die Beziehungen

$$\varepsilon_{ik} = \varepsilon_{ki} \qquad (i, k = \xi, \eta, \zeta)\,. \tag{6.3a}$$

Die $\boldsymbol{\varepsilon}$-Matrix hat daher bei anisotropen, nichtaktiven Medien die Form

$$\boldsymbol{\varepsilon} = \boldsymbol{\varepsilon}_{\text{symm}} = \begin{pmatrix} \varepsilon_{\xi\xi} & \varepsilon_{\xi\eta} & \varepsilon_{\xi\zeta} \\ \varepsilon_{\xi\eta} & \varepsilon_{\eta\eta} & \varepsilon_{\eta\zeta} \\ \varepsilon_{\xi\zeta} & \varepsilon_{\eta\zeta} & \varepsilon_{\zeta\zeta} \end{pmatrix}. \tag{6.3}$$

Die Symmetrie der Matrix (6.3) folgt physikalisch aus der Forderung, daß die beim Feldaufbau aufzuwendende Energie als totales Differential

$$\mathrm{d}W = \mathrm{d}\left(\frac{1}{2}\, V\boldsymbol{E}\cdot\boldsymbol{D}\right) \tag{6.4}$$

geschrieben werden kann.

Zu jeder symmetrischen Vektorbezeichnung (6.3) existieren drei senkrecht zueinander stehenden Hauptachsenrichtungen, in denen die elektrische Feldstärke $\boldsymbol{E}$ und die dielektrische Verschiebung $\boldsymbol{D}$ gleichgerichtet sind. Wählt man diese Richtungen als Achsen eines x, y, z-Koordinatensystems, so ergibt sich anstelle der Beziehung (6.2)

$$\begin{pmatrix} D_x \\ D_y \\ D_z \end{pmatrix} = \begin{pmatrix} \varepsilon_x & 0 & 0 \\ 0 & \varepsilon_y & 0 \\ 0 & 0 & \varepsilon_z \end{pmatrix} \begin{pmatrix} E_x \\ E_y \\ E_z \end{pmatrix} = \boldsymbol{\varepsilon}_{\text{symm}}\boldsymbol{E}\,. \tag{6.5}$$

Die Koordinatentransformation, durch die das ξ, η, ζ-Koordinatensystem auf das Hauptachsensystem aus x-, y-, z-Achse transformiert wird, bezeichnet man als Hauptachsentransformation.

Bei optisch einachsigen Medien existiert in bezug auf die elektrische Polarisierung eine Symmetriachse. Sie wird im folgenden als z-Achse gewählt. γ gibt den Winkel gegen die Symmetriachse an. Wegen der Symmetriebeziehungen in der x-y-Ebene müssen für den einachsigen Stoff die Hauptdielektrizitätskonstanten ε_x und ε_y gleich sein. Daher kann

$$\varepsilon_x = \varepsilon_y = \varepsilon_s\,, \qquad \varepsilon_z = \varepsilon_p \tag{6.6}$$

geschrieben werden.

Optisch zweiachsige Stoffe sind durch drei voneinander verschiedene Hauptdielektrizitätskonstante gekennzeichnet.

Durch optisch aktive Medien findet beim Durchgang linearpolarisierten Lichtes eine Drehung der Schwingungsrichtung des elektrischen Vektors statt. Dieses Verhalten kann durch einen *Gyrationsvektor* $\boldsymbol{G}$ beschrieben werden. Zwischen der elektrischen Feldstärke $\boldsymbol{E}$ und der elektrischen Verschiebungs- bzw. Flußdichte $\boldsymbol{D}$ besteht bei optisch aktiven Medien die Beziehung

$$\boldsymbol{D} = \boldsymbol{\varepsilon}_{\text{symm}}\boldsymbol{E} - i\boldsymbol{G} \times \boldsymbol{E}\,. \tag{6.7}$$

Die vektorielle Multiplikation von $\boldsymbol{E}$ mit $\boldsymbol{G} = (G_\xi, G_\eta, G_\zeta)$ kann durch eine skalare Multiplikation von $\boldsymbol{E}$ mit dem antimetrischen Tensor

$$\boldsymbol{\varepsilon}_{\text{anti}} = \begin{pmatrix} 0 & G_\zeta & -G_\eta \\ -G_\zeta & 0 & G_\xi \\ G_\eta & -G_\xi & 0 \end{pmatrix} \tag{6.8}$$

ersetzt werden. Wählt man die Richtung des Gyrationsvektors $\boldsymbol{G}$ als z-Achse, so ergibt sich in (6.8) für $x = \xi$, $y = \eta$, $z = \zeta$

$$G_\xi = G_\eta = 0\,, \qquad G_\zeta = G_z = G\,. \tag{6.9}$$

Fällt bei einem einachsigen Kristall die optische Symmetrieachse mit der Richtung des Gyrationsvektors zusammen, so erhält man für die lineare Verknüpfung

$$\boldsymbol{D} = \boldsymbol{\varepsilon}\boldsymbol{E} = (\boldsymbol{\varepsilon}_{\text{symm}} + i\boldsymbol{\varepsilon}_{\text{anti}})\,\boldsymbol{E} \tag{6.10}$$

den Dielektrizitätstensor

$$\boldsymbol{\varepsilon} = \begin{pmatrix} \varepsilon_s & -iG & 0 \\ iG & \varepsilon_s & 0 \\ 0 & 0 & \varepsilon_p \end{pmatrix}. \tag{6.8a}$$

Aufgelöst nach den Komponenten folgt aus (6.10)

$$\left.\begin{aligned} D_x &= \varepsilon_s E_x - iGE_y\,, \\ D_y &= iGE_x + \varepsilon_s E_y\,, \\ D_z &= \varepsilon_p E_z\,. \end{aligned}\right\} \tag{6.10a}$$

In gleicher Weise kann die Permeabilität eines Stoffes ihren skalaren Charakter verlieren. Man hat dann

$$\boldsymbol{B} = \boldsymbol{\mu}\boldsymbol{H} \tag{6.11}$$

zu schreiben, wobei der symmetrische Anteil des Permeabilitätstensors die Anisotropie, der antimetrische Anteil die optische Aktivität infolge der magnetischen Eigenschaften kennzeichnet.

Bei Speichereffekten wird das optisch aktive bzw. anisotrope Verhalten durch äußere Einwirkung, und zwar insbesondere durch elektrische oder magnetische Felder sowie durch Laserstrahlung verursacht. Die Richtung der optischen Achse ist dabei im allgemeinen mit der Richtung des Gyrationsvektors identisch, so daß die stabilen Zustände der Speicherzellen durch Dielektrizitätstensoren der Form (6.8a) beschrieben werden können.

Für die Speicherphysik sind allein die Dielektrizitätstensoren von Bedeutung. Im folgenden wird daher nur die Dielektrizität als Tensor dargestellt, während die Permeabilität gleich der magnetischen Feldkonstanten μ_0 gesetzt wird (Lit. [6.1] bis [6.6]).

6.2. Elektromagnetische Wellen in anisotropen und aktiven Medien

Die MAXWELLschen Gleichungen haben in einem ladungsfreien, verlustlosen Medium die Form

$$\left.\begin{aligned} \boldsymbol{D} &= \operatorname{rot} \boldsymbol{H} \,, \\ \boldsymbol{B} &= \operatorname{rot} \boldsymbol{E} \,, \\ \operatorname{div} \boldsymbol{D} &= 0 \,, \\ \operatorname{div} \boldsymbol{B} &= 0 \,. \end{aligned}\right\} \tag{6.12}$$

In optisch anisotropen und aktiven Medien gilt $\boldsymbol{D} = \boldsymbol{\varepsilon E}$. Ferner wird $\boldsymbol{B} = \mu_0 \boldsymbol{H}$ vorausgesetzt. Die zeitliche Abhängigkeit wird in der Form $\mathrm{e}^{-i\omega t}$ angenommen. Damit folgt aus (6.12)

$$\left.\begin{aligned} -i\omega\boldsymbol{\varepsilon E} &= \operatorname{rot} \boldsymbol{H} \,, \\ i\omega\mu_0 \boldsymbol{H} &= \operatorname{rot} \boldsymbol{E} \,, \\ \operatorname{div} \boldsymbol{\varepsilon E} &= 0 \,, \\ \operatorname{div} \mu_0 \boldsymbol{H} &= 0 \,, \end{aligned}\right\} \tag{6.13}$$

Wir multiplizieren die erste dieser Gleichungen mit $i\mu_0\omega$, während wir auf die zweite die Vektoroperation rot anwenden. Damit ergibt sich in der ersten Gleichung rechts der gleiche Ausdruck wie in der zweiten Gleichung links. Durch Vergleich erhalten wir hieraus

$$\boldsymbol{\varepsilon}\mu_0\omega^2 \boldsymbol{E} = \operatorname{rot} \operatorname{rot} \boldsymbol{E} \,. \tag{6.14}$$

Die Vektoroperation rot rot kann durch

$$\operatorname{rot} \operatorname{rot} = -\Delta + \operatorname{grad} \operatorname{div}$$

ersetzt werden, wobei Δ den LAPLACE-Operator bezeichnet. Damit folgt aus (6.14)

$$\left.\begin{aligned} \mu_0\omega^2 (\varepsilon_s E_x - iGE_y) &= -\Delta E_x + \operatorname{grad}_x \operatorname{div} \boldsymbol{E} \,, \\ \mu_0\omega^2 (iGE_x + \varepsilon_s E_y) &= -\Delta E_y + \operatorname{grad}_y \operatorname{div} \boldsymbol{E} \,, \\ \mu_0\omega^2 \varepsilon_p E_z &= -\Delta E_z + \operatorname{grad}_z \operatorname{div} \boldsymbol{E} \,. \end{aligned}\right\} \tag{6.15}$$

Im Gegensatz zu den isotropen Medien ist die Divergenz des elektrischen Feldes ungleich Null, da aus $\operatorname{div} \boldsymbol{D} = \operatorname{div} \boldsymbol{\varepsilon E} = 0$ nicht geschlossen werden darf, daß die Divergenz des elektrischen Feldes verschwindet. Auf der rechten Seite der Gleichungen [6.15] sind daher auch die zweiten Summanden zu berücksichtigen.

Um das Verhalten eines Lichtstrahles im optisch aktiven und anisotropen Medium zu berechnen, betrachten wir eine ebene Welle

$$\boldsymbol{E} = \boldsymbol{E}_0 \mathrm{e}^{-i(\omega t - k_0 n [x\cos\alpha + y\cos\beta + z\cos\gamma])} \tag{6.16}$$

mit $k_0 = \sqrt{\varepsilon_0 \mu_0}\omega$. Für diese gehen die Gleichungen (6.15) über in

$$\left.\begin{aligned} D_x &= \varepsilon_s E_x - iGE_y = n^2\varepsilon_0 [E_x - \cos\alpha(E_x\cos\alpha + E_y\cos\beta + E_z\cos\gamma)]\,,\\ D_y &= iGE_x + \varepsilon_s E_y = n^2\varepsilon_0 [E_y - \cos\beta(E_x\cos\alpha + E_y\cos\beta + E_z\cos\gamma)]\,,\\ D_z &= \varepsilon_p E_z = n^2\,\varepsilon_0\,[E_z - \cos\gamma\,(E_x\cos\alpha + E_y\cos\beta + E_z\cos\gamma)]\,. \end{aligned}\right\} \quad (6.17)$$

Hier kann man die Brechzahlen

$$n_s = \sqrt{\frac{\varepsilon_s}{\varepsilon_0}}\,, \qquad n_p = \sqrt{\frac{\varepsilon_p}{\varepsilon_0}}\,, \tag{6.18}$$

sowie die *gyrotrope Konstante*

$$g = \frac{G}{\varepsilon_s} \tag{6.19}$$

einsetzen. Im Falle absorbierender Medien tritt an die Stelle der reellen Dielektrizitätszahl die komplexe Dielektrizitätszahl gemäß (5.35). Die reellen Werte n und g gehen damit in die komplexen Werte n' und g' über.

(6.17) stellt ein Gleichungssystem zur Bestimmung der Feldkomponenten E_x, E_x, E_z dar. Soll dieses Gleichungssystem lösbar sein, so muß seine Koeffizientendeterminante verschwinden. Daraus erhält man mit den in (6.18) und (6.19) definierten Größen die Gleichung

$$\begin{aligned} &[n_s^2(\cos^2\alpha + \cos^2\beta) + n_p^2\cos^2\gamma]\,n^4 \\ &- [n_s^4(1-g)^2\,(\cos^2\alpha + \cos^2\beta) + n_s^2 n_p^2\,(1+\cos^2\gamma)]\,n^2 + n_s^4 n_p^2\,(1-g^2) = 0\,. \end{aligned} \tag{6.20}$$

Sie wird als Gesetz der Brechungsindizes bezeichnet. Durch sie ist die Brechzahl n für eine vorgegebene Richtung der ebenen Welle (6.16) festgelegt. (6.20) besitzt als biquadratische Gleichung bei reellen Lösungen stets zwei positive Wurzeln. Zu jeder vorgegebenen Richtung gibt es daher zwei Brechungsindizes und demzufolge zwei Phasengeschwindigkeiten (Lit. [6.1] bis [6.8]).

6.3. FARADAY-Effekt

Unter dem Einfluß eines starken äußeren Magnetfeldes H_0 wird die Schwingungsrichtung des elektrischen Vektors einer linear polarisierten Lichtwelle gedreht (vgl. Abb. 6.2). Diese Erscheinung bezeichnet man als den FARADAY-Effekt. Das Magnetfeld wirkt also wie ein aktives Medium.

Bei ferro- oder ferrimagnetischen Speichermaterialien, wie z. B. bei Eisen, Kobalt oder den ferrimagnetischen Granaten, wird dieses Feld durch die Magnetisierung des Materials erzeugt (vgl. Abschnitt 3.3.3. und 3.4.1). Die Informationswiedergabe ist mit Hilfe des FARADAY-Effektes möglich. Sie erfolgt im durchgehenden Licht.

Wir setzen optisch einachsiges Material entsprechend dem Verhalten der Materie unter dem Einfluß äußerer Felder voraus. Der Dielektrizitätstensor sei

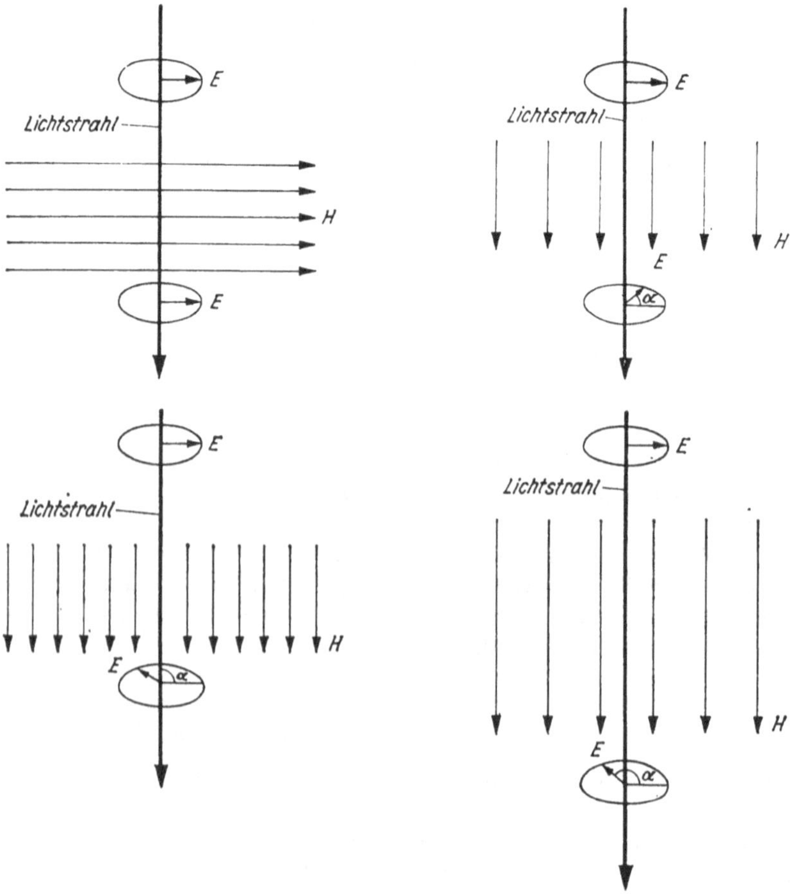

Abb. 6.2. Drehung des elektrischen Vektors einer Lichtwelle beim Durchgang des Lichtes durch ein magnetisches Feld

durch (6.8a) gegeben. Die optische Achse ist identisch mit der z-Achse. Diese Richtung hat auch der einfallende Lichtstrahl. Es ist also $\cos\alpha = \cos\beta = 0$, $\cos\gamma = 1$.

Zwischen den Komponenten der elektrischen Feldstärke E und der elektrischen Erregung D bestehen nach (6.10a) unter Berücksichtigung der Definitionen (6.18) und (6.19) die Beziehungen

$$\left.\begin{aligned} D_x &= \varepsilon_0 n_s^2 (E_x - igE_y)\,, \\ D_y &= \varepsilon_0 n_s^2 (igE_x + E_y)\,, \\ D_z &= \varepsilon_0 n_p^2 E_z\,. \end{aligned}\right\} \tag{6.21}$$

Die Brechzahl ergibt sich aus dem Gesetz der Brechungsindizes (6.20):

$$n^4 - 2n_s^2 n^2 + n^4(1 - g^2) = 0\,. \tag{6.22}$$

Diese Gleichung hat die Lösungen

$$\left.\begin{aligned} n_+^2 &= n_s^2(1-g)\,, \\ n_-^2 &= n_s^2(1+g)\,. \end{aligned}\right\} \tag{6.23}$$

Im allgemeinen ist $g \ll 1$, so daß man genähert

$$\left.\begin{aligned} n_+ &= n_s\left(1-\frac{g}{2}\right), \\ n_- &= n_s\left(1+\frac{g}{2}\right) \end{aligned}\right\} \tag{6.23a}$$

schreiben kann. Die negativen Wurzeln des Gesetzes des Brechungsindizes sind ohne Bedeutung.

Aus den Komponenten (6.21) werden die Linearkombinationen

$$\left.\begin{aligned} D_+ &= D_x + iD_y = n_s^2\varepsilon_0\,(1-g)\,(E_x+iE_y) = \varepsilon_0 n_+^2\,(E_x+iE_y)\,, \\ D_- &= D_x - iD_y = n_s^2\varepsilon_0\,(1+g)\,(E_x-iE_y) = \varepsilon_0 n_-^2\,(E_x-iE_y) \end{aligned}\right\} \tag{6.24}$$

gebildet. Andererseits folgt in Verbindung mit (6.17) für $\cos\alpha = \cos\beta = 0$, $\cos\gamma = 1$

$$\left.\begin{aligned} D_x &= n^2\varepsilon_0 E_x = \frac{1}{2}\,(D_+ + D_-)\,, \\ D_y &= n^2\varepsilon_0 E_y = -\frac{i}{2}\,(D_+ - D_-)\,, \\ D_z &= \varepsilon_p E_z = 0\,. \end{aligned}\right\} \tag{6.25}$$

Die in Richtung der z-Achse fortschreitende elektromagnetische Welle

$$\boldsymbol{D} = \boldsymbol{D}_0 e^{-i(\omega t - k_0 n z)} \tag{6.26}$$

kann demzufolge aus zwei ebenen Wellen zusammengesetzt werden, die durch (6.24) bestimmt sind. Für die erste ist $D_- = 0$, $D_+ \neq 0$. Es gilt daher nach der zweiten Gleichung (6.24)

$$\left(\frac{D_x}{D_y}\right)_+ = i = \mathrm{e}^{i\frac{\pi}{2}}\,. \tag{6.27a}$$

Ferner ist nach der ersten Gleichung (6.24)

$$n = n_+\,. \tag{6.27b}$$

Dagegen ist für die zweite Welle $D_+ = 0$, $D_- \neq 0$. Aus (6.24) ergibt sich daher

$$\left(\frac{D_x}{D_y}\right)_- = -i = \mathrm{e}^{-i\frac{\pi}{2}} \tag{6.28a}$$

nebst

$$n = n_-\,. \tag{6.28b}$$

Wegen der zeitlichen Abhängigkeit $\mathrm{e}^{-i\omega t}$ stellt D_+ nach (6.27a) eine rechtsdrehend zirkular polarisierte Welle dar, d. h. in Ausbreitungsrichtung blickend erfolgt die Rotation des Vektors D_+ im positiven mathematischen Drehsinn. Im Gegensatz dazu rotiert D_- im negativen mathematischen Drehsinn oder Uhrzeigersinn; diese Welle ist linksdrehend zirkularpolarisiert.

Bei einer linearpolarisiert einfallenden Welle kann man die Schwingungsrichtung als x-Achse wählen. An der durch $z = 0$ gekennzeichneten Eintrittsstelle in das gyrotrope Medium gilt daher nach (6.24) und (6.26)

$$D_x = D_+ = D_- = D_0 e^{-i\omega t}, \qquad D_y = 0. \tag{6.29}$$

D_0 gibt darin die Amplitude der elektromagnetischen Schwingung im Einfallsmedium an.

Nach Durchlaufen der Schichtdicke l sind die Komponenten durch

$$\left.\begin{aligned} D_+(l) &= D_0 e^{ik_0 n_+ l}\, e^{-i\omega t}, \\ D_-(l) &= D_0 e^{ik_0 n_- l}\, e^{-i\omega t} \end{aligned}\right\} \tag{6.30}$$

festgelegt mit

$$k_0 = \frac{2\pi}{\lambda_0} = \frac{2\pi f}{c}.$$

Aus (6.30) folgt, wenn die Definition der Linearkombinationen (6.25) sowie die Näherung (6.23a) berücksichtigt wird,

$$\left.\begin{aligned} D_x &= \frac{D_0}{2}\left(e^{ik_0 n_+ l} + e^{ik_0 n_- l}\right) d^{-i\omega t} \\ &= D_0 e^{ik_0 n_s l} \cos\frac{k_0 g l}{2}\, e^{-i\omega t}, \\ D_y &= -\frac{i}{2} D_0 \left(e^{ik_0 n_+ l} - e^{ik_0 n_- l}\right) e^{-i\omega t} \\ &= -D_0\, e^{ik_0 n_s l} \sin\frac{k_0 g l}{2}\, e^{-i\omega t}. \end{aligned}\right\} \tag{6.31}$$

Für das Verhältnis beider Komponenten erhält man

$$\frac{D_y}{D_x} = -\tan\frac{k_0 g l}{2}. \tag{6.32}$$

Die Schwingung bleibt also stets linear polarisiert. Gemessen im Uhrzeigersinn, d. h. entgegen dem mathematischen Umlaufsinn, ist jedoch die Schwingungsrichtung um den Winkel

$$\Theta = \frac{k_0 g l}{2} = \pi\,\frac{n_- - n_+}{n_s}\,\frac{l}{\lambda_0} \tag{6.33}$$

gedreht worden. λ_0 bedeutet in (6.33) die Vakuumwellenlänge des Lichtes.

In den Tabellen über die gyotropen Eigenschaften dia- oder paramagnetischer Stoffe wird die Drehung des elektrischen Vektors linear polarisierten Lichtes durch die VERDETsche *Konstante* V gekennzeichnet (vgl. Tabelle 6.1). Gibt H die

Tabelle 6.1. VERDETsche Konstante und Absorptionskoeffizienten

Stoff	V rad A^{-1}	β m^{-1}	λ nm	T K
CaF_2 (3,1% Eu^{++})	$-4{,}4 \cdot 10^{-6}$		694	293
CaF_2 (4,9% Eu^{++})	$-6{,}9 \cdot 10^{-6}$		694	293
TbAlSi-Glas	$7{,}9 \cdot 10^{-5}$	0,3	964	293
EuF_2	$2 \cdot 10^{-3}$	2500	450	293
	$1 \cdot 10^{-3}$	600	480	293
EuSe	$3{,}5 \cdot 10^{-3}$	$5 \cdot 10^{5}$	670	293
		$4{,}5 \cdot 10^{3}$	755	4,2
Ce-Phosphat-Glas	$2 \cdot 10^{-5}$		546	300
	$7{,}7 \cdot 10^{-5}$		546	77
	$1{,}4 \cdot 10^{-3}$		546	4,2
	$3{,}4 \cdot 10^{-3}$		546	1,8
Fe		$6{,}8 \cdot 10^{7}$	500	293
$Gd_3Fe_5O_{12}$		$3 \cdot 10^{5}$	520	293
Wasser	$4{,}8 \cdot 10^{-6}$		589	273
CS_2	$1{,}6 \cdot 10^{-5}$		589	273
C_2H_5OH	$2{,}8 \cdot 10^{-5}$		256	289
	$9{,}1 \cdot 10^{-6}$		405	289
	$4{,}1 \cdot 10^{-6}$		600	289

Stärke des äußeren Magnetfeldes an, so gilt für den Drehwinkel Θ das FARADAY-VERDETsche Gesetz

$$\Theta = VHl\,. \tag{6.34}$$

Für den Zusammenhang zwischen der VERDETschen Konstante V und der gyrotropen Konstante g folgt aus dem Vergleich mit (6.33)

$$g = \frac{n_- - n_+}{n_s} = \frac{VH\lambda_0}{\pi}\,. \tag{6.35}$$

Bei ferro- und ferrimagnetischen Stoffen tritt anstelle des FARADAY-VERDETschen Gesetzes (6.34) das KUNDT*sche Gesetz*

$$\Theta = KMl = Fl\,, \tag{6.36}$$

wobei M die Magnetisierung bzw. die magnetische Polarisation je Volumeneinheit angibt. Die Magnetisierung ist im allgemeinen nicht mehr proportional dem äußeren Feld. Für den Zusammenhang der KUNDTschen Konstanten K mit der gyotropen Konstante g ergibt sich durch Vergleich mit (6.33)

$$g = \frac{n_- - n_+}{n_s} = \frac{KM\lambda_0}{\pi}\,. \tag{6.37}$$

Tabelle 6.2. Optische Konstante für Eisen und Nickel bei Zimmertemperatur

$\lambda = 694$ nm	n	$\varkappa$	g	ψ grd
Eisen (45° Einfallswinkel)				
360	1,65	1,65	0,018	22,1
406	1,80	1,71	0,020	11,9
446	1,98	1,77	0,023	3,1
492	2,30	1,54	0,025	0
546	2,73	1,36	0,033	1,8
616	3,02	1,37	0,044	3,8
Nickel (49,75° Einfallswinkel)				
360	1,52	1,15	0,012	33
406	1,51	1,27	0,008	42
446	1,51	1,38	0,007	48
492	1,54	1,52	0,007	53
546	1,60	1,67	0,007	50
616	1,76	1,77	0,007	44

Die in Richtung des Feldes $\boldsymbol{H}$ bzw. $\boldsymbol{M}$ fortschreitende Lichtwelle erfährt nach (6.34) und (6.36) bei positiven Konstanten V bzw. K eine Drehung ihrer Schwingungsrichtung im Uhrzeigersinn. Schreitet die Welle entgegen der Richtung des Feldes fort, so erfolgt die Drehung der Schwingungsrichtung entgegen dem Uhrzeigersinn. Wird der Strahl nach Durchgang durch die Substanz reflektiert und läßt man ihn den gleichen Weg zurücklaufen, so ist die Drehung durch das Feld daher doppelt so groß wie bei einfachem Durchgang.

Die Formeln (6.35) und (6.37) über den Zusammenhang zwischen der gyrotropen Konstanten und der VERDETschen bzw. der KUNDTschen Konstanten gelten unter der Voraussetzung nichtabsorbierender Medien. Kann man die Absorption nicht vernachlässigen, so treten an die Stelle der reellen Größen ε und G bzw. n und g die komplexen Werte ε' und G' bzw. n' und g'. Das Komplexwerden des gyrotropen Parameters bewirkt nach (6.23) bis (6.27), daß die durchgehende Schwingung nicht mehr linear bleibt, sondern elliptisch wird. Zur Bestimmung der gyrotropen Konstanten $g' = ge^{i\psi}$ des Speichermaterials hat man dann nicht nur die Drehung der Schwingungsrichtung zu messen, sondern muß auch die Achsen der Schwingungsellipse ermitteln. Bei den stark absorbierenden Stoffen, wie z. B. Eisen, Nickel oder Kobalt, sind daher die nach (6.37) berechneten Werte g um das Zwei- bis Dreifache zu groß.

Tabelle 6.2 enthält die optischen Konstanten für Eisen und Nickel. Sie sind nicht nur von der Wellenlänge, sondern in geringem Maß auch vom Einfallswinkel und von der Schichtdicke abhängig.

Dagegen fällt bei schwach absorbierenden Medien der Einfluß des imaginären Gliedes nur unbedeutend ins Gewicht. Die unter dieser Voraussetzung berechneten Werte der gyrotropen Konstanten g sind in Tabelle 6.3 zusammengestellt.

Tabelle 6.3. Gyrotrope Konstante g von Speichersubstanzen bei Sättigungsmagnetisierung

Stoff	Vakuum-wellenlänge λ_0 nm	Temperatur T K	Gyrotrope Konstante g	Dämpfung $\beta = \frac{4\pi}{n\lambda_0}\varkappa$ cm^{-1}
GdIG ($Gd_3Fe_5O_{12}$)	520	300	0,0012	$3 \cdot 10^3$
YIG ($Y_3Fe_5O_{12}$)	1200 1200	300 550	0,00016 0,00010	0,069 0,03
EuO	1200 2500	60 69	0,13 0,04	100 0,5
EuSe	660	4,2	0,095	170
$CrBr_3$	493	1,5	0,055	2000

Wie aus (6.37) hervorgeht, ist die gyrotrope Konstante g proportional der Sättigungsmagnetisierung M, stellt also eine von M linear abhängige Größe dar. Aus den Tabellen 6.2 und 6.3 liest man ab, daß g für die gebräuchlichen Werkstoffe bei Zimmertemperatur Werte in der Größenordnung $10^{-3}...10^{-2}$ annimmt. Nur für sehr tiefe, mit Hilfe flüssigen Heliums stabilisierte Arbeitstemperaturen erreicht die gyrotrope Konstante bei Europium-Selen die Größenordnung 0,1.

Im Gegensatz hierzu hängt die Dielektrizitätskonstante nur in der zweiten Ordnung von der Magnetisierung M ab. Entwickelt man $\varepsilon = \varepsilon(M)$ in eine Reihe, so ergibt sich

$$\varepsilon(M) = \varepsilon(0) + \left(\frac{\partial \varepsilon}{\partial M}\right)_{M=0} M + \frac{1}{2}\left(\frac{\partial^2 \varepsilon}{\partial M^2}\right)_{M=0} M^2 + \cdots .$$

Bei Umkehr der Magnetisierungsrichtung folgt

$$\varepsilon(-M) = \varepsilon(0) - \left(\frac{\partial \varepsilon}{\partial M}\right)_{M=0} M + \frac{1}{2}\left(\frac{\partial^2 \varepsilon}{\partial M^2}\right)_{M=0} M^2 + \cdots .$$

Die Dielektrizitätskonstante muß unabhängig davon sein, in welcher Richtung die Magnetisierung erfolgt, d. h., es muß $\varepsilon(M) = \varepsilon(-M)$ gelten. Daraus erhält man

$$\left(\frac{\partial \varepsilon}{\partial M}\right)_{M=0} = 0 .$$

Es verbleibt somit

$$\varepsilon(M) = \varepsilon(0) + \frac{1}{2}\left(\frac{\partial^2 \varepsilon}{\partial M^2}\right)_{M=0} M^2 = \varepsilon(0)\,(1 + \alpha M^2) . \tag{6.38}$$

Für den durch Magnetisierung hervorgerufenen Unterschied zwischen den Größen ε_s und ε_p im Dielektrizitätstensor (6.8a) ergibt sich daher nur ein Glied zweiter Größenordnung. Da g als linear von M abhängige Größe bei Zimmertemperatur nur die Größenordnung 10^{-2} erreicht, hat man für die Differenz $\varepsilon_s - \varepsilon_p$ der Dielektrizitätskonstanten mit Werten in der Größenordnung 10^{-4} und darunter zu rechnen. Bei den magnetooptischen Effekten kann daher im allgemeinen die Anisotropie der Medien gegen die optische Aktivität vernachlässigt werden (Lit. [6.7] bis [6.16]).

6.4. Speicherwiedergabe durch den Faraday-Effekt

Die Unterscheidung der beiden Grundzustände 0 und L beruht auf der entgegengesetzten Magnetisierung des Speichermediums. Hierdurch werden entgegengerichtete Faraday-Drehungen verursacht.

Zur Messung der Faraday-Drehung bei magnetischen Substanzen wendet man die Schaltung nach Abb. 6.3 an. Der Analysator wird zunächst so eingestellt, daß er bei fehlender Magnetisierung in der Meßapparatur minimale Helligkeit anzeigt. Nach Einbringen der magnetisierten Substanz muß der Analysator um den Winkel Θ nachgestellt werden, wenn in der Meßapparatur wieder minimale Helligkeit registriert werden soll.

Die genauesten Messungen lassen sich mit einer Anordnung erreichen, die bei schwacher Gesamthelligkeit das Gesichtsfeld in zwei oder mehrere scharf abgegrenzte Felder unterteilt. Der Analysator wird so eingestellt, daß im nichtmagnetisierten Zustand ohne Faraday-Drehung diese Felder intensitätsgleich sind, beim Auftreten der Faraday-Drehung jedoch Lichtunterschiede auftreten (Halbschattenmethode). Am präzisesten erfolgt die Messung der Intensitäten auf photoelektrischem Wege (vgl. 7.5). Damit lassen sich bei der Messung der Faraday-Drehung Genauigkeiten bis zu $5 \cdot 10^{-6}$ grd erzielen.

Für die Unterscheidung der binären Grundzustände 0 und L erscheint es am einfachsten, die Schicht so dick zu wählen, daß L gerade eine Faraday-Drehung um 45°, 0 eine von −45° bewirkt. Man könnte dann den Analysator derart einstellen, daß dieser bei Speicherung der Information L maximale Helligkeit, bei Speicherung von 0 dagegen Dunkelheit anzeigt.

Wählt man als Speichermedium z. B. Mangan-Wismut, bei dem auch die Aufzeichnung mit hinreichend kleinen Speicherzellen technisch realisierbar ist, so benötigt man nach den Werten der Tabelle 6.4 für eine Faraday-Drehung um 45° eine Schichtdicke in der Größenordnung $l = 3 \cdot 10^{-4}$ cm $= 3$ µm. Die Intensität der durchgehenden Welle ist durch

$$J = J_0 \mathrm{e}^{-\beta l} \tag{6.39}$$

bestimmt. Mit den vorliegenden Zahlen für MnBi erhalten wir

$$\frac{J}{J_0} = \exp\left(-3{,}4 \cdot 10^5 \cdot 3 \cdot 10^{-4}\right) \approx 10^{-40}\,.$$

Um die durchgehende Welle nachweisen zu können, wäre eine derart intensive Strahlung erforderlich, daß man mit einer Zerstörung der Speicherzellen rechnen

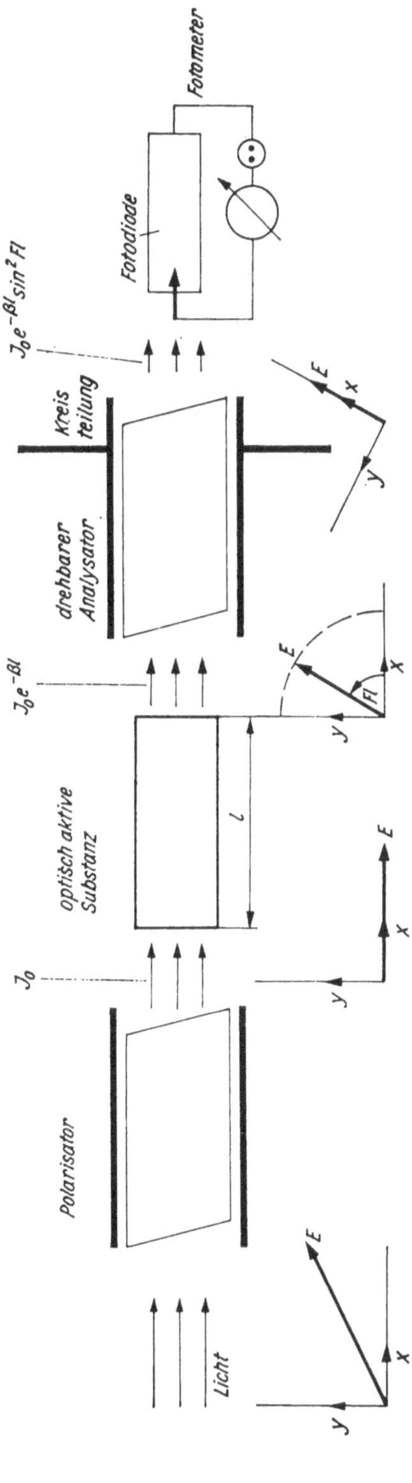

Abb. 6.3. Anordnung zur Messung der FARADAY-Drehung

Tabelle 6.4. Magnetooptische Eigenschaften bei Sättigungsmagnetisierung

Stoff	Wellenlänge λ_0 nm	Temperatur T K	Faraday-Drehung $F = KM$ 10^3 grd cm^{-1}	Dämpfung β 10^3 cm^{-1}	Wirkungsgrad $\Delta J/J_0$ 10^{-3}	Optimale Länge l_{opt} µm
Fe	546	300	350	760	0,1	0,026
Ni	400	300	720	210	7	0,1
MnBi	630	300	140	340	0,1	0,06
GdIG	520	300	4	3	1,0	6
EuO	1200	60	200	0,1		
EuSe	660	4,2	260	0,17		

müßte. Bei Europium-Selenid und Europiumoxid liegen die Verhältnisse nach Tabelle 6.4 zwar günstiger, jedoch erfordern die bei Verwendung dieser Materialien aufrecht zuerhaltenden tiefen Arbeitstemperaturen einen hohen technischen Aufwand, den man nach Möglichkeit zu umgehen bestrebt ist. Es wird daher mit geringeren Schichtdicken gearbeitet, die zudem kürzere Aufzeichnungsgeschwindigkeiten ermöglichen.

Zur Bestimmung der optimalen Schichtdicke l_{opt} nehmen wir an, es sei die Information 0 gespeichert und der Analysator auf Auslöschung gestellt. Bei der Aufzeichnung der Information L wird die Magnetisierungsrichtung umgekehrt. Gegenüber dem Magnetisierungzustand bei Speicherung der Information 0 erfolgt eine FARADAY-Drehung um den Winkel

$$2\Theta = \pm 2Fl\,. \tag{6.40}$$

Für die Intensität des Lichtes nach Passieren des Analysators ergibt sich nach (6.31)

$$J = J_1 \sin^2 2\Theta\,. \tag{6.41}$$

$J_1 = J_0 e^{-\beta l}$ gibt dabei die Intensität des in den Analysator eintretenden Lichtes an, in dem keine weiteren Absorptionen erfolgen sollen. J_0 kennzeichnet die Lichtintensität beim Auftreffen des Lichtes auf die Speicherschicht. Berücksichtigt man die Absorption durch das Speichermedium, so wird also bei Speicherung der Information 0 in der registrierenden Meßapparatur die Rauschintensität, bei Speicherung der Information L dagegen eine um

$$\Delta J = J_0 e^{-\beta l} \sin^2 2Fl \tag{6.42}$$

erhöhte Intensität festgestellt. Den Ausdruck $\Delta J/J_0$ bezeichnet man als den magnetooptischen Wirkungsgrad der Schicht. Er muß zu einem Maximum werden, wenn die physikalischen Eigenschaften der Speicherschicht optimal ausgenutzt werden sollen. Es wird für die Schichtdicke l_{opt} erreicht, die durch

$$\frac{d}{dl}\frac{\Delta J}{J_0} = 0 \quad \text{bzw.} \quad \frac{\tan 2Fl_{opt}}{2F} = \frac{2}{\beta} \tag{6.43}$$

bestimmt ist.

Nimmt man für $2Fl_{\mathrm{opt}}$ Werte in der Größenordnung bis zu einigen Grad an, so folgt aus (6.43) genähert

$$l_{\mathrm{opt}} = \frac{2}{\beta}. \tag{6.43a}$$

Hieraus erhält man

$$\left(\frac{\Delta J}{J_0}\right)_{\mathrm{opt}} = \mathrm{e}^{-2} \sin^2 \frac{4F}{\beta}. \tag{6.44}$$

Diese Größe wird als Wirkungsgrad der Schicht bezeichnet. Sie ist für eine Reihe von Substanzen tabelliert.

Bei den nur schwach absorbierenden Substanzen EuO und EuSe wird theoretisch der Wirkungsgrad

$$\frac{\Delta J}{J_0} = e^{-2} = 0{,}135$$

erreicht, wenn die Schicht die nach (6.43a) bestimmte Dicke erhält. Für die praktische Anwendung reicht jedoch bereits ein Wirkungsgrad der Größenordnung 0,02···0,03 aus. Man beschränkt sich daher bei schwach absorbierenden Substanzen wie EuO oder EuSe auf Schichtdicken, die wesentlich kleiner als die optimale Abmessung sind.

Als Beispiel wird eine Speicherschicht aus Europiumoxid betrachtet. Arbeitstemperatur ist der Schmelzpunkt des Stickstoffes. Der Analysator ist so eingestellt, daß bei Speicherung der Information 0 in der Meßapparatur die Rauschintensität gemessen wird. Eine Drehung des elektrischen Vektors um $2\Theta = 90°$ wird nach Tabelle 6.4 und (6.40) durch die Schichtdicke

$$l = \frac{2\gamma}{2F} = \frac{90}{2 \cdot 10^5}\,\mathrm{cm} = 4{,}5\,\mu\mathrm{m}$$

bewirkt. Der Wirkungsgrad beträgt dabei nach (6.42)

$$\frac{\Delta J}{J_0} = \mathrm{e}^{-0{,}09} = 0{,}914.$$

Ist also L gespeichert, so zeigt die registrierende Meßapparatur 91,4% der Intensität des einfallenden Lichtes an. Die Abweichung vom Wert Eins ist allein der Dämpfung zuzuschreiben. Bei einer Schichtdicke von 0,45 μm = 450 nm kann die Dämpfung vollständig vernachlässigt werden. Der elektrische Vektor wird durch die Schicht um 9° gedreht. Man erhält daher

$$\frac{\Delta J}{J_0} = \sin^2 2Fl = \sin^2 9° = 0{,}024\,,$$

d. h. 2,4% der Intensität des einfallenden Lichtes gehen durch die Meßapparatur und registrieren die gespeicherte Information L.

Wird anstelle von Europiumoxid eine Speicherschicht aus Mangan-Wismut verwendet, so muß diese zur optimalen Nutzung nach (6.43a) und Tabelle 6.4

$$l_{\mathrm{opt}} = \frac{2}{3{,}4 \cdot 10^5}\,\mathrm{cm} = 59\,\mathrm{nm}$$

dick sein. Damit wird nach (6.44) der Wirkungsgrad

$$\frac{\Delta J}{J_0} = e^{-2} \sin^2 \frac{4 \cdot 1{,}4 \cdot 10^5}{3{,}4 \cdot 10^5} = 0{,}135 \cdot 8{,}3 \cdot 10^{-4} = 1{,}1 \cdot 10^{-4}$$

erreicht. Während 0 wieder nur die Rauschintensität anzeigt, wird bei Speicherung von L eine Intensität gemessen, die optimal etwas mehr als 0,1 ‰ der Intensität des einfallenden Lichtes anzeigt. Fordert man zur eindeutigen Registrierung der unterschiedlichen Signale einen Intensitätsquotienten von 100:1, d. h. 20 dB Leistungsabfall zwischen L und 0, so muß im vorliegenden Fall die Intensität des auf die Speicherschicht gerichteten Lichtes gegen die Rauschintensität in der Meßapparatur den Faktor 10^6 aufweisen, d. h. eine Verstärkung von 60 dB vorhanden sein. Rauschprobleme dieser Größenordnung treten auch in der Fernseh- und Nachrichtentechnik auf und sind bereits gelöst (Lit. [6.7] bis [6.20]).

6.5. Kerr-Effekt

Der Kerr-Effekt tritt bei der Reflexion linear polarisierten Lichtes an magnetisiertem Material auf. Schwingt der elektrische Vektor des einfallenden Lichtes parallel zur Einfallsebene, so besitzt das reflektierte Licht infolge des Kerr-Effektes eine zusätzliche, orthogonal zur Einfallsebene schwingende elektrische Komponente. Allgemein wird durch den Kerr-Effekt linear polarisiertes Licht in elliptisch polarisiertes Licht umgewandelt.

Die Stärke des Effektes hängt von den optischen Konstanten der magnetisierten Substanz und von der Art der Magnetisierung ab. Bezüglich der Magnetisierung sind die folgenden drei Spezialfälle von Interesse (vgl. Abb. 6.4):

1. Polare Magnetisierung: Der Magnetisierungsvektor $\boldsymbol{M}$ ist senkrecht zur Trennebene gerichtet.
2. Longitudinale Magnetisierung: Der Magnetisierungsvektor $\boldsymbol{M}$ liegt in der Trennebene und ist parallel zur Einfallsebene gerichtet.
3. Transversale Magnetisierung: Der Magnetisierungsvektor $\boldsymbol{M}$ liegt in der Trennebene und ist orthogonal zur Einfallsebene gerichtet.

Zur Berechnung der Größe des Kerr-Effektes geht man vom Gesetz der Brechungsindizes (6.20) aus. Gemäß (6.38) kann $n_s = n_p$ gesetzt werden, womit sich

$$n^4 - n_s^2(2 - g^2 \sin^2 \gamma)\, n^2 + n_3^4(1 - g^2) = 0 \tag{6.45}$$

ergibt. γ bedeutet darin den Winkel des Lichtstrahles gegen die optische Achse bzw. gegen die Richtung des Magnetfeldes. Dieses hat die Richtung der z-Achse. Gleichung (6.45) besitzt die Lösungen

$$n^2 - n_s^2\left(1 - \frac{g^2 \sin^2 \gamma}{2} \pm \sqrt{g^2 \cos^2 \gamma + \frac{g^4 \sin^4 \gamma}{4}}\right). \tag{6.46}$$

Bezeichnet φ den Einfallswinkel des Lichtstrahles, φ_d den Brechungswinkel, so ist im Falle der polaren Magnetisierung $\cos \gamma = \mp \cos \varphi_d$, bei longitudinaler Magne-

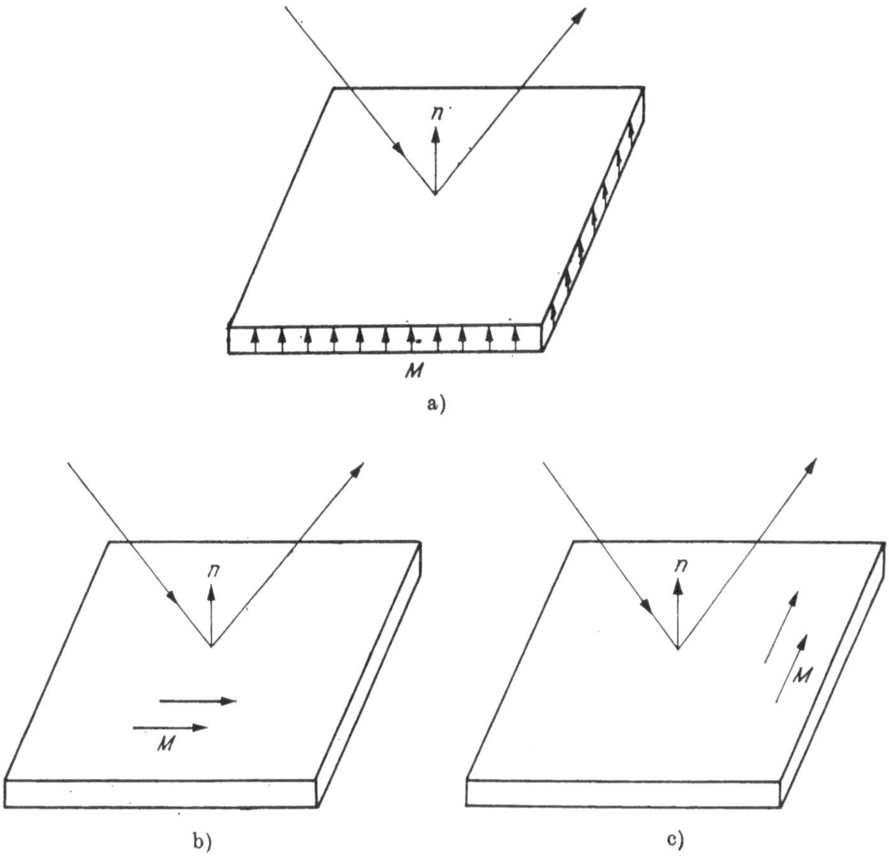

Abb. 6.4. Magnetisierung
a) polar, b) longitudinal, c) transversal

tisierung $\cos\gamma = \pm \sin\varphi_d$, bei transversaler Magnetisierung $\cos\gamma = 0$. Nimmt man als Einfallsmedium Luft oder das Vakuum mit $n_l = 1$ an, so gilt wegen $n_d = n$ nach dem Brechungsgesetz

$$\frac{\sin\varphi_d}{\sin\varphi} = \frac{n_e}{n_d} = \frac{1}{n}. \tag{6.47}$$

(6.46) und (6.47) bilden ein Gleichungssystem zur Bestimmung der Unbekannten φ_d bzw. γ und n bei vorgegebenem Einfallswinkel φ.

Die gyrotrope Konstante g liegt bei Zimmertemperatur in der Größenordnung 10^{-2}. Man kann daher nach (6.46) zur Berechnung des Strahlenganges in erster Näherung mit

$$n^2 = n_s^2(1 \pm g\cos\gamma) \tag{6.46a}$$

rechnen.

Um die Komponenten des elektrischen Vektors nach Reflexion der einfallenden Lichtwelle zu berechnen, werden die Amplituden $R_p e^{i\delta rp}$ und $R_s e^{i\delta rs}$ der elektromagnetischen Schwingung (vgl. Abschnitt 5.2) durch die Matrixgleichung

$$\begin{pmatrix} R_s e^{i\delta rs} \\ R_p e^{i\delta rp} \end{pmatrix} = \begin{pmatrix} r_{11} & r_{12} \\ r_{21} & r_{22} \end{pmatrix} \begin{pmatrix} A_s \\ A_p \end{pmatrix} \tag{6.48}$$

dargestellt. A_s bedeutet die Amplitude des orthogonal zur Einfallsebene schwingenden elektrischen Vektors der einfallenden Welle, A_p die Amplitude des elektrischen Vektors parallel zur Einfallsebene. Aufgelöst nach den Komponenten folgt

$$\left.\begin{aligned} R_s e^{i\delta rs} &= r_{11} A_s + r_{12} A_p \,, \\ R_p e^{i\delta rp} &= r_{21} A_s + r_{22} A_p \,. \end{aligned}\right\} \tag{6.49}$$

Bei polarer oder longitudinaler Magnetisierung ist

$$\left.\begin{aligned} r_{11} &= \frac{\cos\varphi - n}{\cos\varphi + n} \,, \\ r_{22} &= \frac{n\cos\varphi - 1}{n\cos\varphi + 1} \,. \end{aligned}\right\} \tag{6.50}$$

Für die Koeffizienten r_{12} und r_{21} erhält man bei polarer Magnetisierung

$$r_{12} = r_{21} = -\frac{ing\cos\varphi}{(n + \cos\varphi)(n\cos\varphi + 1)} \,, \tag{6.51}$$

dagegen bei longitudinaler Magnetisierung

$$r_{12} = -r_{21} = -\frac{ig\cos\varphi\sin\varphi}{(\cos\varphi + n)(n\cos\varphi + 1)} \,. \tag{6.52}$$

Im Falle absorbierender Medien sind n bzw. g durch n' bzw. g' zu ersetzen (vgl. 5.4 sowie 6.2).

Der longitudinale und der polare KERR-Effekt wandeln linear polarisiertes in elliptisch polarisiertes Licht um. Da r_{12} und r_{21} proportional der gyrotropen Konstanten g sind, die Intensität jedoch proportional dem Quadrat der Feldgröße ist, erhält man für die Strahlungsintensität der KERR-Komponenten Werte proportional g^2, d. h. in der Größenordnung $10^{-6} \cdots 10^{-4}$. Bei der Reflexion des linear polarisierten Lichtes an einem magnetisierten Medium treten somit sehr langgestreckte Ellipsen auf. Der Nachweis des KERR-Effektes erfordert daher einen hohen experimentellen Aufwand.

Im Fall der transversalen Magnetisierung wirkt sich der Einfluß des Magnetfeldes lediglich auf die parallel zur Einfallsebene schwingende elektrische Komponente aus. Die reflektierte Welle kann in der Form

$$\begin{pmatrix} R_s e^{i\delta rs} \\ R_p e^{i\delta rp} \end{pmatrix} = \begin{pmatrix} r_{11}^0 & 0 \\ 0 & r_{22}^0 + k_t \end{pmatrix} \begin{pmatrix} A_s \\ A_p \end{pmatrix} \tag{6.53}$$

geschrieben werden. r_{11}^0 und r_{22}^0 bezeichnen die Reflexionskoeffizienten bei fehlender Magnetisierung, k_t das zusätzlich auftretende Glied infolge der transversalen Magnetisierung. Linear polarisiertes Licht, dessen elektrischer Vektor beim Einfall parallel oder orthogonal zur Einfallsebene schwingt, weist nach der Reflexion keine zusätzliche Komponente in der zur ursprünglichen Schwingung senkrechten Richtung auf. Es tritt lediglich eine von der Magnetisierung abhängige Änderung der Intensitätsverhältnisse auf. Daher ist lediglich das Verhältnis der Amplituden von Interesse. Hierfür besteht die Beziehung

$$\frac{R_s e^{i\delta rs}}{R_p e^{i\delta rp}} = -\frac{A_s}{A_p}\,\frac{\cos\varphi - \sqrt{n^2 - \sin^2\varphi}}{\cos\varphi + \sqrt{n^2 - \sin^2\varphi}}\,\frac{\sqrt{n^2 - \sin^2\varphi + n^2\cos\varphi}}{\sqrt{n^2 - \sin^2\varphi - n^2\cos^2\varphi}} \times$$

$$\times\left(1 - \frac{ign^2\sin^2\varphi}{n^2 - \sin^2\varphi - n^4\cos^2\varphi}\right). \tag{6.54}$$

Wie man daraus entnimmt, ist die relative Intensitätsänderung infolge der transversalen Magnetisierung proportional g^2. Auch die Speicherwiedergabe mit Hilfe des transversalen Kerr-Effektes erfordert somit einen hohen experimentellen Aufwand (Lit [6.21] bis [6.28]).

6.6. Darstellung des longitudinalen und des polaren Kerr-Effektes in der Poincaré-Ebene

Durch den Kerr-Effekt wird linear polarisiert einfallendes Licht in elliptisch polarisiertes Licht mit großer numerischer Exzentrizität umgewandelt, d. h., der Schwingungsgegenstand des elektrischen Vektors ist durch sehr langgestreckte Ellipsen gekennzeichnet. Im folgenden wird die x-Achse mit der Schwingungsrichtung des elektrischen Vektors der linear polarisiert einfallenden Welle, die y-Achse mit der Schwingungsrichtung des magnetischen Vektors identifiziert.

Die elektrischen Komponenten des reflektierten Lichtes, das im allgemeinen elliptisch polarisiert ist, sind durch die beiden Gleichungen

$$\left.\begin{aligned} E_x(t) &= a_1\cos(\omega t + \delta_1)\,, \\ E_y(t) &= a_2\cos(\omega t + \delta_2) \end{aligned}\right\} \tag{6.55}$$

gegeben. Wir beachten, daß die Schwingungsellipse des elektrischen Vektors schräg in der x-y-Ebene liegt und wählen die Richtungen der Ellipsenachsen als Koordinatenachsen eines ξ,η-Koordinatensystems. In diesem ergeben sich für die Komponenten des elektrischen Vektors der reflektierten Welle die Gleichungen

$$\left.\begin{aligned} E_\zeta(t) &= a\cos(\omega t + \delta_0)\,, \\ E_\eta(t) &= b\sin(\omega t + \delta_0) \end{aligned}\right\} \tag{6.56}$$

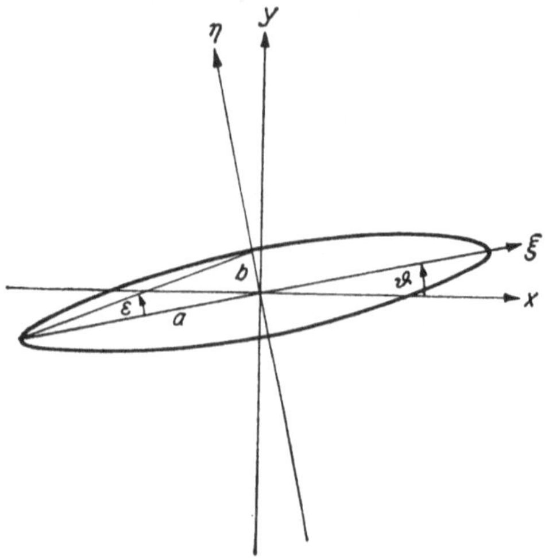

Abb. 6.5. Schwingungsellipse des elektrischen Vektors der reflektierten Welle

(vgl. Abb. 6.5). Bezeichnet ϑ den Winkel zwischen der x- und der ξ-Achse und definiert man

$$\tan\vartheta = \frac{a_2}{a_1}, \quad \tan\varepsilon = \frac{b}{a}, \quad \delta = \delta_2 - \delta_1, \tag{6.57}$$

so ergeben sich zwischen den Parametern in (6.55) und denen in (6.56) die Beziehungen

$$\left.\begin{aligned} \tan 2\vartheta &= \tan 2\alpha \cos\delta, \\ \sin 2\varepsilon &= \sin 2\alpha \sin\delta. \end{aligned}\right\} \tag{6.58}$$

Wegen der langgestreckten Schwingungsellipse besteht die Beziehung $\varepsilon \ll 1$. Die Festlegung der beiden Koordinatensysteme gewährleistet wegen $g \ll 1$, daß auch ϑ kleine Werte annimmt, deren Betrag klein gegen Eins ist. Da $\delta = \delta_2 - \delta_1$ im Bereich beliebig großer Werte zwischen $-\pi$ und $+\pi$ liegt, muß nach (6.58) der Parameter α klein gegen Eins sein. Anstelle der beiden Gleichungen (13.58) kann daher auch

$$\left.\begin{aligned} \vartheta &= \alpha \cos\delta, \\ \varepsilon &= \alpha \sin\delta \end{aligned}\right\} \tag{6.59}$$

geschrieben werden.

Die beiden reellen Variablen ϑ und ε werden zu einer komplexen Größe zusammengefaßt:

$$\vartheta + i\varepsilon = \alpha e^{i\delta}. \tag{6.60}$$

Ihr Wertevorrat liegt in einer komplexen Ebene, die als Poincaré-*Ebene* bezeichnet wird. Linear polarisiertes Licht bedeutet $\delta = \delta_2 - \delta_1 = 0$ und damit $\varepsilon = 0$. Der Bildpunkt P linear polarisierten Lichtes liegt daher auf der

ϑ-Achse. Jeder Bildpunkt P in der POINCARÉ-Ebene, für den ε ungleich Null ist, charakterisiert elliptisch polarisiertes Licht. 0 bezeichnet den Koordinatenanfangspunkt in der POINCARÉ-Ebene.

Schwingt der elektrische Vektor des einfallenden Lichtes parallel zur Einfallsebene, so sind nach (6.48) die elektrischen Komponenten des reflektierten Lichtes bei longitudinaler oder polarer Magnetisierung

$$R_p e^{i\delta_{rp}} = r_{11} A_p\,, \qquad R_s e^{i\delta_{rs}} = r_{12} A_p \tag{6.61}$$

gegeben. Es folgt somit nach (6.55)

$$\left.\begin{aligned} E_x(t) &= a_1 \cos(\omega t + \delta_1) = R_p \cos(\omega t + \delta_{rp})\,, \\ E_y(t) &= a_2 \cos(\omega t + \delta_2) = R_s \cos(\omega t + \delta_{rs})\,. \end{aligned}\right\} \tag{6.62}$$

Nach (6.60) ergibt sich

$$\vartheta + i\varepsilon = \alpha e^{i\delta} = \frac{a_2}{a_1} e^{i\delta} = \frac{R_s}{R_p} e^{i(\delta_{rs} - \delta_{rp})}\,. \tag{6.63}$$

Der Betrag des Vektors $\overrightarrow{OP}$ in der POINCARÉ-Ebene ist gleich

$$\alpha = \sqrt{\vartheta^2 + \varepsilon^2} = \frac{R_s}{R_p}\,, \tag{6.64}$$

für den Arcus des Punktes P erhält man

$$\frac{\varepsilon}{\vartheta} = \tan\delta = \tan(\delta_{rs} - \delta_{rp}) \tag{6.65}$$

(vgl. Abb. 6.6). Aus der Messung der beiden Größen ϑ und ε kann somit sowohl das Verhältnis α der Amplituden als auch die Phasenverschiebung $\delta = \delta_{rs} - \delta_{rp}$ zwischen den Komponenten bestimmt werden.

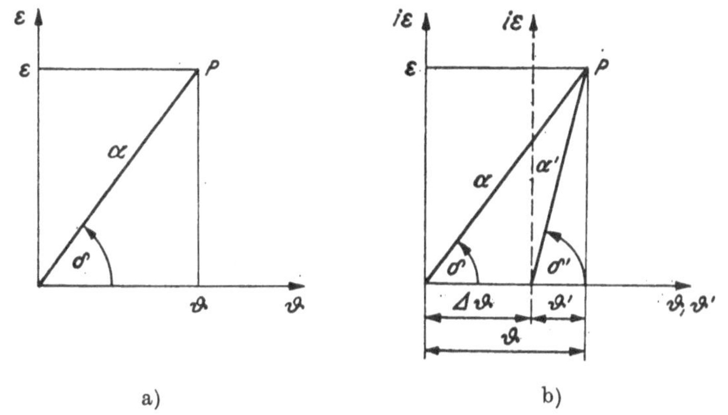

Abb. 6.6. POINCARÉ-Ebene

Bedeutung der Koordinaten $\vartheta \ll 1$, $\varepsilon \ll 1$, $\alpha \ll 1$ und δ in der POINCARÉ-Ebene (a), Veränderung der Koordinaten, ϑ, ε, α, δ bei einer kleinen Drehung $\Delta\vartheta \ll 1$ der Polarisationsellipse (b)

Bei einer Drehung der Polarisationsellipse (6.56) bleiben die Halbachsen a und b ungeändert. Daher hat eine Drehung nach (6.57) keinen Einfluß auf den Parameter ε, es ändert sich lediglich der Parameter ϑ. Eine Drehung der Polarisationsellipse ist in der POINCARÉ-Ebene gleichbedeutend mit einer Verschiebung des Koordinatenanfangspunktes 0 parallel zur ϑ-Achse um $\Delta\vartheta$. Dabei ändert sich α in α', δ in δ' (vgl. Abb. 6.6). Für $\delta' = \frac{\pi}{2}$ sind die Hauptachsen der Ellipse mit den Achsen des ϑ', ε'-Koordinatensystems identisch, und P liegt auf der imaginären Achse.

Ein in den Strahlengang der polarisierten Welle geschalteter Kompensator bewirkt zwischen den Komponenten E_x und E_y eine Phasenverschiebung Δ, während das Amplitudenverhältnis α ungeändert bleibt. Bei einem $\frac{\lambda}{4}$-Blättchen beträgt die Phasenverschiebung $\Delta = \frac{\pi}{2}$.

Die Polarisation einer linear polarisierten, zur Normalstellung des $\frac{\lambda}{4}$-Blättchens parallelen Schwingung wird durch dieses nicht verändert. Der Bildpunkt dieser unverändert bleibenden Schwingung ist in Abb. 6.7 mit R bezeichnet.

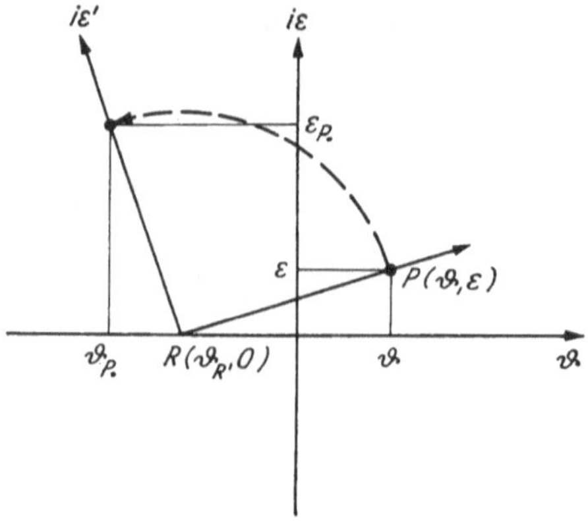

Abb. 6.7. Die Wirkungsweise des $\frac{\lambda}{4}$-Blättchens auf die Parameter ε und ϑ elliptisch polarisierten Lichtes

Wird der Kompensator in den Strahlengang elliptisch polarisierten Lichtes gebracht, dessen Bildpunkt in der POINCARÉ-Ebene mit P bezeichnet ist, so bewegt sich dieser infolge der Kompensatorwirkung auf einem Kreisbogen um den Kompensatorpol R nach P_0. Besteht der Kompensator aus einem $\frac{\lambda}{4}$-Blättchen, so ist der Öffnungswinkel Δ des Kreisbogens gleich 90° (vgl. Abb. 6.7). In der POINCARÉ-Ebene gehen daher die Koordinaten ϑ und ε des elliptisch polarisierten Lichtes durch das $\frac{\lambda}{4}$-Blättchen in die Koordinaten

$$\vartheta' = -\varepsilon\,, \qquad \varepsilon' = \vartheta \tag{6.66}$$

über ([6.29,] [6.30]).

6.7. Magnetooptische Speicherwiedergabe durch den Kerr-Effekt

Bei unserer Untersuchung über die Speicherwiedergabe mit Hilfe des Kerr-Effektes nehmen wir an, daß das einfallende Licht linear polarisiert ist und daß der elektrische Vektor nahezu parallel zur Einfallsebene schwingt. Das Verhältnis der beiden Amplituden

$$\gamma = \frac{A_s}{A_p} \tag{6.67}$$

für die einfallende Welle liege in der Größenordnung 10^{-2}.

Die Justierung des Polarisators ist stets mit einer nicht zu vermeidenden Ungenauigkeit verknüpft. Es wird daher ein Dejustierungswinkel χ eingeführt.

Die Amplituden der reflektierten Welle sind durch (6.48) festgelegt. Für ihr Verhältnis ergibt sich

$$\frac{R_s e^{i\delta r s}}{R_p e^{i\delta r p}} = \frac{r_{11} A_s}{r_{22} A_p} + \frac{r_{12}}{r_{22}} + \cdots\,. \tag{6.68}$$

Darin wurde im Nenner $r_{21} A_s$ als Produkt zweier kleiner Größen gegen $r_{22} A_p$ vernachlässigt. Wir setzen (6.67) in (6.68) ein und berücksichtigen den Dejustierungswinkel:

$$\frac{R_s e^{i\delta r s}}{R_p e^{i\delta r p}} = \frac{r_{11}}{r_{22}} (\gamma + \chi) + \frac{r_{12}}{r_{22}} + \cdots\,. \tag{6.69}$$

Nach (6.60) und (6.63) folgt damit bei der Magnetisierung $\boldsymbol{M}$

$$(\vartheta + i\varepsilon)_{\boldsymbol{M}} = \frac{r_{11}}{r_{22}} (\gamma + \chi) + \frac{r_{12}}{r_{22}} + \cdots\,. \tag{6.70}$$

Bei Umkehr der Magnetisierung bleiben die Reflexionskoeffizienten r_{11} und r_{22} ungeändert und nur der gyrotrope Parameter g wechselt sein Vorzeichen. Man kann daher für die Magnetisierung $-\boldsymbol{M}$ schreiben

$$(\vartheta + i\varepsilon)_{-\boldsymbol{M}} = \frac{r_{11}}{r_{22}} (\gamma + \chi) - \frac{r_{12}}{r_{22}} + \cdots\,. \tag{6.71}$$

Als Differenz der Polarisationszustände erhalten wir

$$(\vartheta + i\varepsilon)_M = (\vartheta_M - \vartheta_M) + i(\varepsilon_M - \varepsilon_{-\boldsymbol{M}}) = \frac{2r_{12}}{r_{22}} + \cdots\,. \tag{6.72}$$

Aus diesem Ausdruck hat sich der Dejustierungswinkel χ herausgehoben. (6.72) gibt die Änderung der Ellipsenparameter an, wenn der Magnetisierungszustand umgekehrt wird, d. h., wenn in der abgetasteten Speicherzelle anstelle des binären Grundzustandes 0 der binäre Grundzustand L gespeichert ist.

Anstelle der Magnetisierung $\boldsymbol{M}$ kann auch die Polarisierung γ der einfallenden Welle umgekehrt, d. h. γ durch $-\gamma$, ersetzt werden. Nach (6.69) ergibt sich für die Differenz der Parameter

$$\Delta(\vartheta + i\varepsilon)_\gamma = (\vartheta_\gamma - \vartheta_{-\gamma}) + i(\varepsilon_\gamma - \varepsilon_{-\gamma}) = \frac{2r_{11}\gamma}{r_{22}}\,. \tag{6.73}$$

Bei longitudinaler Magnetisierung folgt durch Einsetzen der Formeln (6.50) und (6.52) in (6.71) und (6.73)

$$(\vartheta + i\varepsilon)_M = \frac{ig \sin 2\varphi}{(n + \cos\varphi)\,(n\cos\varphi - 1)}\,, \tag{6.74}$$

$$(\vartheta + i\varepsilon)_\gamma = 2\,\frac{(\cos\varphi - n)\,(n\cos\varphi + 1)}{(\cos\varphi + n)\,(n\cos\varphi - 1)}\,\gamma\,. \tag{6.75}$$

Die erste dieser beiden Gleichungen bildet die Grundlage zur Speicherwiedergabe mit Hilfe des longitudinalen KERR-Effektes. Beide Gleichungen zusammen

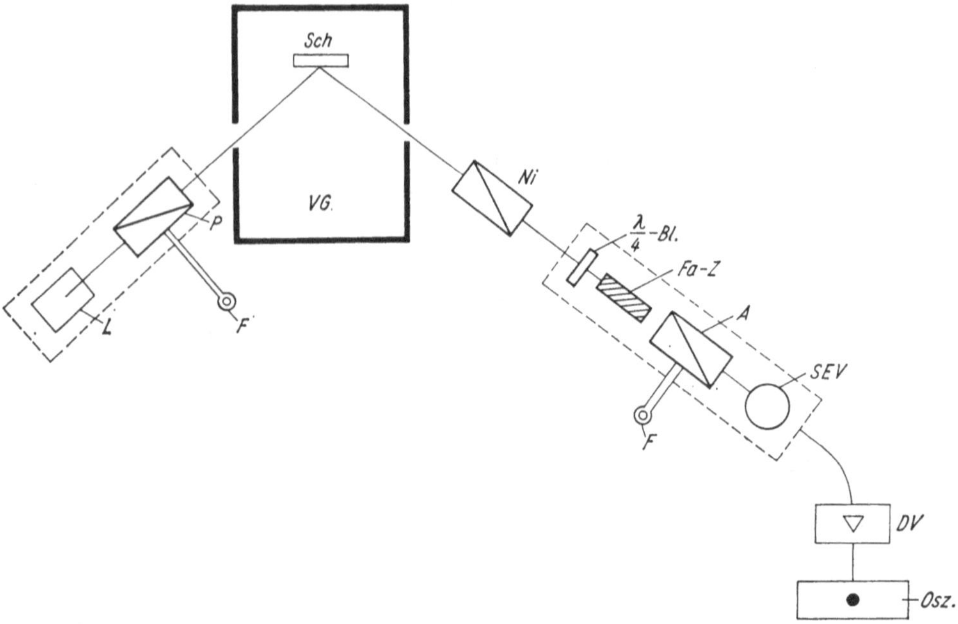

Abb. 6.8. Anordnung zur Speicherwiedergabe und Messung der optischen Konstanten mit Hilfe des KERR-Effektes

L — Laserlichtquelle, P — Polarisator, F — Hebel mit Mikroschraube zur Feineinstellung, Sch — magnetische Schicht, VG — Vakuumgefäß, Ni — NICOL-Prisma, $\frac{\lambda}{4}$-Bl. $\frac{\lambda}{4}$-Blättchen als Kompensator, Fa-Z — FARADAY-Zelle, A — Analysator, SEV-Sekundärelektronen-Vervielfacher, DV — Detektor mit Differenzverstärker

führen auf ein Verfahren zur Messung der optischen Konstanten des Speichermaterials mit Hilfe des longitudinalen KERR-Effektes.

Experimentelle Meß- und Speicherwiedergabeverfahren mit Hilfe des longitudinalen KERR-Effektes erfordern Einstellgenauigkeiten von ± 2 Winkelsekunden. Dazu ist eine Spiegeloberfläche erforderlich, deren Gefüge nicht durch Polieren verändert ist und die keine fremden Oberflächenschichten enthält. Sie läßt sich nur im Hochvakuum bei einem Druck unterhalb 10^{-9} Torr herstellen. Das von LIHL, STOFFEL und STRNAT entwickelte Meßgerät ist in Abb. 6.8 dargestellt. Es besteht aus einer Hochvakuum-Anlage, in der die Speicherschicht enthalten ist, und der eigentlichen optischen Apparatur. Diese setzt sich aus dem Polarisator-, dem Analysator- und einem Magnetsystem zusammen.

Das Polarisatorsystem enthält eine Lichtquelle, die kontinuierliches, monochromatisches, paralleles Licht ausstrahlt. Es wird durch einen Polarisator linear polarisiert. Dieser besteht aus einem Prisma, dessen große Apertur die Verwendung eines großen Lichtstrahldurchmessers ermöglicht, wenn große Probenflächen untersucht werden sollen. Zur Feineinstellung des Polarisators dient eine auf einem langen Arm angebrachte Mikrometerschraube.

Durch eine Öffnung gelangt das Licht in die Vakuumanlage, wo das Speichermaterial bei hoher Evakuierung hergestellt wurde. Nach der Reflexion an der magnetischen Schicht verläßt das Licht die Vakuumanlage durch eine zweite Öffnung.

Das anschließend durchlaufene Analysatorsystem enthält an seinem Eingang ein NICOL-Prisma, das der Eichung und Justierung des anschließend folgenden Kompensators, eines $\frac{\lambda}{4}$-Blättchens und einer FARADAY-Zelle, dient. Mit Hilfe eines Schlittens kann das $\frac{\lambda}{4}$-Blättchen in den Strahlengang geschoben und wieder daraus entfernt werden. Es dient zur Messung der Elliptizität. Durch die FARADAY-Zelle wird die genaue Winkelposition des Analysators festgelegt. Als FARADAY-Zelle verwendet man ein mit destilliertem Wasser gefülltes Glasröhrchen. Die FARADAY-Drehung ist durch (6.40) in Verbindung mit Tabelle 6.1

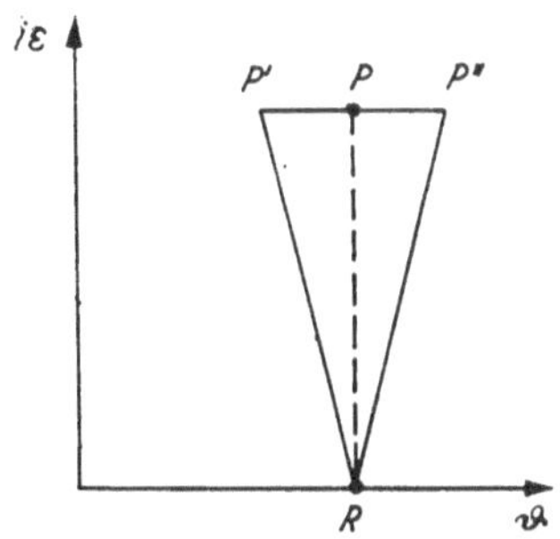

Abb. 6.9. Darstellung der Wirkungsweise einer FARADAY-Zelle in der POINCARÉ-Ebene

bestimmt. Bei der Verwendung von Wasser in der FARADAY-Zelle treten keine Materialspannungen auf, so daß Doppelbrechungen vermieden werden. Das Magnetfeld wird durch eine Zylinderspule erzeugt, die um das Glasröhrchen gewickelt ist.

Die FARADAY-Zelle hat die Aufgabe, die genaue Festlegung der gekreuzten Stellung von Polarisator und Analysator zu gewährleisten. Der in der Spule fließende Wechselstrom erregt und dreht die Polarisationsebene des durchgehenden Lichtes periodisch nach den beiden Seiten des Azimuts des einfallenden Strahles. Die Schwingungsrichtung wird also zum Pendeln gebracht; sie oszilliert zwischen den Endpunkten P' und P'' in der POINCARÉ-Ebene (vgl. Abb. 6.9). Dabei bleibt die Elliptizität unverändert. ϑ schwankt mit dem Momentanwert des Feldes bzw. des Erregerstromes. Daher ist die Zeitfunktion dieser ϑ-Modulation sinusförmig.

Anschließend an die FARADAY-Zelle folgt der Analysator. Er besteht aus einem Prisma, das genau die gleichen Abmessungen wie das Prisma des Polarisators besitzt und dessen Lage durch eine Feineinstellung geregelt werden kann. R bezeichne die Auslöschstellung des Analysators, d. h. die linear polarisierte Schwingung, die vom Analysator nicht hindurchgelassen wird. Auf den Analysator folgt ein Sekundärelektronen-Vervielfacher (SEV), der über einen Verstärker an einen Detektor und einen Oszillographen angeschlossen ist.

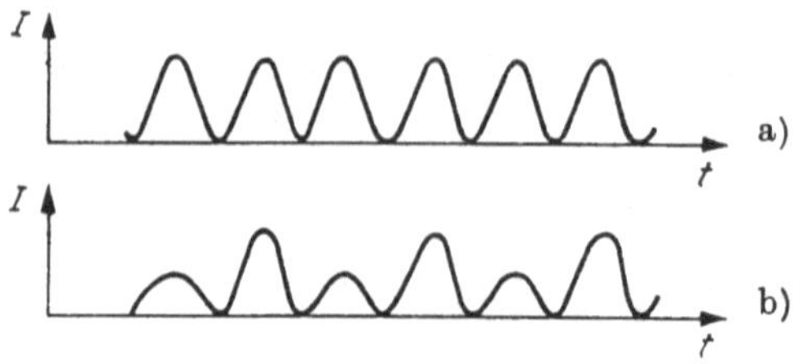

Abb. 6.10. Das von der Lichtquelle erzeugte Signal
a) ohne KERR-Effekt, b) mit KERR-Effekt

Die Speicherschicht in der Vakuumkammer sei zunächst nicht magnetisiert. Es sei also auch keine KERR-Komponente vorhanden. Das $\frac{\lambda}{4}$-Blättchen ist aus dem Strahlengang entfernt. Die Lichtwelle tritt im Schwingungszustand P in die FARADAY-Zelle ein und verläßt sie gedreht in einem Zustand, der in der POINCARÉ-Ebene zwischen den Punkten P' und P'' liegt (vgl. Abb. 6.9). P' und P'' liegen symmetrisch zu R, d. h. die Entfernungen von P' und P'' nach R sind gleich. Daher führt die Gleichrichtung und Verstärkung durch Detektor und SEV dazu, daß ein Signal aus gleichen Amplituden erzeugt wird, das bei gleichgerichtetem Strom die doppelte Frequenz der Erregerfeldstärke besitzt (vgl. Abb. 6.10a).

Ist das Speichermaterial magnetisiert, so tritt bei der Reflexion eine kleine Abweichung aus der gekreuzten Stellung auf. Das Analysatorsystem läßt daher die Halbwellen des modulierten Signals in verschiedenem Maße durch, so daß das erzeugte Signal einen unsymmetrischen Verlauf hat (vgl. Abb. 6.10b).

Mittels eines phasenempfindlichen Detektors, der auf die Frequenz des Erregerfeldes abgestimmt ist, wird das Differenzsignal gemessen. Dabei können Störerscheinungen (Rauschprozesse) weitgehend beseitigt werden, da sie sich gleichmäßig auf beide Halbwellen überlagern. Stimmen die aufeinanderfolgenden Amplituden der gleichgerichteten Schwingung überein, so wird das Differenzsignal zu einem Minimum.

Ist die Auslöschstellung R des Analysators bei fehlender Magnetisierung bekannt, so kann man bestimmen, wie der Analysator nachzustellen ist, damit bei der Reflexion an magnetisiertem Material das Differenzsignal zu einem Minimum wird. Wie sich aus (6.55), (6.56) und (6.59) ergibt, ist der Nachstellwinkel $\Delta\varphi$ des Analysators zur Wiederherstellung des Strahlungsminimums bis auf das Vorzeichen gleich der Änderung des Azimuts ϑ in der POINCARÉ-Ebene:

$$\Delta\varphi = -\Delta\vartheta \, .$$

Die Messung des Nachstellwinkels $\Delta\varphi$ liefert daher einen der Parameter in der POINCARÉ-Ebene und zwar das Azimut

$$\vartheta = -\Delta\varphi$$

der reflektierten Schwingung. Zur Messung der Elliptizität führt man das $\frac{\lambda}{4}$-Blättchen in den Strahlengang ein. Es bewegt den Punkt P, für den das Schwingungsazimut bekannt ist, zum Punkt P_0. Dieser nimmt dabei, abgesehen vom Vorzeichen, die vertauschten Koordinaten von P an. Hat man also das Azimut ϑ von P_0 gemessen, so folgt daraus gemäß (6.66) gleichzeitig die Elliptizität von P. Mittels (6.74) und (6.75) können damit die optischen Konstanten bestimmt werden.

Für die Anwendung der Meßmethode zur Speicherwiedergabe stellt man den Analysator so ein, daß der Binärzustand 0, der durch den Magnetisierungszustand $\boldsymbol{M}$ gekennzeichnet ist, im Differenzanzeiger ein Minimum anzeigt. Für den Binärzustand L, bei dem der Magnetisierungszustand $-\boldsymbol{M}$ besteht, ist die Auslöschstellung dagegen verdreht. In der 0-Stellung des Analysators führt daher der Speicherzustand L zu einer erhöhten Intensität im Differenzanzeiger.

Das dargestellte Verfahren der Speicherwiedergabe kann in gleicher Weise auf der Grundlage des polaren oder des transversalen KERR-Effektes durchgeführt werden. Anstelle des $\frac{\lambda}{4}$-Blättchens wird bei den Speicherwiedergabe-Verfahren ein Kompensator eingeführt, der zu einem optimalen Intensitätsunterschied zwischen den binären Grundzuständen 0 und L führt ([6.29] bis [6.33]).

Ein Nachteil bei der Anwendung des KERR-Effektes besteht in seiner geringen Intensität. Der KERR-Effekt kann vergrößert werden, wenn anstelle einer magnetischen Schicht ein System aus mehreren dünnen Schichten verwendet wird. Die hierdurch erzielte Erhöhung der Intensität ist jedoch mit wesentlich erhöhten technologischen Anforderungen bei der Herstellung der Speicheranlage verknüpft, wodurch die Anwendbarkeit von Dünnschichtsystemen für Speicherzwecke eingeschränkt wird ([6.34] bis [6.39]).

6.8. Der inverse FARADAY-Effekt

Durch intensive Bestrahlung mit zirkular polarisiertem Laserlicht wird ein optisch aktives Medium für die Dauer der Lichteinwirkung magnetisiert. Nach quantentheoretischen Untersuchungen von PERSHAM, VAN DER ZIEL und MALMSTRÖM ergibt sich für die Magnetisierung $\boldsymbol{M}$ die Gleichung

$$M = \frac{\lambda V L}{2\pi c}. \tag{6.76}$$

Darin bedeutet L die Strahlungsintensität in $\mathrm{Wm^{-2}}$, V die VERDETsche Konstante des bestrahlten Mediums nach Tabelle 6.1; λ gibt die Wellenlänge des Lichtes in m, c die Lichtgeschwindigkeit an.

Der Nachweis des inversen FARADAY-Effektes ist durch die bei der optischen Magnetisierung induzierten Spannung möglich. Hierzu wird das optisch aktive Medium in eine Spule aus n Windungen gebracht. Die zeitliche Abhängigkeit der Strahlungsintensität bei einem Laserimpuls kann genähert in der Form

$$L = L_0 e^{-\alpha t^2} \tag{6.77}$$

dargestellt werden. Zwischen dem Parameter α und der Halbwertbreite $\Delta t_{1/2}$ des Laserimpulses besteht die Beziehung

$$\Delta t_{1/2} = 2 \sqrt{\frac{\ln 2}{\alpha}}. \tag{6.78}$$

Bezeichnet W die gesamte, senkrecht auf die Probenfläche gerichtete Strahlungsenergie, so erhält man aus (6.76) und (6.77) für die maximal induzierte Spannung während des Laserimpulses

$$U_W = \frac{2\sqrt{2}\ln 2}{\pi\sqrt{\pi e}c} \frac{n\lambda V W}{\Delta t_{1/2}^2} = 0{,}21 \frac{n\lambda V W}{c \Delta t_{1/2}^2}. \tag{6.79}$$

Die von den Laserimpulsen ausgelösten Spannungsstöße regen im Stromkreis elektromagnetische Schwignungen an. Diese klingen um so rascher ab, je kleiner die von der Windungszahl n abhängige Relaxationszeit ist. Um zwei Laserimpulse voneinander trennen zu können, darf daher die Windungszahl n nicht zu große Werte annehmen. Rechnet an mit $n = 30$ Windungen und setzt einen Riesenimpuls mit der Ausgangsenergie $W = 0{,}1$ J und der Halbwertbreite

$\Delta t_{1/2} = 30 \cdot 10^{-9}$ s voraus, so ergibt sich aus (6.79) für $V = 5{,}1 \cdot 10^{-4}$ rad (CaF_2 mit 3,1% Eu^{++} bei $T = 4{,}2$ K) bei der Wellenlänge $\lambda = 694$ nm

$$U_W = 0{,}84 \cdot 10^{-3}\ \mathrm{V}\ .$$

Mit dem inversen FARADAY-Effekt kann somit selbst im Falle extremer Voraussetzungen, sehr tiefe Temperatur zur Erhöhung der VERDETschen Konstanten und kurzzeitiger Riesenimpuls, nur eine sehr niedrige Spannung induziert werden.

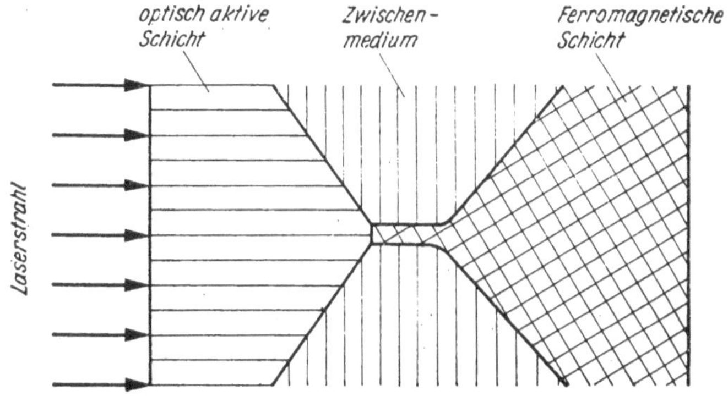

Abb. 6.11. Anordnung zur Speicheraufzeichnung mit Hilfe des inversen FARADAY-Effekte

Der inverse FARADAY-Effekt ermöglicht die direkte Umsetzung von Strahlungs- in magnetische Energie. Soll der Effekt zur Speicheraufzeichnung genutzt werden, so muß das durch Laserstrahlung magnetisierte Medium auf einen Ferro- oder Ferrimagneten wirken und hier eine remanente Magnetisierung erzeugen (vgl. Abb. 6.11). Ein derartiger Prozeß kann innerhalb von Zeiten ablaufen, die in der Größenordnung der Umschaltzeit bei der Magnetisierung liegen, d. h. in $10^{-10} \dots 10^{-9}$ s. Diese Zeiten unterschreiten die Aufzeichnungszeiten anderer Verfahren um mehrere Größenordnungen. Zur technischen Realisierung sind jedoch eine Reihe von Schwierigkeiten zu überwinden.

Die remanente Magnetisierung einer Speicherzelle ist nur möglich, wenn die Magnetisierung des optisch aktiven Mediums einen Grenzwert M_0 übersteigt, d. h. wenn die Strahlungsintensität oberhalb einer Grenze $L_{\min}$ liegt. Nach (6.76) bedeutet das

$$L > L_{\min} = \frac{2\pi c M_0}{\lambda V}\ . \tag{6.80}$$

Andererseits darf die Temperaturzunahme der optisch aktiven und der ferro- bzw. ferrimagnetischen Schichten die Materialeigenschaften nicht wesentlich verändern. Insbesondere darf bei den Speichersubstanzen der CURIE-Punkt nicht überschritten werden.

Durch die absorbierte Wärmemenge wird in der bestrahlten Schicht die Temperaturerhöhung

$$\Delta T = \frac{2\beta L\,\Delta t}{\varrho\gamma} \tag{6.81}$$

hervorgerufen. Darin bezeichnet ϱ die Massedichte, γ die spezifische Wärmekapazität, β den Absorptionskoeffizienten, Δt die Zeitdauer der Einstrahlung. Die Einschränkung $T < T_0$ legt eine obere Grenze $L_{\max}$ der Strahlungsintensität L fest. Diese muß also innerhalb eines Intervalls

$$L_{\max} = \frac{\min}{i}\left(\frac{\varrho_i\gamma_i\,\Delta T_{i0}}{2\beta_i\,\Delta t}\right) > L > \frac{2\pi c M_0}{\lambda V} = L_{\min} \tag{6.82}$$

liegen. i durchläuft dabei sämtliche bestrahlten Stoffe der Speicheranordnung. Im allgemeinen wird $L_{\max}$ durch die Eigenschaften der ferromagnetischen Speicherschicht festgelegt.

Nimmt man als Speichersubstanz Eisen ($\beta_{Fe} = 6{,}8 \cdot 10^7\,\mathrm{m}^{-1}$, $\varrho_{Fe} = 7{,}9 \times 10^3\,\mathrm{kg\,m}^{-3}$, $\gamma_{Fe} = 5{,}8 \cdot 10^2\,\mathrm{J\,kg}^{-1}$), als optisch aktives Medium TbAlSi-Glas ($V_G = 7{,}9 \cdot 10^{-5}\,\mathrm{A}^{-1}, \beta_G = 0{,}3\,\mathrm{m}^{-1}, \varrho_G = 2{,}5 \cdot 10^3\,\mathrm{kg\,m}^{-3}, \gamma_G = 0{,}8 \cdot 10^3\,\mathrm{J\,kg}^{-1}$) an und rechnet mit $M_0 = 10^{-4}\,\mathrm{Vs\,m}^{-2}$, $\Delta t = 10^{-10}\,\mathrm{s}$, so erhält man nach (6.80) bei einer zulässigen Temperaturzunahme von 100 K und der Wellenlänge $\lambda = 694\,\mathrm{nm}$

$$L_{\min} = 3 \cdot 10^{15}\,\mathrm{Wm}^{-2}\,, \qquad L_{\max} = 3 \cdot 10^{10}\,\mathrm{Wm}^{-2}\,.$$

Die auf Grund der Temperaturbegrenzung festgelegte Höchstintensität liegt somit um fünf Größenordnungen unter der Mindestintensität zur Erzielung einer ausreichenden Magnetisierung, d. h. (6.82) kann ohne besondere technische Maßnahmen nicht erfüllt werden.

Eine Zunahme der Magnetisierung durch die Laserstrahlung läßt sich erreichen, wenn nicht bei Zimmertemperatur, sondern nahe dem absoluten Nullpunkt gearbeitet wird. Mit abnehmender Temperatur wächst V nach dem VAN VLECK*schen Gesetz*

$$V = C_0 + \frac{C_1}{T}\,, \tag{6.83}$$

so daß bei der Temperatur des flüssigen Heliums mit einer um zwei Größenordnungen über dem Wert bei Zimmertemperatur liegenden VERDETschen Konstanten gerechnet werden kann. Das hierdurch bedingte Anwachsen der Magnetisierung gestattet es, die Laserintensität herabzusetzen, wodurch die Verwendung stärker absorbierender Materialien mit größerer optischer Aktivität, wie z. B. von EuF_2 möglich wird.

Die zur remanenten Magnetisierung erforderliche Intensität läßt sich weiter herabsetzen, wenn die Feldlinienkonzentration an scharfen Ecken und spitzen Kanten ausgenutzt wird. Entfällt z. B. auf je 1000 $\mu\mathrm{m}^2$ Fläche eine die Feldlinien verlustfrei sammelnde Spitze von 10 $\mu\mathrm{m}^2$ Querschnittfläche, so erhöht sich an dieser im Vergleich zum homogenen Feld die Feldstärke um den Faktor

100. Die Erhöhung der Feldstärke durch die Feldlinienkonzentration ist mit einer Herabsetzung der Speicherdichte verknüpft. Sie ist bei streufreier Sammlung der Feldlinien entgegengesetzt proportional der Feldlinienkonzentration. Bei der Herstellung der magnetischen Spitzen kann die in 3.5. dargestellte Fotorepetiertechnik angewandt werden.

Um die zulässige Grenze der Laserintensität heraufzusetzen, können relativ zu Eisen schwachabsorbierende ferro- oder ferrimagnetische Materialien, wie z. B. $Gd_3Fe_5O_{12}$ oder EuSe verwendet werden.

Mit diesen Maßnahmen wird es möglich, das durchstrahlte optisch aktive Material an den Spitzen oder Kanten bis an die Speichersubstanz heranzuführen und den magnetischen Kreis zu schließen. Die Speicheraufzeichnung mit Hilfe des inversen FARADAY-Effektes läßt eine Speicherdichte von 10^5 bit cm^{-2} bei einer Aufzeichnungszeit von 10^{-9} s bit^{-1} erwarten.

Literatur

[6.1] BORN, M., Optik, Springer-Verlag Berlin, Heidelberg, New York. Berlin 1965.
[6.2] LANDAU, L. D., LIFSCHITZ, E. M., Lehrbuch der Theoretischen Physik Bd. 8, Elektrodynamik der Kontinua. Akademie-Verlag. Berlin 1967.
[6.3] FALKENHAGEN, H., Optik, Verlag Hirzel. Stuttgart 1949.
[6.4] SOMMERFELD, A., Vorlesungen über theoretische Physik, Bd. IV, Verlag Geest & Portig. Leipzig 1967.
[6.5] JOOS, G., Lehrbuch der Theoretischen Physik, Akademische Verlagsgesellschaft Geest & Portig. Leipzig 1964.
[6.6] FLÜGGE, S., Handbuch der Physik, Bd. XXIV Grundlagen der Optik, Bd. XXV Kristalloptik, Springer-Verlag Berlin, Göttingen, Heidelberg 1958 bzw. 1961.
[6.7] PALIK, E. D., HEUVIS, B. W., Applied Optics 6, **4** (1967), 603.
[6.8] KRINCHIK, G. S., CHETKIN, M. V., Zh. Experim. i. Teor. Fiz. **38**, 1643 (1960); Soviet. Fiz. IETP **11**, 1184 (1960).
[6.9] GIVES, F., Compt. Read. **252**, 540 (1961).
[6.10] SHEN, Y. R., BLOEMBERGEN, N., Phys. Rev. **133**, A 515 (1964).
[6.11] BRADDICK, H. I. I., Die Physik des experimentellen Arbeitens, Deutscher Verlag der Wissenschaften. Berlin 1959.
[6.12] STAROSTIN, N. W., FEOFILOW, P. D., YON 97 (1969), 6, 1, 655.
[6.13] FREISER, M. J., IEEE Trans. **MAG-4** (1968), 152.
[6.14] ARGYRES, P. N., Phys. Rev. 97 (1955), 334.
[6.15] CROSSLEY, W. A., COOPER, R. W., PAGE, J. L., VAN STAPELE, J. P., Phys. Rev. **181** (1969), 896.
[6.16] TANABE, Y., SUGANO, S., J. Phys. Soc. Jap. **9** (1954), 766.
[6.17] CHEN, D., READY, J. F., BERNAL, E. G., J. Appl. Phys. **39** (1968), 3916.
[6.18] RUDOLPH, H., J. Opt. Soc. Am **45** (1955), 50.
[6.19] KRINCHIK, G. S., TUTNEVA, G. K., J. Appl. Phys. **35** (1964), 1114.
[6.20] DILLON, J. F., J. Appl. Phys. **29** (1958), 1286; Phys. Rev. **105** (1957), 759; Bull. Ann. Phys. Soc. **2**, II (1957), 238.
[6.21] LISSBERGER, P. H., PARKER, M. R., J. Appl. Phys. **42** (1971), 1708.
[6.22] BURLAKOWA, P. F., EDDMAN, I. S., Fizika Metallow i Metallowedenie **36** (1973), S. 1101.
[6.23] KRINSCHIK, G. S., GANSHINA, E. A., Phys. Letters **23** (1966), 244.
[6.24] WOLOSCHINSKAJA, H. M., FEDEROW, G. W., Fizika Metallow i Metallowedenie, **36** (1973), S. 946.

[6.25] Krinchik, G. S., Gorbatschew, A. A., Fiz. Met. i Metalloved **11** (1961), 203.
[6.26] Krinchik, G. S., Izvest. Akad. Nauk SSSR Ser. Fiz. **28** (1964), 481.
[6.27] Krinchik, G. S., Nurmuchamedow, G. M., Zh. Experim. i Teor. Fiz. **48** (1965), 34.
[6.28] Persham, P. S., J. Appl. Phys. **38** (1967), 1482.
[6.29] Lihl, F., Stoffel, A., Strnat, K., Acta phys. Austr. **25** (1967), 155; 193.
[6.30] Treves, D., App. phys. **38** (1967), 3, 1192.
[6.31] Hunt, R. P., IEEE Trans. Magn. **MAG-5** (1969), 700.
[6.32] Lissberger, P. H., J. Opt. Soc. Am. **51** (1961), 948; **54** (1964), 804.
[6.33] Smith, D. O., IEEE Trans Magn. **MAG-3** (1967), 433.
[6.34] Smith, D. O., Optica Acta **12** (1965), 13; 195.
[6.35] Keay, D., Lissberger, P. H., Optica Acta 15 (1968), 377.
[6.36] Kranz, J., Stremme, H., IEEE Trans Magn. **MAG-5** (1969), 453.
[6.37] Treves, D., Smaller, P., J. Appl. Phys. 39 (1968), 2857.
[6.38] Hoffmann, A. S., Hagemeier, W. R., Cushner, S. H., Journal of Applied Physics **41**, 3, 1, March 1970, 1407.
[6.39] Schilling, H., Steinbach, W., Neye, K.-J., Rzehak, H., Z. elektr. Inform.- u. Energietechnik, Leipzig **2** (1972) 1, 5.
[6.40] Persham, P. S., van der Ziel, J. P., Malmström, I. D., Phys. Rev. **143**, 2, March 1966, 574; Phys. Rev. Letters Vol. **15**, 5, Aug. 1965, 193.
[6.41] Robinson, C. C., Applied Optics, Vol. **3**, 10, Oct. 1964, 1163.
[6.42] Alers, P. B., Phys. Rev. Vol. **116**, 6, Dec. 15, 1959, 1483.
[6.43] Weiss, H., Tausendfreund, W., Neye, K.-J., WP 21 a^1/133186 v. 24. 6. 1968.
[6.44] Schilling, H., Z. elektr. Inform.- u. Energietechnik, Leipzig 4 (1974).
[6.45] Schilling, H., Weiss, H., WP G 11b/162159 (5. 4. 1972)

7. MODULATION, ABLENKUNG UND DEMODULATION DES LASERLICHTES

7.1. Problemstellung

Die zu speichernden Informationen werden zunächst in kurzzeitige elektrische Impulse umgesetzt. In dieser Form müssen sie auf eine hochfrequente elektromagnetische Schwingung moduliert werden, wenn sie zwischen den verschiedenen Geräten und Anordnungen der Rechenanlage übertragen werden sollen. Das hierbei auftretende physikalisch-technische Problem entspricht dem bei der Fernsehbildübertragung. Auch die Übertragung akustischer Wellen durch die Nachrichten- bzw. Radiotechnik kann als Modell herangezogen werden. Die *Modulation* von Laserlicht erfolgt jedoch mit den höchsten, in der Nachrichtentechnik beherrschten Frequenzen. Diese bringen gegenüber niedrigeren Trägerfrequenzen erhöhte technische Schwierigkeiten mit sich, so daß die meisten der technisch genutzten Modulationsverfahren nicht anwendbar sind.

Bei der Modulation des Laserlichtes unterscheidet man im wesentlichen zwischen externer und interner Modulation. Externe Modulation liegt vor, wenn auf den Laserstrahl nach seiner Erzeugung außerhalb des Generators, z. B. durch äußere elektrische Felder, eingewirkt wird. Hierfür sind besonders *elektrooptische Effekte* geeignet, die im folgenden Abschnitt 7.2 beschrieben werden. Hierauf aufbauend behandelt Abschnitt 7.3 technische Einzelheiten der externen Modulation des Laserlichtes mit Hilfe elektrooptischer Medien.

Erfolgt die Modulierung durch direkte Beeinflussung bei der Erzeugung des Laserlichtes, d. h. indem die Dynamik der Schwingungserzeugung im Generator variiert wird, so liegt interne Modulation vor. Die interne Modulation des Laserlichtes ist besonders mit Halbleiterlasern (vgl. Abschnitt 2.6) zweckmäßig. Sie wird in Abschnitt 7.6 beschrieben.

Die einzelnen Speicherzellen, in denen eine Information aufgezeichnet oder gelesen werden soll, müssen mit Hilfe eines *Strahlablenksystems* angesteuert werden. Auch hierfür erweisen sich elektrooptische Effekte am geeignetsten. Die Darstellung der Lichtablenkung erfolgt daher im Abschnitt 7.4 im Anschluß an die Behandlung der elektrooptischen Effekte und der mit ihrer Hilfe bewirkten externen Modulation des Laserlichtes.

Durch die *Demodulation* des Laserlichtes wird die auf den Laserstrahl modulierte Information wieder in einen elektrischen Impuls umgewandelt. Hierfür wendet man im allgemeinen den äußeren oder den inneren Fotoeffekt an. Beide werden zusammen mit der Technik der Demodulation des Laserlichtes in Abschnitt 7.5 beschrieben.

Parallel mit den Arbeiten zur Modulierung und Strahlablenkung mittels elektrooptischer Effekte werden im Rahmen der Entwicklung strahlgesteuerter Speicher Untersuchungen für Verfahren der Modulation und Lichtablenkung durch *Ultraschall* durchgeführt. Ihre physikalischen Grundlagen werden in 7.7 beschrieben.

Die Entwicklung technischer Verfahren zur Modulation und zur Strahlablenkung hat bisher noch keine Ergebnisse gezeigt, die den hochgestellten technischen Anforderungen gerecht werden. Dagegen stehen empfindliche und breitbandige Höchstfrequenz-Demodulatoren bereits zur Verfügung (Lit. [7.1] bis [7.6]).

7.2. Elektrooptische Effekte

Elektrooptische Erscheinungen werden sowohl in Kristallen als auch in Flüssigkeiten und Gasen beobachtet. Man bezeichnet als elektrooptischen Effekt allgemein die Eigenschaft eines Stoffes, unter dem Einfluß starker elektrischer Felder seine optischen Brecheigenschaften zu ändern. Dabei wird zwischen dem linearen und dem quadratischen Effekt unterschieden. Beim

Tabelle 7.1. Elektrooptische Materialien

POCKELS-Effekt nach (7.3)

Material	T °C	λ nm	r_3 10^{-12} V^{-1} m
Ammoniumarsenat (primäres)			5,3
Ammoniumphosphat	22	556	8,5
(primäres), ADP	−120	546	15,7
Kaliumarsenat (primäres)			11,6
Kaliumphosphat	22	556	−10,5
(primäres) KDP	20	546	−11,6
Kaliumphosphat (primäres, schweres)	20	546	20

KERR-Effekt nach (7.12)

Material	T °C	λ_0 nm	B 10^{-15} V^{-2} m
Schwefelkohlenstoff	20	590	35
	20	546	39
	17	546	40
Chloroform	20	546	34
Chlorbenzol	20	546	117
Nitrobenzol	20	546	4455
Anilin	20	546	3933
m-Nitrotoluol	20	546	2522

linearen Effekt ändert sich die Brechzahl proportional E, beim quadratischen Effekt proportional E^2.

Der *lineare elektrooptische Effekt*, auch Pockels-Effekt genannt, tritt mit meßbaren Werten in einigen anisotropen Kristallen auf, speziell in Kristallen des hexagonalen und des tetragonalen Systems. Von den gebräuchlichen Kristallen, die den Effekt zeigen, werden am häufigsten *Kaliumdihydrogenphosphat* KDP (KH_2PH_4) und *Ammoniumdihydrogenphosphat* ADP ($NH_4H_2PH_4$) verwendet. Diese Kristalle sind gut lichtdurchlässig und farblos.

Von den Stoffen, in denen der quadratische Effekt zu beobachten ist, hat Nitrobenzol die größte Bedeutung erlangt. Den quadratischen Effekt zeigen außer einer Reihe von Flüssigkeiten und Gasen auch verschiedene Kristalle, die bei fehlendem äußeren Feld isotrop sind. Er wird auch als *elektrooptischer* Kerr-*Effekt* bezeichnet.

In Tab. 7.1 sind elektrooptische Materialien zusammengestellt (Lit. [7.1] bis [7.8]).

7.3. Modulation des Laserlichtes mit dem Pockels-Modulator

Die zu speichernden Informationen müssen in eine Form gebracht werden, in der sie zwischen den verschiedenen Geräten und technischen Einrichtungen übertragen werden können. Das hierbei auftretende Problem ist bei strahlgesteuerten Speichern das gleiche wie bei der Fernsehbildübertragung bzw. bei der Übertragung akustischer Wellen. Das bedeutet, die Information muß auf eine hochfrequente Laserwelle überlagert bzw. moduliert werden. Die Modulation des Laserlichtes erfolgt mit den höchsten in der Nachrichtentechnik beherrschten Frequenzen. Daher scheiden die meisten der üblicherweise angewandten Verfahren aus.

Eine Möglichkeit zur Modulation der Lichtimpulse besteht in der Verwendung von Gallium-Arsenid-Halbleiterlasern, die elektrische Impulse unmittelbar in Laserlicht umsetzen (vgl. 7.6). Am häufigsten Anwendung findet jedoch der elektrooptische Pockels-Effekt.

Es seien n_{10} und n_{20} die Brechungsindizes in den beiden Hauptachsenrichtungen eines optisch zweiachsigen Kristalls bei Abwesenheit äußerer Felder (vgl. 6.1). Unter dem Einfluß elektrischer Felder ändern sich bei Kristallen, die den Pockels-Effekt zeigen, die Brechzahlen proportional der Feldstärke. Legt man daher an den Kristall ein elektrisches Wechselfeld $\boldsymbol{E}_M = E_{0M} \cos \omega_M t$, so folgt für die Brechzahlen in den Hauptachsenrichtungen

$$\left.\begin{aligned} n_1 &= n_1(E) = n_{10} + \Delta n_1 \cos \omega_M t\,, \\ n_2 &= n_2(E) = n_{20} + \Delta n_2 \cos \omega_M t\,. \end{aligned}\right\} \qquad (7.1)$$

Die Größen Δn_1 und Δn_2 bestimmen die maximale Änderung der Brechzahlen unter dem Einfluß des periodischen Feldes.

Abb. 7.1 zeigt den prinzipiellen Aufbau eines elektrooptischen Modulators für Laserlicht. Das kohärente Licht wird durch einen Polarisator linear polarisiert

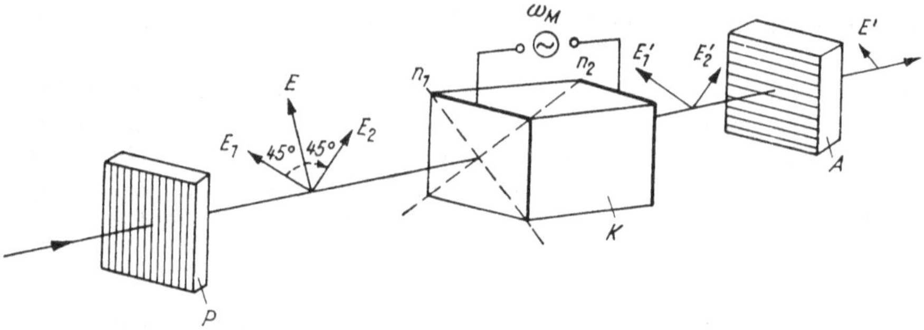

Abb. 7.1. Aufbau eines elektrooptischen Modulators für Laserlicht
P — Polarisator, K — elektrooptischer Kristall, A — Analysator

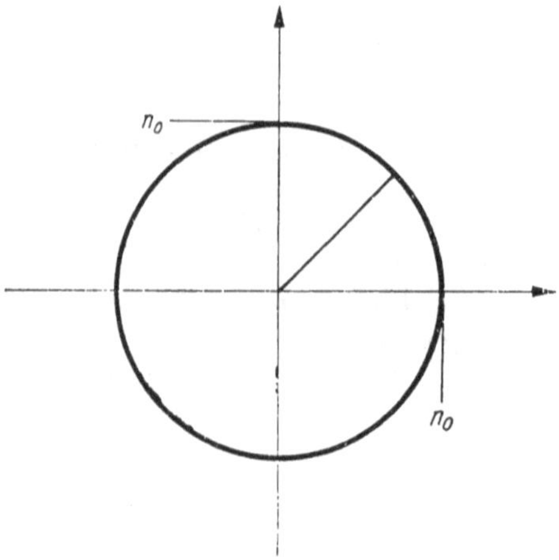

7.2a)

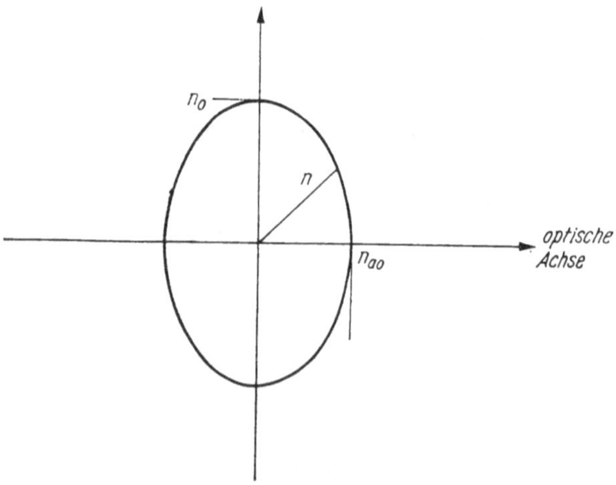

7.2b)

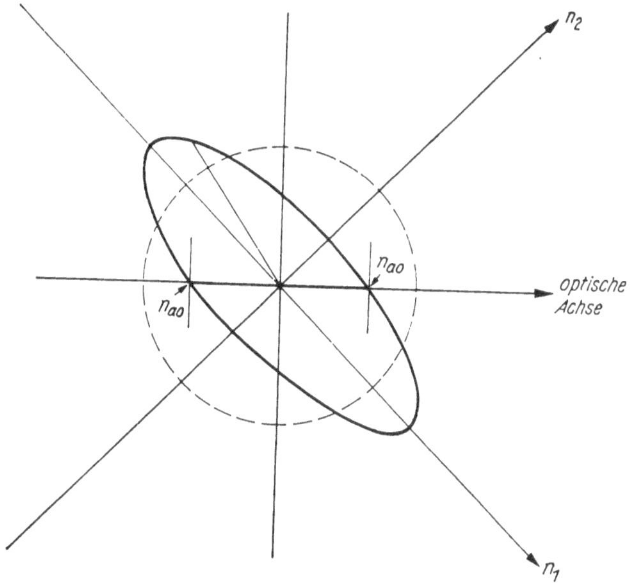

7.2. c)

Abb. 7.2. Der Brechungsindex n in Abhängigkeit von der Schwingungsrichtung des elektrischen Vektors
a) Es ist kein elektrisches Feld angelegt, und das Licht breitet sich in Richtung der optischen Achse aus bzw. optische Achse, Richtung des äußeren Feldes und Ausbreitungsrichtung des Lichtes stimmen überein, b) Es ist kein elektrisches Feld angelegt, und das Licht breitet sich senkrecht zur optischen Achse aus, c) Das elektrische Feld hat die Richtung der optischen Achse (n_{ao} bleibt ungeändert)

und fällt auf einen zweiachsigen elektrooptischen Kristall. Die beiden Hauptachsen stehen zueinander senkrecht. Der elektrooptische Kristall ist so aufgestellt, daß der elektrische Vektor $\boldsymbol{E}$ der Lichtwelle unter 45° gegen jede der beiden Hauptachsen geneigt ist. Daher besitzt $\boldsymbol{E}$ gleiche Komponenten $\boldsymbol{E}_1$ und $\boldsymbol{E}_2$ in den beiden Hauptachsenrichtungen.

Die Feldstärkekomponenten $\boldsymbol{E}_1$ und $\boldsymbol{E}_2$ pflanzen sich mit verschiedenen Phasengeschwindigkeiten

$$c_1 = \frac{c}{n_1} \quad \text{und} \quad c_2 = \frac{c}{n_2} \tag{7.2}$$

fort. Da n_1 und n_2 voneinander abweichen, besteht nach Austritt des Lichtes aus dem Kristall zwischen den beiden Komponenten $\boldsymbol{E}_1'$ und $\boldsymbol{E}_2'$ eine Phasendifferenz. Daher ist der resultierende Lichtvektor $\boldsymbol{E}'$ nach Durchlaufen des Kristalls nicht mehr linear, sondern elliptisch polarisiert.

Bei dem elektrooptischen Kristall schwanken nach (7.1) n_1 und n_2 mit der Modulationsfrequenz ω_M. Die Rotationsellipse des resultierenden Vektors $\boldsymbol{E}'$ ändert ihre Flächengröße bzw. ihre Halbachsen daher im Takt der Modulationsfrequenz ω_M.

Durch den abschließenden Analysator wird das elliptisch polarisierte Licht in linear polarisiertes Licht zurückverwandelt. Seine Intensität ändert sich im Rhythmus der Modulationsfrequenz, sofern nicht die Durchlaßrichtung des Analysators mit einer der beiden Hauptachsenrichtungen des Kristalls übereinstimmt. Die Schwankungen des elektrischen Feldes sind damit in Intensitätsschwankungen des Laserlichtes umgesetzt, d. h. auf dieses moduliert.

Der KDP- und der NDP-Kristall, die im allgemeinen zur elektrooptischen Modulierung verwendet werden, sind im Normalzustand optisch einachsig. Licht, das sich in Richtung der optischen Achse (*c-Achse*) ausbreitet, besitzt einen Brechungsindex $n = n_0$, der von der Polarisation unabhängig ist (vgl. Abb. 7.2a). Breitet sich das Licht senkrecht zur optischen Achse aus, so hängt der Brechungsindex von der Schwingungsrichtung des elektrischen Vektors ab (vgl. 6.1). Er ist am kleinsten ($n = n_{00}$) in der Richtung senkrecht dazu (s. Abb. 7.2b).

Liegt in Richtung der optischen Kristallachse ein elektrisches Feld, so wird der Kristall optisch zweiachsig. Auch das in Richtung der c-Achse sich fortpflanzende Licht besitzt jetzt einen von der Richtung seines elektrischen Feldvektors abhängigen Brechungsindex (vgl. Abb. 7.2c). Der Brechungsindex n_0 zerfällt in die beiden Hauptbrechungsindizes

$$\left.\begin{aligned} n_1 &= n_0 + aE\,, \\ n_2 &= n_0 - aE \end{aligned}\right\} \tag{7.3}$$

mit

$$a = \frac{1}{2}\, n_0^3 r_{63}\,. \tag{7.3a}$$

Beim KDP-Kristall ist $n_0 = 1{,}468$, $r_{63} = -10{,}15 \cdot 10^{-12}\ \mathrm{V^{-1}\,m}$ (bei 22 °C, $\lambda_0 = 556$ nm). Eine Beeinflussung der Brechzahl in der vierten Dezimalstelle erfordert daher Feldstärken in der Größenordnung 10 MV m^{-1}. Derartig hohe

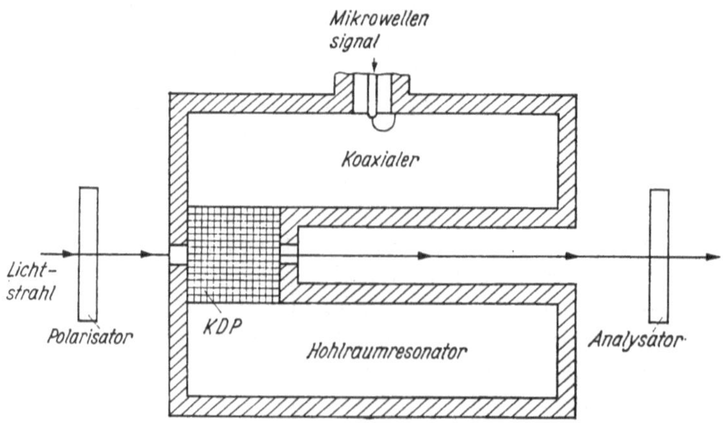

Abb. 7.3. Anordnung des elektrooptischen Kristalls im Zentrum höchster Feldstärke eines koaxialen Hohlraumresonators

Feldstärken können in koaxialen Hohlraumresonatoren erzeugt werden (vgl. Abb. 7.3).

In der Anordnung nach Abb. 7.1 sind die Feldkomponenten in den beiden Hauptachsenrichtungen gleich:

$$E_1 = E_2 = \frac{1}{2}\sqrt{2}E = \sqrt{2}E_0 e^{i\omega t}. \tag{7.4}$$

Für die elektrischen Vektoren beim Austritt aus dem Kristall erhält man

$$\left.\begin{aligned} \boldsymbol{E}_1' &= \boldsymbol{E}_1 e^{i\varphi_1}, \\ \boldsymbol{E}_2' &= \boldsymbol{E}_2 e^{i\varphi_2} \end{aligned}\right\} \tag{7.5}$$

mit

$$\varphi_1 = \frac{2\pi}{\lambda} n_1 l = \frac{\omega}{c} n_1 l, \qquad \varphi_2 = \frac{2\pi}{\lambda} n_2 l. \tag{7.6}$$

Darin bedeutet λ die Lichtwellenlänge; $\omega = 2\pi f$ gibt die Kreisfrequenz, f die Frequenz des Lichtes an.

Nach Passieren des gekreuzt zum Polarisator geschalteten Analysators ergibt sich für die elektrische Feldstärke der Lichtwelle (vgl. Abb. 7.4)

$$\boldsymbol{E}'' = \boldsymbol{E}_1'' + \boldsymbol{E}_2'' = \frac{1}{2}\sqrt{2}\,(\boldsymbol{E}_1' - \boldsymbol{E}_2') = \frac{1}{2}\boldsymbol{E}_0(e^{i\varphi_1} - e^{i\varphi_2})\,e^{i\omega t}. \tag{7.7}$$

In diesen Ausdruck kann (7.6) und (7.3) eingesetzt werden, was auf

$$\boldsymbol{E}'' = i\boldsymbol{E}_0 e^{i\omega\left(t + \frac{n_0 l}{c}\right)} \sin a \frac{2\pi}{\lambda} El \tag{7.8}$$

führt.

Die aufzumodulierende Feldstärke $E = E_M$ hängt mit der zwischen den Kristallenden hervorgerufenen Spannung U gemäß $E_M l = U$ zusammen. Für die Spannung zwischen den Kristallenden erhalten wir daher

$$U = U_0 \cos\omega_M t = E_{0M} l \cos\omega_M t = E_M l. \tag{7.9}$$

Darin bedeutet $\omega_M = 2\pi f_M$ die Kreisfrequenz der zu modulierenden Schwingung. Setzt man (7.9) in (7.8) ein, so folgt schließlich, wenn nur der Realteil berücksichtigt wird,

$$\boldsymbol{E}'' = -\boldsymbol{E}_0 \cos\omega\left(t + \frac{2\pi n_0 l}{\lambda}\right)\sin\left(\frac{2\pi a}{\lambda}\,U_0\,\cos\omega_M t\right). \tag{7.10}$$

Die Amplitude der erzeugten Schwingung schwankt zwischen Null für $\cos\omega_M t = 0$ und $E_0 \sin\frac{2\pi a U_0}{\lambda}$ für $\cos\omega_M t = 1$. Hundertprozentige Modulation wird für

$$U_0 = \frac{\lambda}{4a} = \frac{\lambda}{2n_0^3 r_{63}} \tag{7.11}$$

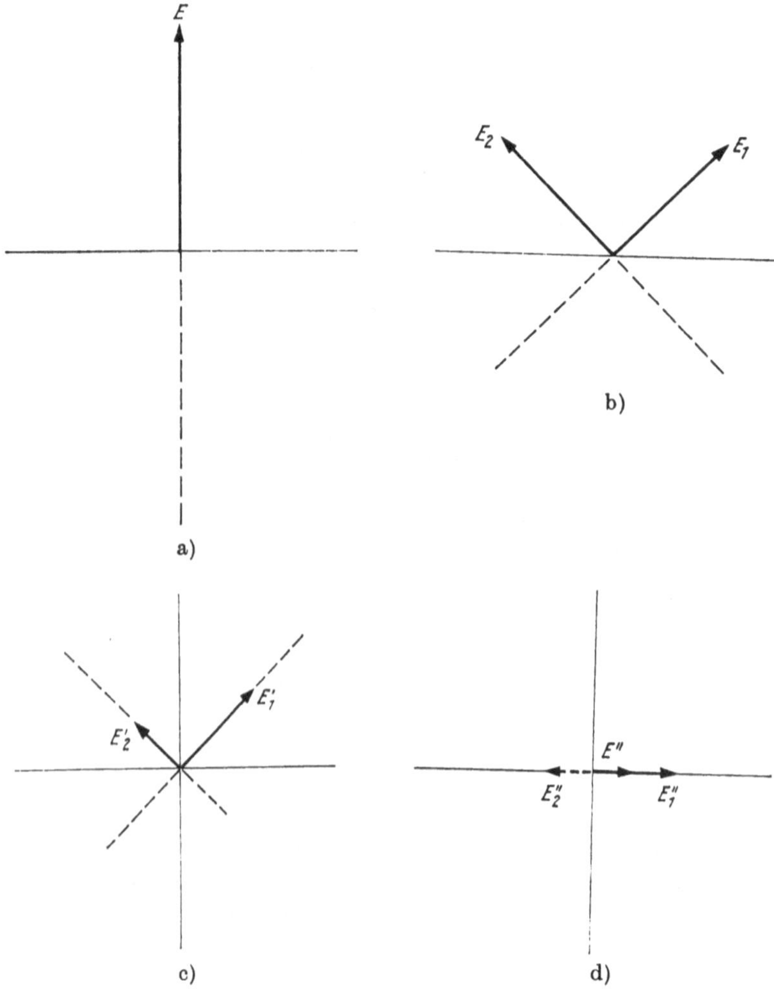

Abb. 7.4. Elektrische Feldkomponenten bei der Modulation
a) Elektrische Feldstärke nach Passieren des Polarisators, b) Feldstärkekomponenten in den Hauptschwingungsrichtungen beim Eintritt in den Kristall, c) die Feldstärkekomponenten beim Austritt aus dem Kristall, d) die elektrische Feldstärke nach Passieren des Analysators

erreicht. Sie ist genau dann vorhanden, wenn zwischen E_1' und E_2'' die Phasenverschiebung π (mod 2π) besteht. Für das Licht des Helium-Neon-Gaslasers mit der Wellenlänge $\lambda = 0{,}6328 \cdot 10^{-6}$ m ergibt sich bei Verwendung des KDP-Kristalls

$$U_0 = \frac{556 \cdot 10^{-9}}{2 \cdot 1{,}468^3 \cdot 10{,}15 \cdot 10^{-12}}\,\mathrm{V} = 8{,}65\,\mathrm{kV}\,.$$

Die hierfür aufzuwendenden Energien sind so groß, daß sie zu einer Zerstörung des Kristalls führen. Mit einer Modulationsleistung der Größenordnung 1 W läßt sich ein Modulationsgrad von 10% erreichen, der für die technische Nutzung ausreicht (Lit. [7.3] bis [7.11]).

7.4. Lichtablenkung zur optischen Informationsspeicherung

Bei der optischen Datenspeicherung mit Laserlicht kann man mit Speicherdichten in der Größenordnung $10^6 \cdots 10^8$ bit cm^{-2} rechnen. Von den zur Durchführung einer derartigen optischen Speicherung zu lösenden Problemen erweist sich das, ein Ablenksystem für Lichtstrahlen zu schaffen, als das schwierigste.

Das Ablenk- oder Abtastsystem soll ein Abtasten der Speicherplätze mit Hilfe eines Laserstrahles ermöglichen. Dabei werden an die Positioniergenauigkeit höchste Anforderungen gestellt. Die einzelnen Positionen müssen beliebig oft reproduzierbar sein. Bisher stellen die an die Kapazität und an die Genauigkeit des Ablenksystems zu stellenden Anforderungen die Hauptschwierigkeit bei der Realisierung optischer Systeme dar.

Für die Anwendbarkeit der Lichtablenksysteme ist entscheidend, wie präzise die Richtgenauigkeit des Ablenkers ist. Man unterscheidet zwischen digitalen und analogen Ablenkverfahren. Bei den digitalen Verfahren wird der Strahl schrittweise zwischen diskreten Ausbreitungsrichtungen in Abhängigkeit von einem binären Signal geschaltet. Dagegen werden als analoge Ablenkverfahren diejenigen bezeichnet, bei denen die Ablenkung kontinuierlich von der Größe des Signals abhängt.

Die digitalen Ablenkverfahren gestatten gegenüber den analogen eine erhöhte Richtgenauigkeit. Für die digitale Informationsspeicherung kommen nur sie in Frage.

Das erfolgversprechendste Verfahren zur digitalen Lichtablenkung nutzt die anisotropen Eigenschaften bestimmter Medien infolge des Einwirkens starker elektrischer Felder aus. Im Gegensatz zum Modulationsvorgang nach 7.2, bei dem die Verknüpfung zwischen dem äußeren elektrischen Feld und der Brechzahländerung möglichst linear sein sollte, kann bei der digitalen Lichtablenkung auch der quadratische bzw. KERR-Effekt ausgenutzt werden. Als elektrooptische Substanz werden daher der ADP- oder KDP-Kristall benutzt, die den linearen Effekt zeigen, und insbesondere Nitrobenzol, bei dem der quadratische Effekt auftritt.

Nitrobenzol stellt im Normalzustand eine isotrope, durchsichtige Flüssigkeit dar. Bringt man es nach Abb. 7.5 zwischen die Platten eines Kondensators und legt an diesen die Spannung U_B, so wird unter dem Einfluß des aufgebauten elektrischen Feldes $E_B = U_B/a$ das elektrooptische Medium zwischen den Platten optisch anisotrop. Die Brechzahl n_s für einen Lichtstrahl, dessen elektrischer Vektor $\boldsymbol{E}$ senkrecht zum Feld $\boldsymbol{E}_B$ schwingt, weicht von der Bandzahl n_p eines Lichtstrahles mit parallel zu $\boldsymbol{E}_B$ schwingendem Feld $\boldsymbol{E}$ ab. Die Differenz beider Brechzahlen hängt gemäß

$$n_s - n_p = B\lambda_0 E_B^2 \quad (7.12)$$

quadratisch vom äußeren elektrischen Feld ab. B wird als elektrooptische KERR-*Konstante* des Materials bezeichnet; $\lambda_0 = c/f$ gibt die Wellenlänge des Lichtes im Vakuum an.

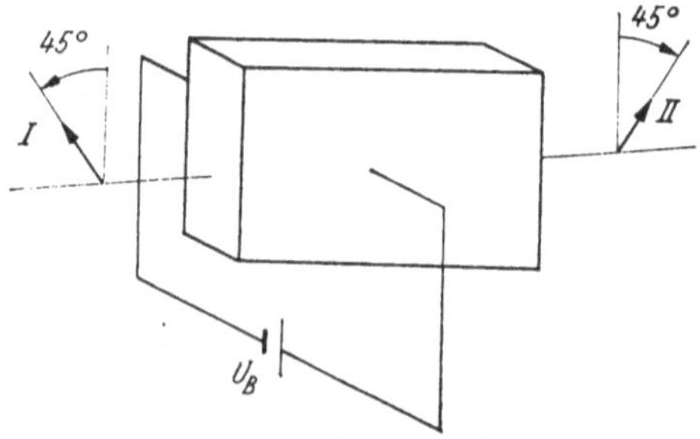

Abb. 7.5. KERR-Zelle (Kondensator mit Nitrobenzol als Dielektrikum)

Läßt man linear polarisiertes Licht gemäß Abb. 7.5 durch eine KERR-Zelle aus Nitrobenzol laufen und legt an diese eine hohe elektrische Spannung U_B, so pflanzt sich die parallel zum äußeren Feld $\boldsymbol{E}_B$ schwingende Komponente des elektrischen Lichtvektors $\boldsymbol{E}$ schneller fort als die orthogonale Komponente. Zwischen beiden entsteht eine Phasendifferenz der Größe

$$\Delta\alpha = \frac{2\pi\,(n_p - n_s)\,l}{\lambda_0} = 2\pi B l E_B^2\,. \quad (7.13)$$

Besteht das elektrooptische Material aus Nitrobenzol und hat die KERR-Zelle die Länge $l = 1$ cm, so ist nach Tabelle 7.1 und (7.13) zur Erzielung der Phasenverschiebung $\Delta\alpha = \pi$ die Feldstärke

$$E_B = \sqrt{\frac{0{,}5}{B \cdot l}} = \sqrt{\frac{0{,}5}{4455 \cdot 10^{-15} \cdot 10^{-2}}}\ \mathrm{V\,m^{-1}} = 33{,}5\ \mathrm{kV\,cm^{-1}}$$

erforderlich.

Wir betrachten einen linear polarisierten Lichtstrahl, dessen elektrischer Vektor $\boldsymbol{E}$ beim Eintritt in die KERR-Zelle unter dem Winkel 45° gegen das äußere Feld $\boldsymbol{E}_B$ geneigt ist, der also gleiche Komponenten parallel und orthogonal zum äußeren Feld besitzt. Die Phasenverschiebung $\Delta\alpha = \pi$ bewirkt, daß der elektrische Vektor $\boldsymbol{E}$ um 90° verdreht wird (vgl. Abb. 7.5). Er schwingt also nach Passieren der KERR-Zelle weiterhin unter dem Winkel 45° gegen das äußere Feld $\boldsymbol{E}_B$ geneigt, hat jedoch nicht mehr die ursprüngliche Richtung *I*, sondern die Richtung *II* (vgl. Abb. 7.5). Wird das elektrische Feld $\boldsymbol{E}_B$ nicht eingeschaltet, so bleibt dagegen die Schwingungsrichtung *I* unverändert. Je nachdem, ob $\boldsymbol{E}_B$ aus- oder eingeschaltet ist, hat also der Lichtvektor $\boldsymbol{E}$ die Schwingungsrichtung *I* oder *II*.

Das zweite Bauelement zur digitalen Lichtablenkung ist ein Prisma aus einer doppelbrechenden Substanz. Seine optische Achse A liegt unter dem Winkel 45° zur brechenden Kante (vgl. Abb. 7.6). Es spaltet den einfallenden Lichtstrahl bei beliebiger Polarisation in zwei Strahlen auf, die das Prisma in verschiedenen Richtungen X und Y verlassen. Sie sind zueinander orthogonal polarisiert. Der elektrische Vektor des ersten Strahles schwingt parallel, der des zweiten orthogonal zur optischen Achse A.

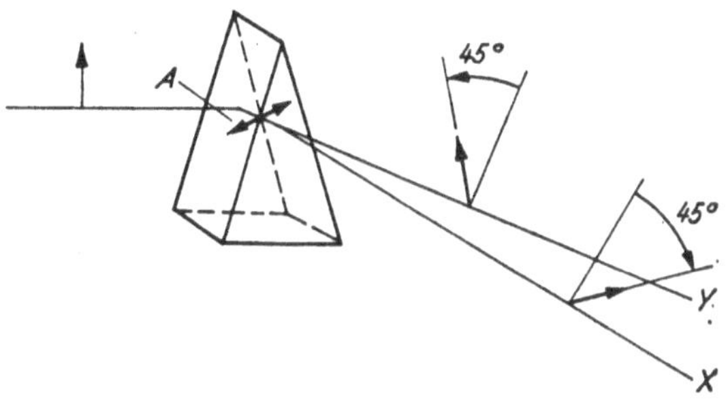

Abb. 7.6. Doppelbrechung durch ein Prisma aus anisotropem Material. Material mit der optischen Achse A. In der winkelhalbierenden Ebene des Prismas liegt A unter 45° zur brechenden Kante

Wenn der auf das Prisma gerichtete Strahl parallel zur Achse A polarisiert ist, erhält man nur in der Richtung X einen gebrochenen Strahl, während er in der Richtung Y die Intensität Null besitzt. Ebenso ergibt sich für den orthogonal zur Achse A polarisierten Strahl eine Brechung nur in die Richtung Y. Es besteht daher durch das doppelbrechende Prisma die Möglichkeit, in Abhängigkeit von der Polarisation den einfallenden Strahl entweder in die Richtung X oder in die Richtung Y abzulenken.

Zur Schaffung einer digitalen Ablenkeinheit schaltet man die Kerr-Zelle mit dem doppelbrechenden Prisma derart zusammen, daß die Schwingungsrichtungen I bzw. II mit den Richtungen parallel bzw. orthogonal zur optischen Achse A des doppelbrechenden Prisma zusammenfallen. In Abhängigkeit davon, ob das elektrische Feld an die Kerr-Zelle angelegt ist oder nicht, wird dann der Lichtstrahl entweder in die Richtung X oder Y abgelenkt.

Hinter die erste Ablenkeinheit kann man eine zweite schalten (vgl. Abb. 7.7). Ihr Prisma besitzt einen doppelt so großen brechenden Winkel wie das der ersten Einheit. Mit Hilfe der Polarisationsschalter an den Kerr-Zellen kann

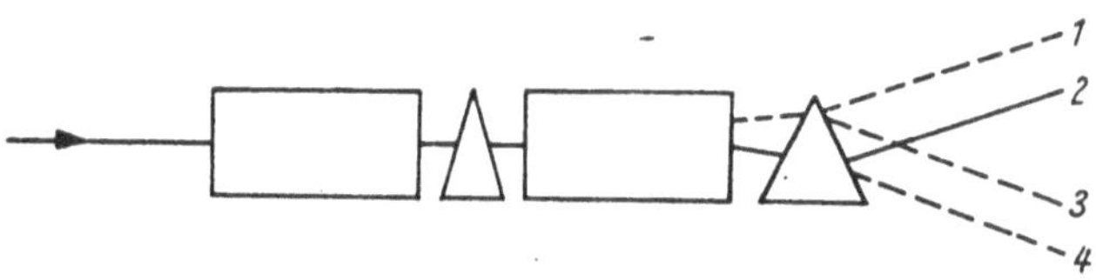

Abb. 7.7. Zweistufiges digitales Ablenksystem

durch diese beiden Ablenkeinheiten das Licht in vier verschiedene Richtungen abgelenkt werden.

Durch N nacheinander geschaltete Ablenkeinheiten mit jeweils verdoppelten brechenden Winkeln werden 2^N Aussteuerungsrichtungen möglich. Die Ablenkung kann in zwei Dimensionen erfolgen, wenn ein zweites Ablenksystem derart angeordnet wird, daß die hierzu gehörenden Prismen gegen die Systemachse um 90° verdreht sind (vgl. Abb. 7.8). Damit werden 2^{2N} Ansteuerrichtungen geschaffen.

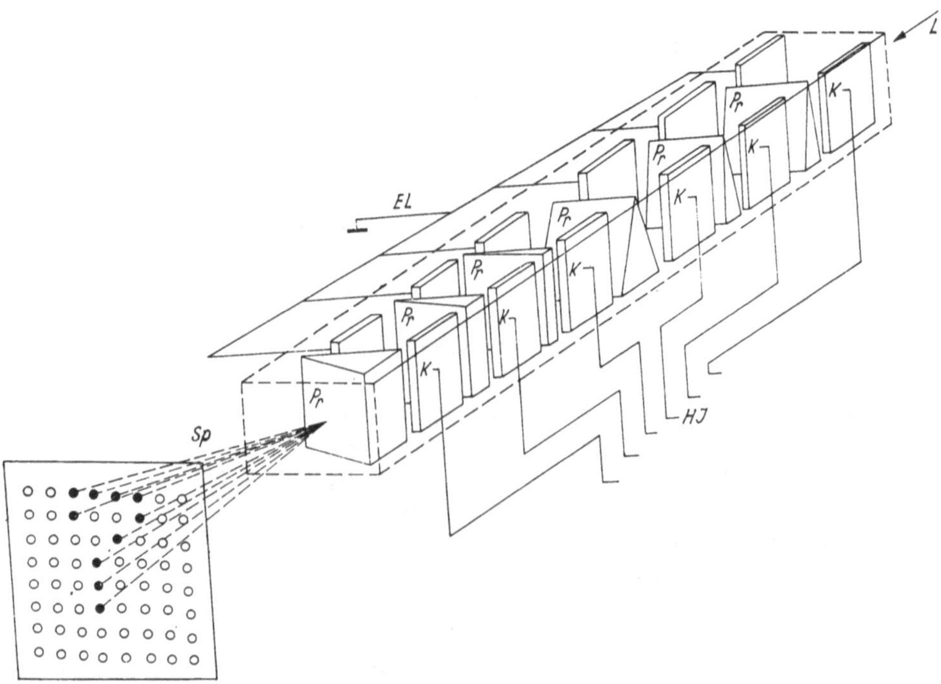

Abb. 7.8. Digitales Ablenksystem aus zweimal drei Ablenkeinheiten
L — Laserstrahl, EL — Elektrodenzuleitungen, K — KERR-Zellen, Pr — Prismen, HJ — Zuleitungen für die Hochspannungsimpulse auf die KERR-Zellen, Sp — Speicher

Mit einer Ablenkeinheit aus KERR-Zelle und Prisma ist nach dem beschriebenen Verfahren eine Aussteuerung nach zwei Richtungen möglich. Zwischenstellungen des Strahles sind ausgeschlossen. Bei auftretenden Fehlern tritt neben dem Strahl in der vorgegebenen Richtung eine Streustrahlung auf. Hierdurch wird die Zahl N der möglichen Ablenkeinheiten beschränkt.

Das technologische Hauptproblem bei der Herstellung elektrooptischer Ablenkeinheiten ist die Entspiegelung der Prismen. Wesentliche Fehlerquellen sind außerdem Spannungsschwankungen an den Polarisationsschaltern, Kristallfehler, Raumladungserscheinungen sowie wellenoptische Beugungseffekte.

Die aufgeführten Störerscheinungen bewirken, daß die Zahl möglicher Ablenkeinheiten mit etwa $2N = 20$ begrenzt ist. Für die Zahl der ansteuerbaren Zellen erhält man auf Grund dessen einen Wert von 10^5 bis maximal 10^7. Damit werden die Anforderungen der Fernsehtechnik vollständig erfüllt. Für die Anforderungen der Speichertechnik ist die Zahl der möglichen Strahlrichtungen jedoch um drei bis fünf Größenordnungen zu niedrig. Wie die folgenden Kapitel zeigen werden, ist eine Steigerung durch Anwendung der Holografie möglich.

Die Schaltfrequenzen liegen bei den bisher entwickelten Ablenkeinrichtungen bei 100 kHz ··· 1 MHz. Es können also in einer Sekunde $10^5 \cdots 10^6$ Speicherzellen angesteuert werden. Der Lichtstrahl verweilt dabei zwischen 1···10 μs in einer vorgegebenen Richtung. Die Schaltzeit, d. h. die Zeit, die erforderlich ist, um einen Lichtstrahl in eine vorgegebene Richtung abzulenken, liegt bei 100 ns. Durch starke Vorspannung der Nitrobenzol-KERR-Zellen kann die erforderliche Leistung beim Betrieb der Ablenkanordnung auf 5 W gehalten werden (Lit. [7.4] bis [7.16]).

7.5. Demodulation des Laserlichtes

Die auf einen Laserstrahl modulierten Informationen müssen zur Registrierung und weiteren Verarbeitung wieder in elektrische Impulse umgewandelt werden. Hierfür können der äußere und der innere Fotoeffekt genutzt werden. Beide Effekte besitzen quadratische Arbeitskennlinien. Die Stärke der ausgelösten elektrischen Ströme ist bis zu einer Sättigungsgrenze der Strahlungsleistung direkt proportional; die elektrische Stromleistung nimmt also mit dem Quadrat der Lichtleistung zu.

Wie bei der Modulation und Demodulation von Funkwellen wird bei Arbeiten mit Laserlicht die untere Grenze der Empfindlichkeit durch das Rauschen begrenzt. Die Rauschleistung ist bei Lichtempfängern um ein bis zwei Zehnerpotenzen größer als bei Empfängern des kurzen und des ultrakurzen Frequenzbereiches bei gleicher Bandbreite. Um ein Signal-Rausch-Verhältnis zu erzielen, das Störungen und Fehlinterpretationen ausschließt, sind daher bei der Verwendung von Laserlicht gegenüber niedrigeren Frequenzen erhöhte Strahlungsintensitäten aufzubringen. Die Empfindlichkeit von Lichtempfängern ist dementsprechend kleiner als die von Empfängern des UKW-, KW- und Mittelwellenbereiches.

Im folgenden werden der äußere und der innere Fotoeffekt beschrieben und Verfahren zur Demodulation des Laserlichtes abgeleitet (Lit. [7.3]).

7.5.1. Demodulation durch den äußeren Fotoeffekt

Durch den äußeren Fotoeffekt werden Elektronen infolge der Einstrahlung kurzwelligen Lichtes aus der Oberfläche von Metallen ausgelöst. Zur Veranschaulichung dieses Vorganges betrachten wir Abb. 2.4a in Abschnitt 2.2.

An der Oberfläche eines Festkörpers verhindert der Oberflächenpotentialwall ein Austreten der Elektronen aus dem Festkörperverband. Hervorgerufen wird der Oberflächenpotentialwall durch die an der Oberfläche eines Festkörpers einseitig nach innen wirkenden Anziehungskräfte. Durch die Lichteinstrahlung wird dem einzelnen Elektron eine Energie $h\nu$ zugeführt. Darin bezeichnet ν die Frequenz der einfallenden Strahlung, $h = 6{,}62 \cdot 10^{-34}$ Js das PLANCKsche Wirkungsquantum.

Ist die Strahlungsenergie $h\nu$ größer als die Energiedifferenz ε_A zwischen dem Maximum des Potentialwalles und der oberen Grenze des Leitungsbandes, so können im Leitungsband befindliche Elektronen diese Energie aufnehmen und mit ihrer Hilfe den Potentialwall überwinden. ε_A heißt daher die Austrittsarbeit eines Elektrons.

Die kinetische Energie der ausgelösten Elektronen wird durch die Einstein-Gleichung

$$\frac{m}{2} v^2 = h\nu - \varepsilon_A \tag{7.14}$$

bestimmt. Wie aus (7.14) und dem Mechanismus der Elektronenauslösung hervorgeht, tritt der äußere Fotoeffekt erst oberhalb einer Grenzfrequenz ν_g, d. h. für

$$\nu > \nu_g = \frac{\varepsilon_A}{h}, \tag{7.15}$$

auf.

Die aus einer Metallkathode ausgelösten Elektronen werden von einer auf niedrigem Gleichstrompotential gehaltenen Anode angezogen und zu einem elektrischen Strom zusammengefaßt. Hierauf beruht die Anwendung des äußeren Fotoeffektes. Bauelemente, in denen der äußere Fotoeffekt ausgenutzt wird, heißen Fotozellen. Als Katode wird bei einer Fotozelle vielfach Selen verwendet. Man spricht daher auch von Selenzellen.

In Abb. 7.9 ist der Aufbau einer *Foto-Wanderwellenröhre* dargestellt, die auf dem äußeren Fotoeffekt beruht. Ein Laserstrahl mit einer aufmodulierten Information fällt auf eine Fotokatode und löst damit einen Fotoelektronenstrom aus. Die durch die Modulation bewirkten Intensitätsschwankungen des Laserstrahles werden auf den Elektronenstrahl übertragen. Um den Elektronenstrahl ist ein Wendelleiter gelegt, der das aufmodulierte Mikrowellensignal wieder auskoppelt und zur Registrierung weiterleitet.

Nachteilig für die Anwendung der Fotozelle ist ihre geringe Empfindlichkeit, die ihre Ursache in einer kleinen Quantenausbeute von ungefähr 0,3% hat. Sie ermöglicht für die Wechselwirkung zwischen der ausgelösten Stromstärke und der einfallenden Strahlungsleistung nur Werte von maximal etwa 50 μA/mW. Dagegen lassen sich mit der Foto-Wanderwellenröhre Demodulationsbandbreiten von einigen Gigahertz erreichen. Sie liegt damit um eine Größenordnung besser als die Fotodiode, die den inneren Fotoeffekt ausnutzt.

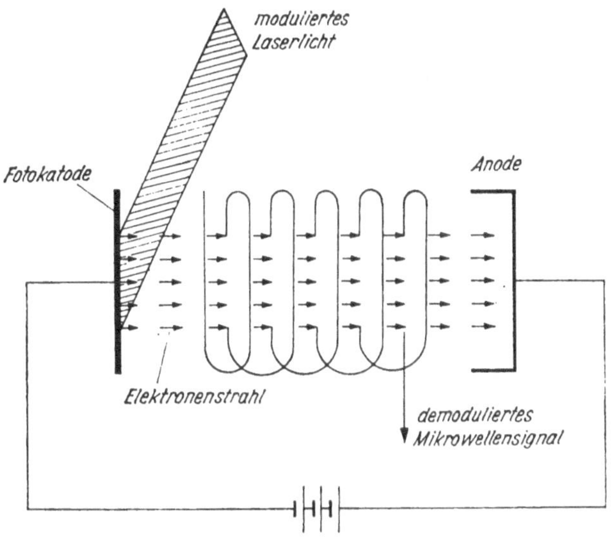

Abb. 7.9. Prinzip der Demodulation des Lichtes durch den äußeren Fotoeffekt mit einer Foto-Wanderwellenröhre

Für das Signal-Rausch-Verhältnis ergeben sich mit Fotokatoden besonders im sichtbaren Bereich von 0,4 bis 0,6 μm günstige Werte, da hier relativ empfindliches Katodenmaterial zur Verfügung steht. Bei Vorgabe einer großen Demodulationsbandbreite können damit insgesamt bessere Ergebnisse als mit der Fotodiode erzielt werden (Lit. [7.17], [7.18]).

7.5.2. Demodulation durch den inneren Fotoeffekt

Durch die Belichtung eines Kristalls kann dessen elektrische Leitfähigkeit vergrößert werden. Die fotoelektrische Wirkung der Lichtabsorption zeigt sich in einer Vermehrung der beweglichen Ladungsträger. Dieser Effekt wird als innerer Fotoeffekt bzw. als Kristallfotoeffekt bezeichnet.

Bei einem Eigenhalbleiter führt die Absorption eines Photons ausreichender Energie dazu, daß ein Elektron aus dem Valenzband in das Leitungsband gehoben wird. Es entsteht ein freibewegliches Paar aus einem Elektron im Leitungsband und einer Elektronenlücke bzw. einem Defektelektron im Valenzband. Beide, das Elektron und das Defektelektron, können einem äußeren elektrischen Feld folgen und damit zur Leitfähigkeit beitragen. Die Breite der Energielücke (vgl. Tab. 2.2) bestimmt die Grenze der fotoelektrisch wirksamen Strahlung. Eigenhalbleiter mit einer Energielücke von einigen Elektronenvolt Breite zeigen den inneren Fotoeffekt erst bei kurzwelligem ultravioletten Licht.

Für die technische Anwendung kommt besonders dem inneren Fotoeffekt bei Fremdhalbleitern Bedeutung zu. Der fotoelektrisch zu überwindende Abstand beträgt hier nur Bruchteile eines Elektronenvolts (vgl. Tab. 2.3), so daß bereits die Bestrahlung mit langwelligem infraroten Licht den Widerstand des Kristalls verringert.

Die Besetzung der einzelnen Terme eines Fremdhalbleiters hängt von der Temperatur ab. Daher ist die Fotoleitfähigkeit eines Fremdhalbleiters stark temperaturabhängig. Bauelemente, die den inneren Fotoeffekt ausnutzen, heißen *Fotodioden.*

Die Halbleiter-Fotodiode besteht aus einer *pn*-Schicht, die gemäß Abb. 7.10 auf einer Seite von einer lichtundurchlässigen, auf der anderen Seite von einer lichtdurchlässigen Schicht abgegrenzt wird.

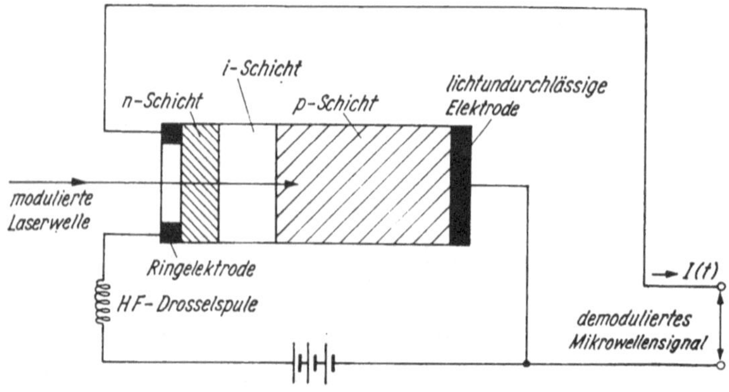

Abb. 7.10. Demodulation des Lichtes durch den inneren Fotoeffekt mit einer pin-Fotodiode

Zwischen der *p*- und der *n*-Schicht befindet sich im allgemeinen noch eine dünne Schicht aus eigenleitenden Material, die als *i-Schicht* bezeichnet wird. Durch sie lassen sich Elektronenlaufzeiten und Kapazitäten regulieren, womit z. B. eine Vergrößerung der Demodulationsbandbreite ermöglicht wird. Außerdem vergrößert die *i*-Schicht die Wahrscheinlichkeit der Strahlungsabsorption im Halbleiter und erhöht damit die Quantenausbeute. Derartige Halbleiteranordnungen heißen *pin-Dioden* bzw. pin-Schichten.

Die pin-Diode ist in Sperrichtung vorgespannt. Bei ausgeschaltetem Laserlicht fließt ein schwacher Strom in Sperrichtung. Lichteinstrahlung oberhalb einer vom Halbleitermaterial abhängigen Grenzfrequenz führt zur Erzeugung neuer Ladungsträger. In der pin-Schicht fließt dabei ein elektrischer Strom, dessen Stärke bis zu einer Sättigungsgrenze proportional der Beleuchtungsstärke zunimmt.

Die Gegenspannung darf nicht zu große Werte annehmen (vgl. Abb. 2.13). Bei Vorhandensein der *i*-Schicht kann die Gegenspannung gegenüber der einfachen *pn*-Diode vergrößert werden, ohne daß es zu einem Spannungsdurchbruch kommt. Die erhöhte Gegenspannung wirkt sich in einem schnelleren Abtransport der erzeugten Ladungsträger und im Endeffekt in einer vergrößerten Empfindlichkeit aus.

Mit Hilfe der Fotodiode kann die Intensität der auffallenden Strahlung gemessen und in ein elektrisches Signal umgesetzt werden. Ein Laserstrahl mit einer aufmodulierten Information erzeugt über die pin-Fotodiode einen elektrischen Strom, dessen Stärke mit der Intensität der Laserstrahlung schwankt.

Die Fotodiode zeichnet sich durch eine Quantenausbeute von 25% bis 50% und als Folge davon durch eine hohe Empfindlichkeit aus. Bei der Germaniumdiode mit dotierten Fremdatomen beträgt der ausgelöste Fotostrom etwa 20 mA/mW. Er liegt damit um mehr als zwei Größenordnungen über der Empfindlichkeit einer den äußeren Fotoeffekt nutzenden Selenzelle (Fotozelle). Eine Darstellung der Empfindlichkeiten für Fotozelle und Fotodiode ist in Abb. 7.11

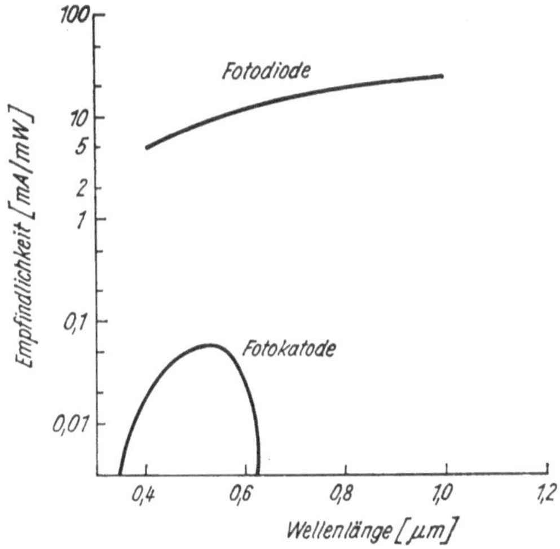

Abb. 7.11. Die Empfindlichkeiten einer Fotodiode und einer Fotokatode (Fotozelle) für verschiedene Wellenlängen

gegeben. Auch die *Trägheit* einer Fotodiode ist geringer als die einer Fotozelle. Die Ansprechzeit beträgt bei direkter Einwirkung des Lichtes auf die Sperrschicht einige Mikrosekunden. Bei Wechsellicht kann daher mit Signalfrequenzen von 100 kHz gearbeitet werden. Die i-Schicht einer pin-Diode muß einerseits sehr dünn ausgelegt sein, um die Laufzeit der Elektronen zwischen der p- und der n-Schicht unter einer Periodendauer des Mikrosignals zu halten und damit störende Laufzeiteinflüsse zu vermeiden. Andererseits wächst durch eine dünne i-Schicht die Ersatzkapazität der Fotodiode, da sich der Abstand zwischen den positiven und negativen Ladungen verringert. Hierdurch wird die realisierbare Demodulationsbandbreite herabgesetzt, für die Werte von einigen hundert Megahertz erreicht werden.

Beschränkt man sich auf kleine Demodulationsbandbreiten, so erhält man mit Fotodioden-Empfängern Signal-Rausch-Verhältnisse, die um etwa 10 bis 20 dB über denen von Fotokatoden-Empfängern liegen. Ist dagegen eine große Demodulationsbandbreite von einigen Gigahertz zu realisieren, so erzielt man mit Fotokatoden gegenüber Fotodioden einen bis zu 10 dB größeren Wert (Lit. [7.2], [7.3], [7.17] bis [7.24]).

7.6. Interne Modulation des Laserlichtes

Bei der internen Modulation des Laserlichtes wird die Lichterzeugung selbst beeinflußt. Das geschieht, indem man einen oder mehrere Parameter des Lasers variiert. Hierdurch kann die Schwingungserzeugung gesteuert und die gesamte, im optischen Resonator gespeicherte Energie beeinflußt werden. Ändert man z. B. den Brechungsindex des Resonatormediums, so erfolgt damit eine *Frequenzmodulation*. Dagegen ist eine Heraufsetzung oder Verringerung der Resonatorverluste mit einer *Amplitudenmodulation* verknüpft.

Der Wirkungsgrad eines Lasers beträgt nur wenige Prozent oder Promille. Eine geringe Erhöhung der Dämpfung durch äußere Einwirkung ist daher mit einer relativ großen Intensitätsänderung verbunden. Z. B. können Helium-Neon-Laser so entwickelt werden, daß eine Vergrößerung der Dämpfung um ein Promille bereits zu einer Verringerung der Ausgangsleistung um zehn Prozent führt. Hundertprozentige Modulation kann durch ein Schwanken der Dämpfung um fünf Prozent erreicht werden. Die Schwierigkeit bei der Anwendung zur Modulation des Laserlichtes besteht dabei in der Trägheit der Medien, die Störungen eines Zustandes nur langsam weiterzugeben gestattet und daher nur eine niedrige Folgefrequenz zuläßt.

Größere Bedeutung hat für die Lasermodulation die Veränderung der Eigenfrequenz des Resonators. Hierdurch wird eine Frequenzmodulation hervorgerufen. Verwendet können sowohl Festkörper- als auch Gaslaser werden.

Die *Frequenzmodulation* wird mit Hilfe einer Variation der Eigenfrequenz realisiert. Das geschieht durch axiale Spiegelbewegungen. Hierzu wird ein Spiegel auf piezoelektrischem Material angebracht. Als *piezoelektrischen* Effekt bezeichnet man die Erscheinung bestimmter Kristalle (Turmalin, Quarz, Seignettesalz u. a.), bei mechanischer Druckbeanspruchung elektrische Oberflächenladungen zu bilden. Die entstehende Ladung ist der deformierenden Kraft proportional. Wird andererseits an den Kristall eine Spannung gelegt, so ergibt sich als Umkehrung des Effektes, daß der Kristall deformiert wird. Das Anlegen einer Wechselspannung führt zu Schwingungen des Kristalls.

Eine besonders einfache Modulation der Lichtwellen ist mit dem Halbleiter-, Injektions- bzw. Diodenlaser möglich (vgl. 2.6). Der *Halbleiterlaser* wandelt elektrische Energie unmittelbar in Lichtenergie um. Die Steuerung des Injektionsstromes durch die elektrischen Signale gestattet daher, diese in Laserimpulse umzusetzen. Auf diese Weise kann der Inhalt eines Informationsspeichers, der nur die binären Grundinformationen 0 oder L enthält, ebenso übertragen werden wie das Bild einer Fernsehaufnahme, das durch unterschiedliche Lichtintensitäten der einzelnen Bildabschnitte gekennzeichnet ist.

Die Ansprechzeit für die Lichtemission ist besonders bei Gallium-Arsenid-Lasern sehr klein. Sie beträgt nur einige Nanosekunden. Die Informationen können daher bei der Modulierung durch einen Gallium-Arsenid-Laser mit einer Folgefrequenz der Größenordnung 100 MHz übertragen werden.

Ungünstig für die technische Anwendung des Halbleiterlasers ist seine schlechte Richtwirkung. Wie aus den Abb. 2.11b und 2.11c hervorgeht, tritt eine einigermaßen zufriedenstellende Bündelung der Strahlung nur in der *pn*-Ebene auf. Dagegen zeigt die Strahlungscharakteristik senkrecht zur *pn*-Ebene eine Streuung in einen Winkelbereich der Größenordnung 10°. Hierdurch werden zusätzliche optische Einrichtungen erforderlich, die mit einer starken Reduzierung der verfügbaren optischen Energie verknüpft sind.

Die Modulation mit Hilfe von Injektionslasern ist durch eine große Modulationsbandbreite gekennzeichnet. Sie ergibt sich im wesentlichen als Folge der geringen Resonatorlänge, die bei Halbleiterlasern nur die Größenordnung 0,1 mm erreicht, während bei Festkörperlasern mit 10 cm, bei Gaslasern mit 1 m gerechnet werden kann. Gaslaser erzielen daher nur eine Bandbreite der Größenordnung 10 MHz, Festkörperlaser von etwa 100 MHz. Dagegen lassen sich mit Halbleiterlasern Modulationsbandbreiten von 100 GHz realisieren. Diese Eigenschaft ist besonders im Hinblick auf die im folgenden Hauptabschnitt 8 behandelte holografische Informationsspeicherung von Bedeutung (Lit. [7.1], [7.2], [7.25] bis [7.28]).

7.7. Lichtmodulation und Lichtablenkung durch Ultraschall

Bei der Ausbreitung von Schallwellen treten periodisch Verdichtungen und Verdünnungen der Luft bzw. des Übertragungsmediums auf. Die höchsten in der Ultraschalltechnik erzeugten Frequenzen liegen bei $f = 10^6$ kHz $= 1$ GHz. Der Abstand zweier Verdichtungen oder Verdünnungen erreicht dabei Werte in der Größenordnung einer Lichtwellenlänge. Daher können Verdichtungen in einem Ultraschallwellenfeld als optisches Gitter benutzt werden, an dem das Licht gebeugt wird. Die Beugung des Lichtes an Ultraschallwellen wurde im Jahre 1932 von Debye und Sears sowie von Lucas und Biquard experimentell nachgewiesen.

Das Ultraschallwellengitter, d. h. die Verdichtungen und Verdünnungen des Ausbreitungsmediums, entstehen und verschwinden periodisch. Daher variiert auch die Intensität des in den einzelnen Ordnungen abgebeugten Laserlichtes.

Die Hauptmaxima der Intensität bei der Beugung von Lichtstrahlen an einem Gitter sind durch die Laueschen Interferenzbedingungen bestimmt:

$$\cos\alpha - \cos\alpha_0 = h\,\frac{\lambda}{a}\,. \tag{7.16}$$

Darin bedeutet α_0 den Winkel des einfallenden Lichtstrahles gegen die Gittergerade, α den entsprechenden Winkel des gebeugten Lichtstrahles. λ gibt die

Wellenlänge des Lichtes an, $h = 0, \pm 1, \pm 2, \ldots$ kennzeichnet die Ordnung der Beugung. Beugung nullter Ordnung charakterisiert den ungebeugten Strahl. a bezeichnet die Gitterkonstante. Bei fortschreitenden Ultraschallwellen ist a gleich der Wellenlänge λ_U des Ultraschalls. Erfolgt die Lichtbeugung an stehenden Ultraschallwellen, so ergibt sich die Gitterkonstante a gleich dem Abstand zweier Schwingungsknoten, d. h. gleich der halben Schallwellenlänge.

Der Winkel α_0 ist bei der Lichtbeugung an einem Ultraschallfeld gleich dem Winkel des einfallenden Lichtstrahles gegen die Ausbreitungsrichtung der Schallwellen. α gibt den entsprechenden Winkel des gebeugten Strahles gegen die Ausbreitungsrichtung der Schallwellen an (vgl. Abb. 7.12).

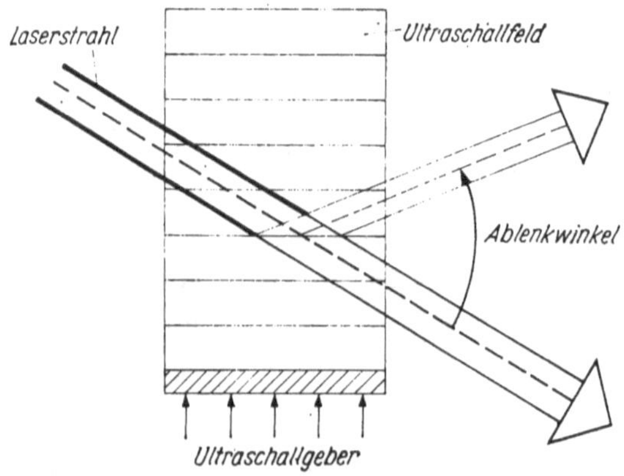

Abb. 7.12. Lichtablenkung durch Ultraschall

Bei stehenden Schallwellen bilden sich und verschwinden die Verdichtungen und Verdünnungen während einer halben Schwingungsperiode $1/2f$. Die Intensität des mit der Ultraschallwelle in Wechselwirkung getretenen Lichtes oszilliert daher in sämtlichen Beugungsordnungen mit der doppelten Schallfrequenz. Das gilt auch für das ungebeugte Licht (Beugung nullter Ordnung).

Die Intensitätsschwankungen sind von der Stärke der Schallwelle abhängig. Mit Hilfe einer stehenden Ultraschallwelle kann somit die Intensität eines Laserstrahles variiert werden. Das Ein- und Ausschalten eines Ultraschallfeldes sowie die Veränderung seiner Intensität geben daher die Möglichkeit, eine hochfrequente Lichtmodulation zu erzeugen. Der Laserstrahl wird dazu durch die Ultraschall-Zelle hindurchgesandt und gleichzeitig die Intensität des Ultraschallfeldes verändert, indem z. B. ein Tonsignal auf die Ultraschallwellen überlagert wird.

In den Beugungsbildern wird entweder nur abgebeugtes Licht benutzt und die ungebeugte Strahlung zusammen mit den nicht verwendeten gebeugten Strahlen abgeblendet, oder es werden sämtliche Beugungsbilder von der ersten Ordnung an abgeschirmt, und man verarbeitet nur das Zentralbild weiter. Infolge von Störeinflüssen durch mehrfache Beugung des Lichts am Ultraschallfeld, insbes. durch die Zurückbeugung von Strahlen höherer Ordnung in die nullte Ordnung, ist der erzielbare Modulationsgrad bei der Verarbeitung von Beugungsbildern höherer Ordnung größer als bei Verwendung des ungebeugten Lichtes.

Nach (7.16) sind die Richtungen, unter denen Maxima der Beugungsintensität auftreten, von der Gitterkonstanten a abhängig. Bei einem durch Ultraschallwellen aufgebauten Gitter wird die Gitterkonstante durch die Wellenlänge λ_U bzw. durch die Frequenz f des Ultraschalls bestimmt. Durch Veränderung der Schallfrequenz kann daher die Richtung des abgebeugten Laserstrahles variiert werden (vgl. Abb. 7.12).

Mit einem durch eine Ultraschallzelle aufgebauten Ablenksystem lassen sich nach dem Stand der Technik in einer Dimension etwa 100 Positionen störungsfrei ansteuern. Die Zugriffzeit liegt in der Größenordnung 10 μs.

Ultraschallzellen können gleichzeitig für die Modulation und für die Ablenkung des Laserstrahles verwendet werden, indem zur Modulation die Intensität, zur Ablenkung die Frequenz des Ultraschalls verändert werden. Die technischen Anordungen zur Modulation und Ablenkung zeichnen sich durch einfachen optischen Aufbau aus, wodurch eine große Lichtstärke ermöglicht wird.

Bei der Auswahl der Medien in einer Ultraschallzelle kommt es darauf an, daß die Ultraschallabsorption nicht zu große Werte annimmt. Verwendet werden besonders Wasser und $LiNbO_3$ (Lithiumniobat).

Die Ultraschallzelle kann bei Einschränkung der Absorption durch Verwendung geeigneter Medien auch im ultravioletten Spektralbereich eingesetzt werden. Sie ist in dieser Hinsicht der KERR-Zelle überlegen, da das hier im allgemeinen verwendete Nitrobenzol im Violetten nicht mehr lichtdurchlässig ist. Diese Eigenschaft ist bei der Tendenz, die Wellenlänge so klein wie möglich zu machen, um eine hohe Speicherdichte zu erzielen, von Bedeutung (Lit. [7.29] bis [7.31]).

Literatur

[7.1] MIERDEL, G., Elektrophysik. Verlag Technik Berlin 1970.

[7.2] KLEEN, W., Laser, Springer-Verlag Berlin, Heidelberg, New York 1969.

[7.3] BÜTTNER, L., Internationale Elektronische Rundschau, **21** (1967) 10, 264; 11, 297; 12, 325.

[7.4] SCHMIDT, U. J., Internationale Elektronische Rundschau, **21** (1967), 7, 165.

[7.5] LANDAU, L. D., LIFSCHITZ, Lehrbuch der Theoretischen Physik, Akademische Verlagsgesellschaft Geest & Portig. Leipzig 1964.

[7.6] LANDOLT-BÖRNSTEIN, Zahlenwerte und Funktionen, Atom- und Molekularphysik 4. Teil, Kristalle, Springer-Verlag Berlin, Göttingen, Heidelberg 1955.

[7.7] KERR, J. R., Proc. IEEE **53** (1965), 496.

[7.8] PETERS, C. J., Appl. Opt. **4** (1965), 857.

[7.9] HONG, G. W., Appl. Optics **4** (1965), 11, 1391.

[7.10] GRAU, G., GÜRS, K., MÜLLER, R., ROSENBERGER, D., Z. angewandte Phys., **17** (1964), 1, 16.

[7.11] BLECHERT, G., BRAND, H., Arch. elektr. Übertr., **19** (1965), 9, 514.

[7.12] FOWLER, K. J., SCHLAFER, J., Appl. Optics **5** (1966), 1675.
[7.13] COOPER, B., IEEE Spectrum (July 1966), 83.
[7.14] SCHMIDT, U., Phys. Letters **12** (1964), 205.
[7.15] HOUGH, C. F., Appl. Optics **5** (1966), 1777.
[7.16] KURTZ, S. K., Bell Syst. Techn. J. **45** (1966), 1209.
[7.17] OLIVER, B. M., Proc. IEEE **53** (1965), 5, 436.
[7.18] MCMURTRY, B. J., Trans IEEE Electron Devices, **Ec-10** (1963), 7, 219.
[7.19] RIESZ, R. P., Rev. Sci. Instrum. **33** (1962), 9, 994.
[7.20] DI DOMENICO, M., SVELTO, O., Proc. IEEE **52** (1964), 2, 136.
[7.21] DI DOMENICO, M., J. Appl. Phys. **35** (1964), 4, 1353.
[7.22] SOMMERS, H. S., Proc. IEEE **51** (1963), 1, 140.
[7.23] SOMMERS, H. S., TEUTSCH, W. B., Proc. IEEE **52** (1964), 2, 144.
[7.24] OLIVER, B. M., Proc. IRE **49** (1961), 12, 1960.
[7.25] GÜRS, K., Z. Phys. **172** (1963), 163.
[7.26] GÜRS, K., MÜLLER, R., Phys. Letters **5** (1965), 179.
[7.27] YARIV, A., J. Appl. Phys. **36** (1965), 388.
[7.28] HARRIS, S. E., Electronics **38** (1965), 19, 101.
[7.29] KORPEL, A. u. a., Appl. Opt. **5** (1966), 1667.
[7.30] LEAN, E. G., IBM J. Res. Developm. March 1969, 184.
[7.31] PINNOW, D. A., IEEE J. Quant. Electr. **QE-6**, 223, 1970.

8. HOLOGRAFISCHE SPEICHER- UND WIEDERGABEVERFAHREN

8.1. Holografie und Fotografie

Die Holografie ist ein Abbildungs- und Wiedergabeverfahren, bei dem die von einem Gegenstand hervorgerufenen Wellen gespeichert und rekonstruiert werden. Grundlegende Ansätze für spezielle holografische Abbildungen finden sich bereits in Arbeiten von E. Abbe aus dem Jahre 1910 [8.1]. Durch D. Gabor wurden in den Jahren 1948 bis 1951 die theoretischen Grundlagen für die holografischen Verfahren abgeleitet [8.2, 8.3]. Intensive experimentelle Untersuchungen setzten jedoch erst nach der Erfindung des Lasers im Jahre 1961 ein [8.4, 8.5, 8.6]. Seit dieser Zeit hat sich die Holografie zu einem der wichtigsten technischen Verfahren für die Informationsspeicherung und -verarbeitung entwickelt.

Zur holografischen Abbildung eines Gegenstandes verwendet man im allgemeinen Lichtwellen des sichtbaren Bereiches. Die wichtigsten Grundgesetze der Holografie gelten jedoch nicht nur für Lichtwellen, sondern lassen sich aus der skalaren Wellentheorie herleiten. Der Anwendungsbereich holografischer Verfahren kann daher grundsätzlich auch auf optische Wellen des infraroten und des ultravioletten Spektralbereiches sowie auf Röntgenwellen erstreckt werden. Ebenso lassen sich holografische Abbildungen mit longitudinalen Wellen, insbes. mit Ultraschall, durchführen.

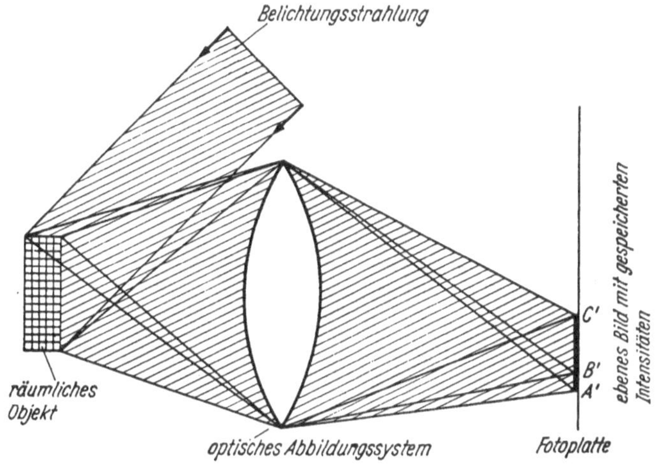

Abb. 8.1. Prinzip der fotografischen Abbildung

Die Holografie unterscheidet sich von der Fotografie sowohl durch die Aufnahme- und Wiedergabetechnik als auch durch das Speicherprinzip.

Der abzubildende Gegenstand besitzt in der Regel eine räumliche Ausdehnung. Durch die Fotografie wird die Lichtintensität jedes seiner Punkte mit Hilfe von Linsen oder Spiegeln auf eine Fotoplatte übertragen und der Punkt damit optisch abgebildet (vgl. Abb. 8.1). Jedem Punkt des dreidimensionalen Objektes ist (unter Voraussetzung einer bildfehlerfreien Abbildungsoptik) ein Punkt auf der zweidimensionalen Fotoplatte zugeordnet.

Die technisch bekannten Empfänger für Lichtwellen (Fotoschichten, Magnetschichten, Farbzentren usw.) registrieren bei der fotografischen Aufnahme keine Phasenverschiebungen zwischen den einzelnen Strahlen, sondern nur Strahlungsintensitäten. Sie heißen quadratische Empfänger, da die Strahlungsintensität dem Quadrat der Amplitude des elektrischen bzw. des magnetischen Strahlungsfeldes proportional ist.

Die punktweise Übertragung der Lichtintensitäten vom Drei- in das Zweidimensionale und die Unterdrückung der Phasenverschiebung führt dazu, daß bei der Fotografie die räumliche Anschauung des abgebildeten Gegenstandes im weiten Umfang verloren geht.

Dagegen bildet die Holografie einen Gegenstand nicht Punkt für Punkt und insbes. nicht nur entsprechend seiner Helligkeit ab. Der grundlegende Gedanke der Holografie besteht darin, das von einem Objektpunkt nach allen Seiten hin ausgestrahlte kohärente Licht mit einer zweiten Lichtwelle, der Referenzwelle, interferieren zu lassen. Die Fähigkeit der beiden Wellen, miteinander interferieren zu können, ist die wichtigste Voraussetzung, die an sie zu stellen ist. Infolge der Interferenz von Objekt- und Referenzwelle entsteht, über den gesamten Raum verteilt, ein wellenoptisches Beugungsbild des Objektpunktes, das sowohl Lichtintensitäten als auch Phasenverschiebungen enthält.

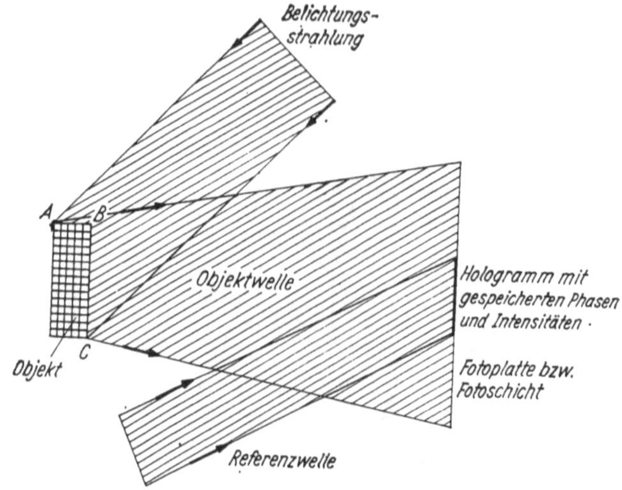

Abb. 8.2a. Holografische Aufnahme

Die von verschiedenen Objektpunkten ausgestrahlten kohärenten Wellen überlagern sich zur resultierenden Objektwelle. Nach Interferenz mit der Referenzwelle kann durch fotografische Exposition eines lichtempfindlichen Mediums und nachfolgende Entwicklung ihr Bild auf einer Fotoplatte gespeichert werden (vgl. Abb. 8.2a). Dieses fixierte Beugungsbild heißt das Hologramm des Objektes. Es speichert nicht nur wie die Fotografie die Lichtintensitäten des Objektpunktes. Infolge der Interferenz mit der Referenzwelle sind in einem Hologramm auch die Phasenverschiebungen und die Polarisationszustände der Objektwelle enthalten und können reproduziert werden. Indem auf dem Hologramm das Beugungsbild eines Punktes enthalten ist, wird sein Bild gewissermaßen über die ganze Fotoplatte verteilt.

Ein wesentlicher Unterschied und Nachteil der Holografie gegenüber der Fotografie besteht darin, daß zwischen dem Hologramm und dem Objekt keine Ähnlichkeit besteht. Sie wird erst durch einen zweiten wellenoptischen Prozeß, die Rekonstruktion des Objektes erzeugt. Hierzu bestrahlt man das Hologramm mit einem kohärenten Lichtbündel, der Rekonstruktionswelle (vgl. Abb. 8.2b). Infolge der Beugung am Hologramm wird dabei u. a. wieder die Objektwelle reproduziert. Aus ihr kann z. B. durch Aufnahme auf einer Fotoplatte, oder indem der Beobachter durch das Hologramm hindurchblickt, ein echtes Raumbild des Objektes erzeugt werden. Durch die holografische Abbildung wird dabei infolge der Phasenspeicherung eine genaue Wiedergabe der Raumtiefe ermöglicht, die bei der Fotografie weitgehend verloren geht. Die genaue Wiedergabe der Raumtiefe ist nicht nur wegen der besseren Bildqualität von Bedeutung. Sie gestattet auch technische Anwendungen, die für die Speicherphysik von Bedeutung sind (Lit. [8.1] bis [8.8]).

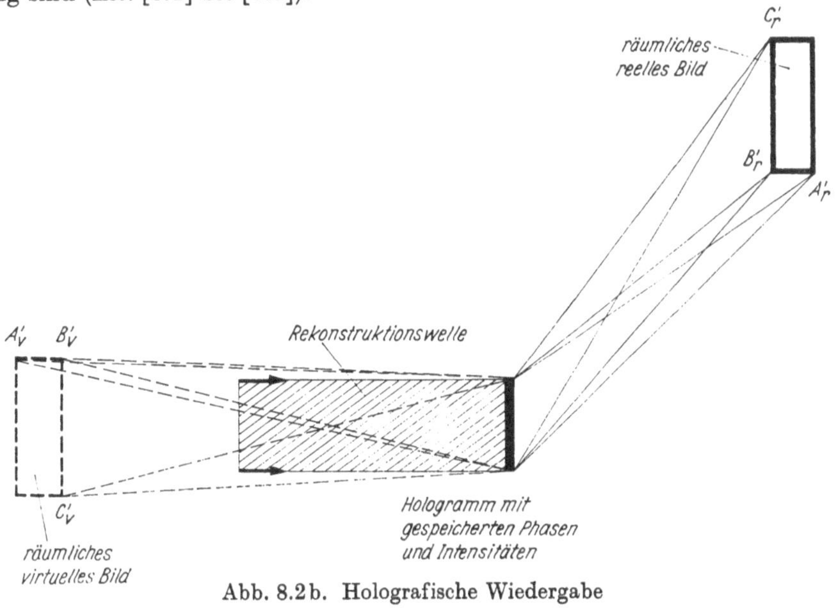

Abb. 8.2b. Holografische Wiedergabe

8.2. Wellenoptische Begründung holografischer Abbildungsverfahren

Das von einer Lichtwelle zu einem Punkt des Raumes übertragene optische Signal ist durch seine Amplitude A_S und seine Phase $\omega t - \varphi_S$ gekennzeichnet. Es wird in der Form

$$A_S e^{-i(\omega t - \varphi_S)}$$

dargestellt.

Für die wellenoptischen Abbildungsvorgänge sind nur die stationären Verhältnisse von Interesse. Die Zeitabhängigkeit in der Form $e^{-i\omega t}$ kann daher im folgenden außer Betracht bleiben, das Signal also durch seine komplexe Amplitude

$$\mathbf{A}_S = A_S e^{i\varphi_S} \qquad (8.1)$$

gekennzeichnet werde.

Wählt man die Beobachtungsebene als x, y-Ebene, so ist die Signalwelle (8.1) durch Funktionen der Form

$$\left.\begin{aligned} A_S &= A_S(x, y)\,, \\ \varphi_S &= \varphi_S(x, y) \end{aligned}\right\} \qquad (8.2)$$

festgelegt.

Die Intensität der Signalwelle wird durch das Produkt

$$\mathbf{A}_S \mathbf{A}_S^* = |A_S|^2 \qquad (8.3)$$

bestimmt, wobei $\mathbf{A}_S^*$ allgemein die komplexe Amplitude $A_S e^{-i\varphi}$ angibt. Die fotografische Registrierung der Signalwelle erfolgt proportional ihrer Intensität. Diese ist proportional dem Quadrat A_S^2 der Amplitude. Man spricht daher von quadratischer Registrierung. Wie aus (8.3) hervorgeht, ist sie mit einem Verlust der Phaseninformation $\varphi_S(x, y)$ verbunden.

Der Verlust der Phaseninformation läßt sich vermeiden, wenn die Registrierung des Signals über eine mit dem optischen Signal kohärente Welle, die Referenzwelle erfolgt. Ihre komplexe Amplitude sei

$$\mathbf{A}_R = A_R e^{i\varphi_R}\,. \qquad (8.4)$$

Die Verteilung der Referenzwelle ist durch Funktionen der Form

$$\left.\begin{aligned} A_R &= A_R(x, y)\,, \\ \varphi_R &= \varphi_R(x, y) \end{aligned}\right\} \qquad (8.5)$$

gegeben und kann als bekannt vorausgesetzt werden.

Wird die Referenzwelle (8.4) mit der Signalwelle (8.1) zur Interferenz gebracht, so ergibt sich eine Welle mit der komplexen Amplitude

$$\mathbf{A} = \mathbf{A}(x, y) = \mathbf{A}_S + \mathbf{A}_R = A_S e^{i\varphi_S} + A_R e^{i\varphi_R}\,. \qquad (8.6)$$

Für die Intensitätsverteilung der aus Signal- und Referenzwelle gebildeten Welle folgt

$$\mathbf{A}\mathbf{A}^* = \mathbf{A}_S \mathbf{A}_S^* + \mathbf{A}_R \mathbf{A}_R^* + \mathbf{A}_S \mathbf{A}_R^* + \mathbf{A}_R \mathbf{A}_S^* \qquad (8.7)$$

bzw.

$$\mathbf{A}\mathbf{A}^* = \mathbf{A}_S^2 A_R^2 + A + 2A_S A_R \cos(\varphi_S - \varphi_R)\,. \qquad (8.7\,\mathrm{a})$$

Die Phaseninformation bleibt somit als Folge der Überlagerung einer Referenzwelle erhalten. Da $\cos(\varphi_S - \varphi_R) = \cos(\varphi_R - \varphi_S)$ ist, kann ein quadratischer Empfänger lediglich nicht zwischen einer Phasenverzögerung und einer Phasenvorauseilung der Signal- gegenüber der Referenzwelle unterscheiden. Holografische Verfahren liefern daher im allgemeinen zwei Bilder eines Objektes, das reelle und das virtuelle Bild.

Speichert man (z. B. durch fotografische Effekte) die Intensitätsverteilung (8.7) in der x, y-Ebene, so entsteht hier eine ebene Transparenzverteilung $T(x, y)$, die als das Hologramm des Abbildungsverfahrens bezeichnet wird (vgl. Abb. 8.2a). Bei den technisch bekannten Hologrammaterialien ist die Amplitudentransmission $T = T(x, y)$ proportional der Intensitätsverteilung $\mathbf{A}\mathbf{A}^*$. Wir setzen daher

$$T = \text{const}\, \mathbf{A}\mathbf{A}^* \, . \tag{8.8}$$

Die Konstante ist für die folgenden Betrachtungen ohne Interesse und wird nicht mehr aufgeführt.

Durchstrahlt man das Hologramm mit kohärentem Licht, dessen Verteilung der Referenzwelle (8.4) entspricht, so erhält man in einer Aufzeichnungsebene eine Amplitudenverteilung, die nach (8.7) und (8.8) durch

$$\mathbf{A}_R T = \mathbf{A}_R(\mathbf{A}_S\mathbf{A}_S^* + \mathbf{A}_R\mathbf{A}_R^*) + A_R^2\mathbf{A}_S + \mathbf{A}_R^2\mathbf{A}_S^* \tag{8.9}$$

gegeben ist. Wie man im dritten und vierten Summanden erkennt, treten hier bis auf multiplikative Größen die Signalwelle $\mathbf{A}_S$ und ihre konjugiert komplexe Welle $\mathbf{A}_S^*$ auf. Aus $\mathbf{A}_S^*$ und $\mathbf{A}_S$ kann mit optischen Mitteln ein reelles bzw. ein imaginäres Bild des Objektes erzeugt werden (vgl. Abb. 8.2b). Der erste und der zweite Summand in (8.9) haben den Charakter von Störeinflüssen. Sie sind durch geeignete Festlegung der Referenz- und der Rekonstruktionswelle und durch zweckmäßige optische Anordnung möglichst klein zu halten.

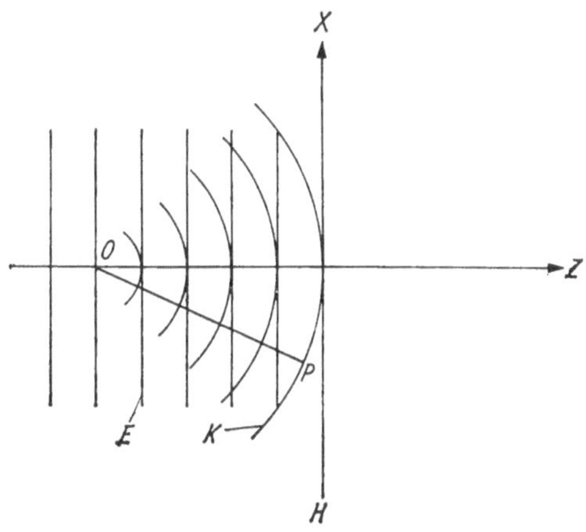

Abb. 8.3. Holografische Aufnahme eines punktförmigen Objektes O (Geradeausholografie)
E — Ebene Referenzwelle, K — Kugelwelle, H — Hologrammebene

Strahlt man die Signalwelle auf das Hologramm, so entsteht eine elektromagnetische Welle mit der Amplitude

$$\mathbf{A}_S T = \mathbf{A}_S(\mathbf{A}_S\mathbf{A}_S^* + \mathbf{A}_R\mathbf{A}_R^*) + \mathbf{A}_S^2\mathbf{A}_R^* + A_S^2\mathbf{A}_R\,. \tag{8.10}$$

Die Einstrahlung der Signalwelle als Rekonstruktionswelle liefert also u. a. die Referenzwelle. Dieser Zusammenhang zwischen der Referenz- und der Signalwelle bezüglich des entstandenen Hologramms wird als *Reziprozität von Signal- und Referenzwelle* bezeichnet.

8.3. Geradeausholografie

Das einfachste holografische Abbildungsverfahren ist die Geradeausholografie, auch als in-line-Verfahren bezeichnet. Die Wellenfronten der Signalwelle liegen dabei symmetrisch zur Ausbreitungsrichtung der Referenzwelle (vgl. Abb. 8.3).

Als einfachstes Beispiel für die Geradeausholografie wird die Abbildung eines Objektes O betrachtet, das nur aus einem Punkt besteht. Es wird belichtet und sendet als Folge davon eine Kugelwelle aus, die die Signalwelle repräsentiert.

Hologrammebene sei die x, y-Ebene. Der Objektpunkt O habe die Koordinaten x_0, y_0, z_0. P mit den Koordinaten x, y, z sei Aufpunkt, in dem das Feld bestimmt wird. Der Abstand zwischen dem Objektpunkt O und dem Aufpunkt P ist gleich

$$d = \sqrt{(x - x_0)^2 + (y - y_0)^2 + (z - z_0)^2}\,.$$

Die von O ausgehende Kugelwelle ist durch ihre Amplitude

$$\mathbf{A}_S = \frac{A_S}{d}\,\mathrm{e}^{ikd} \tag{8.11}$$

bestimmt, während die Referenzwelle als ebene Welle in jedem Raumpunkt die Amplitude

$$\mathbf{A}_R = A_R \tag{8.12}$$

besitzt.

Durch Interferenz beider Wellen ergibt sich

$$\mathbf{A} = \frac{A_S}{d}\,\mathrm{e}^{ikd} + A_R\,. \tag{8.13}$$

Als Intensität der Welle **A** erhält man das FRESNEL*sche Beugungsbild* des punktförmigen Objektes

$$\mathbf{A}\mathbf{A}^* = \frac{A_S^2}{d^2} + A_R^2 + \frac{A_S A_R}{d}\,\mathrm{e}^{ikd} + \frac{A_S A_R}{d}\,\mathrm{e}^{-ikd}\,. \tag{8.14}$$

Das FRESNELsche Beugungsbild kann in einer Ebene aufgefangen werden und liefert hier die FRESNELsche Zonenplatte (vgl. Abb. 8.4). Sie besteht aus ineinander übergehenden konzentrischen hellen und dunklen Ringen, die mit wachsendem Abstand vom Mittelpunkt immer dichter zusammenrücken. Die FRESNELsche Zonenplatte ist das Hologramm des punktförmigen Objektes.

Bei der Registrierung und Fixierung in der Hologrammebene ergibt sich eine Transparenzverteilung, die proportional

$$T = \mathbf{A}\mathbf{A}^* \tag{8.15}$$

ist.

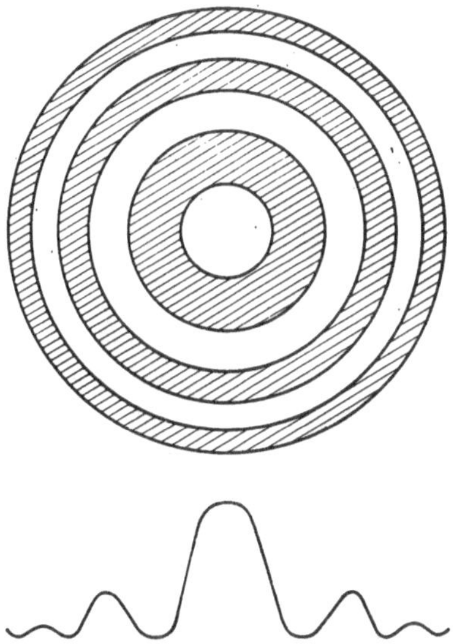

Abb. 8.4. FRESNELsche Zonenplatte als das Hologramm eines Punktes

Fällt auf das erzeugte Hologramm als Rekonstruktionswelle $\mathbf{A}'_R$ wieder eine ebene Welle A_R, so ergibt sich für die Feldstärke der am Hologramm gebeugten elektromagnetischen Welle

$$\mathbf{A}'_R T = \frac{A_S^2}{d^2} A_R + A_R^3 + \frac{A_S A_R^2}{d} \mathrm{e}^{ikd} + \frac{A_S A_R^2}{d} \mathrm{e}^{-ikd}. \tag{8.16}$$

Der dritte Summand in (8.16) rechts ist bis auf einen konstanten Faktor identisch mit der Signalwelle, der vierte Summand bis auf den gleichen konstanten Faktor proportional der konjugierten Signalwelle. Während der dritte Summand in (8.16) somit wieder eine auslaufende Kugelwelle ergibt, stellt der vierte Summand wegen des Faktors e^{-ikd} eine einlaufende, d. h. in einem Punkt zusammenlaufende Kugelwelle dar.

Die auslaufende Welle geht vom Punkt B_v aus, der mit dem Objektpunkt O identisch ist. Durch die vorliegende holografische Abbildung entsteht also der virtuelle Bildpunkt B_v an der Stelle des Objektpunktes O. Dagegen konzentriert sich die einlaufende Welle in einem Punkt B_r, der bezüglich der Hologrammebene spiegelbildlich zum Objektpunkt liegt (vgl. Abb. 8.5).

Die aus dem Hologramm mittels der Referenzwelle rekonstruierten Wellen erzeugen also einen reellen Bildpunkt B_r und einen virtuellen Bildpunkt B_v. Wie man aus Abb. 8.5 erkennt, liegen beide auf der optischen Achse. Die Abbildung des Objektes durch Geradeausholografie liefert daher im Hintergrund des reellen Bildes das unscharfe virtuelle Bild. Umgekehrt überlagert sich das unscharfe reelle Bild bei der Beobachtung des virtuellen Bildes.

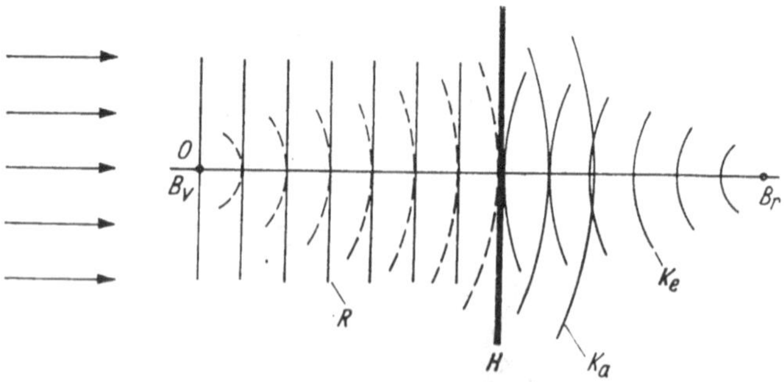

Abb. 8.5. Wellenfronten bei der Rekonstruktion des Bildes eines punktförmigen Objektes (Geradeausholografie)
R — Rekonstruktionswelle, K_a — auslaufende Kugelwelle mit dem virtuellen Bildpunkt B_v als Mittelpunkt, K_e — einlaufende Kugelwelle mit dem reellen Bildpunkt, B_r als Mittelpunkt, H — Hologrammebene mit Hologramm

Der bei der Geradeausholografie auftretende unerwünschte Hintergrund und die großen Schwierigkeiten seiner Unterdrückung schränken die Anwendung der Geradeausholografie ein. Mit einfachen Geradeaushologrammen wurde im wesentlichen vor der Erfindung des Lasers im Jahre 1961 gearbeitet, als noch keine geeignete Lichtquelle für hinreichend kohärentes Licht zur Herstellung von Hologrammen bei schrägeinfallender Referenzwelle zur Verfügung stand.

8.4. Holografie mit schrägeinfallender Referenzwelle

Die ebene Referenzwelle falle schräg gegen die Hologrammnormale ein. Wir betrachten im folgenden die Gesetzmäßigkeiten dieser Holografie für einen Objektpunkt O.

Es bezeichne Θ den Winkel, den die Ausbreitungsrichtung der ebenen Referenzwelle gegen die Hologrammnormale bildet. Legt man die x-Achse senkrecht zur Hologrammnormalen in die aus der Hologrammnormalen und der Referenzwellennormalen gebildeten Ebene, so läßt sich die Phase der Referenzwelle gemäß

$$\varphi = \varphi(x) = x\,k \sin\Theta \tag{8.17}$$

darstellen, mit der Wellenzahl

$$k = \frac{2\pi}{\lambda}.$$

Dabei kann man eine additive Konstante unterdrücken. Für die Referenzwelle folgt somit

$$\mathbf{A}_R = A_R e^{ixk \sin \Theta} . \tag{8.18}$$

Die Signalwelle wird wieder als Kugelwelle in der Form (8.11) angesetzt.

Bei der Überlagerung der Referenz- und der Signalwelle ergibt sich die Intensitätsverteilung

$$(\mathbf{A}_R + \mathbf{A}_S)(\mathbf{A}_R^* + \mathbf{A}_S^*) = \frac{A_S^2}{d} + A_R^2 + 2\frac{A_S A_R}{d} \cos k(d - x \sin \Theta) . \tag{8.19}$$

Proportional dieser Intensitätsverteilung kann nach (8.8) eine Transparenzverteilung T in der Hologrammebene angenommen werden.

Für die Rekonstruktion ergeben sich zwei Spezialfälle.

Fällt die ebene Rekonstruktionswelle $\mathbf{A}'_R = A'_R e^{ixk \sin \Theta'}$ unter dem Winkel $\Theta' = \Theta$ auf die Hologrammebene, so erhält man für $A'_R = A_R$ das Wellenfeld

$$\left.\begin{aligned} \mathbf{A}'_R T &= \left(\frac{A_S^2}{d^2} + A_R^2\right) A_R e^{ixk \sin \Theta} && \text{(Störterm)} \\ &+ A_R^2 \frac{A_S}{d} e^{-ik(2x \sin \Theta)} && \text{(reeller Bildterm)} \\ &+ A_R^2 \frac{A_S}{d} e^{+ikd} && \text{(virtueller Bildterm).} \end{aligned}\right\} \tag{8.20}$$

Wie hieraus zu erkennen ist (vgl. Abb. 8.6), besitzen die im reellen Bildpunkt B_r zusammenlaufenden Wellenfronten und die scheinbar vom virtuellen Bildpunkt

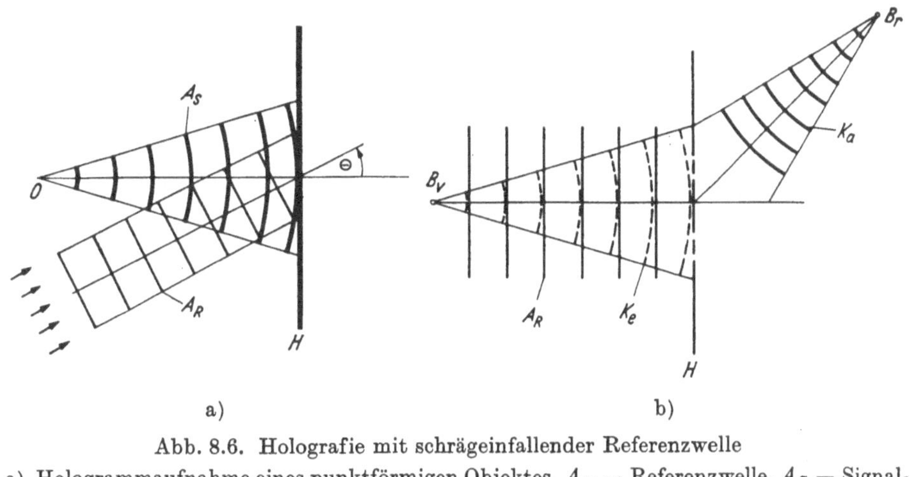

Abb. 8.6. Holografie mit schrägeinfallender Referenzwelle

a) Hologrammaufnahme eines punktförmigen Objektes, A_R — Referenzwelle, A_S — Signalwelle (Kugelwelle), b) Rekonstruktion A'_R — Rekonstruktionswelle, K_a — auslaufende Kugelwelle, K_e — einlaufende Kugelwelle

B_v ausgehenden Wellenfronten unterschiedliche Strahlrichtungen. Der reelle Bildpunkt entsteht in einer Richtung, die mit der Hologrammnormalen näherungsweise den Winkel 2Θ einschließt. Dagegen liegt der virtuelle Bildpunkt B_v, der mit dem Objektpunkt 0 identisch ist, in der Richtung senkrecht zur Hologrammebene.

Trifft die ebene Rekonstruktionswelle dagegen unter dem Winkel $\Theta' = \Theta$ auf die Hologrammebene, d. h., stehen die Wellenflächennormalen der Rekonstruktionswelle senkrecht zur Hologrammebene, so folgt

$$\left.\begin{aligned} \mathbf{A}'_R T = {} & \frac{A_S^2 A_R}{d^2} + A_R^3 && \text{(Störterm)} \\ & + \frac{A_S A_R^2}{d}\, \mathrm{e}^{-ik\,(d - x \sin \Theta)} && \text{(reeller Bildterm)} \\ & + \frac{A_S A_R^2}{d}\, \mathrm{e}^{+ik\,(d - x \sin \Theta)} && \text{(virtueller Bildterm)}\,. \end{aligned}\right\} \tag{8.21}$$

Reelle und virtuelle Bildwelle breiten sich wieder in verschiedenen Richtungen aus. Die nach dem reellen bzw. nach dem virtuellen Bildpunkt gerichteten Wellenflächennormalen schließen mit der Hologrammnormalen die Winkel $\pm \sin \Theta \approx \pm \Theta$ ein. Bei der Beobachtung eines Bildpunktes durch holografische Verfahren mit schrägeinfallender Referenzwelle tritt daher kein störender Untergrund durch den konjugierten Bildpunkt wie bei der Geradeausholografie auf.

8.5. Gesetzmäßigkeiten der holografischen Abbildung

Holografische Abbildungen vermitteln einen eindeutigen Zusammenhang zwischen dem Objektpunkt O, dem reellen Bildpunkt B_r und dem virtuellen Bildpunkt B_v. Die Koordinaten der beiden Bildpunkte ergeben sich in erster Ordnung aus der Forderung, daß die Lichtwege zwischen einander zugeordneten Punkten gleich sein müssen. Bei der Ableitung der geometrisch-optischen Gesetzmäßigkeiten kann man allgemein von beliebig gekrümmten Wellenflächen ausgehen. Es braucht nicht mehr vorausgesetzt zu werden, daß die Objektwelle eine Kugelwelle ist und daß die Beleuchtungs-, die Referenz- und die Rekonstruktionswelle eben sind.

In erster Ordnung sind die Koordinaten der Bildpunkte bestimmt durch

1. die Lage des Objektpunktes,
2. das Verhältnis $\frac{\lambda_R}{\lambda}$ zwischen den Wellenlängen bei der Rekonstruktion des Bildes und bei der Aufnahme des Hologramms,
3. die Anordnung der Lichtquellen
   a) zur Beleuchtung des Objektes,
   b) zur Erzeugung der Referenzwelle,
   c) zur Erzeugung der Rekonstruktionswelle.

Wie die fotografische Abbildung ist die holografische Abbildung mit Bildfehlern behaftet, die als Größen höherer Ordnung auftreten.

Werden zur Rekonstruktion des Bildes gekrümmte Wellenflächen verwendet, liegt die Lichtquelle zur Ausstrahlung der Rekonstruktionswelle also im Endlichen, so kann eine Bildvergrößerung allein durch geeignete Wahl der Wellenlänge λ_R des rekonstruierenden Lichtes erzielt werden. Sie vervielfacht die geometrisch-optische Vergrößerung und kann so festgelegt werden, daß auch die Tiefenausdehnung den Verhältnissen des Objektes entspricht, bei der Vergrößerung des Objektes also keine räumlichen Verzerrungen auftreten.

Mit ebenen Rekonstruktionswellen, d. h., wenn die Rekonstruktion mit parallelem Licht durchgeführt wird, ist eine Vergrößerung allein durch Veränderung der Wellenlängen nicht möglich.

Liegt der Objektpunkt auf der senkrecht zur Hologrammebene gerichteten optischen Achse und sind Referenz- und Rekonstruktionswelle Parallelstrahlenbündel, so fällt der virtuelle Bildpunkt auf den Objektpunkt. Der reelle Bildpunkt liegt in diesem Falle symmetrisch zum Objektpunkt auf der entgegengesetzten Seite der Hologrammebene (vgl. Abb. 8.5).

8.6. Trägerfrequenzholografie

Holografische Aufnahmen mit schrägeinfallender Referenzwelle bilden die Grundlage für die von LEITH und UPATNIEKS entwickelte Trägerfrequenzholografie.

In Gleichung (8.21) ist im Prinzip die von einem Objektpunkt ausgehende Kugelwelle

$$\frac{e^{ikd}}{d} \tag{8.22}$$

auf eine Trägerwelle mit der Wellenzahl

$$k \sin \Theta = \frac{2\pi \sin \Theta}{\lambda} \tag{8.23}$$

moduliert, so daß als reeller Bildterm Wellen mit dem Phasenfaktor

$$e^{-ik(d - x \sin \Theta)}, \tag{8.24}$$

als virtueller Bildterm Wellen mit dem Phasenfaktor

$$e^{ik(d - x \sin \Theta)} \tag{8.25}$$

entstanden sind.

Die vom ausgedehnten Objekt geprägte Lichtwelle setzt sich aus der Überlagerung vieler Kugelwellen zusammen. Sie gehen nach Belichtung des Objektes mit parallelem Licht von dessen einzelnen Punkten aus und werden durch die Interferenz mit der Referenzwelle auf eine Trägerwelle moduliert.

Bei fehlendem Objekt entsteht aus der Interferenz der ebenen Belichtungswelle mit der ebenen Referenzwelle in der Hologrammebene ein regelmäßiges

Beugungsmuster bzw. Gitter, das als Wiedergabe der ungestörten Trägerfrequenz anzusehen ist. Die bei Vorhandensein des Objektes sich ergebende Interferenzstruktur stellt das Abbild der Modulation dar. In ihr ist das Objekt codiert.

Die Realisierung der Trägerfrequenzholografie kann sowohl im Durchlicht als auch im Auflicht erfolgen. Abb. 8.7 und Abb. 8.8 zeigen die optischen Anordnungen zur holografischen Aufnahme der ungestörten Trägerwelle. Abb. 8.9 und Abb. 8.10 stellen die holografische Aufnahme des Objektes im Durchlicht und im Auflicht dar.

Der Neigungswinkel Θ, den die Referenzwelle gegen die optische Achse bildet, darf nicht zu klein sein, wenn Störungen durch das virtuelle Bild vermieden werden sollen. Θ bestimmt nach (8.23) bei vorgegebener Lichtwellenlänge λ die Wellenzahl $k \sin \Theta$ der Trägerwelle. Je größer diese Wellenzahl ist, desto größer ist auch die Auflösung der Abbildung, d. h., desto mehr Objektdetails können gespeichert und wiedergegeben werden.

Die Interferenzstruktur muß durch das Fotomaterial genau wiedergegeben werden; durch die Körnigkeit der Fotoschicht darf kein Einfluß auf Einzelhei-

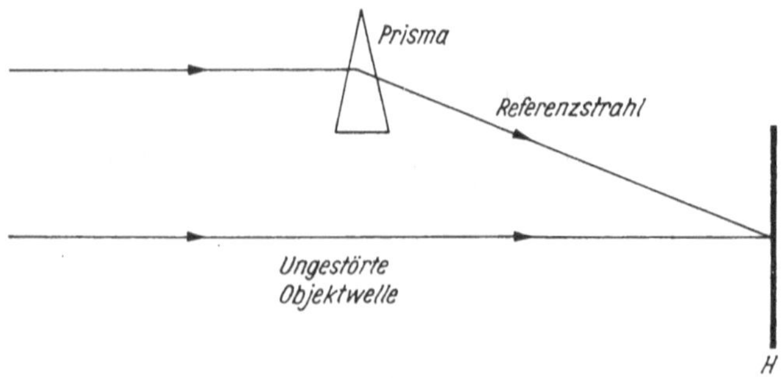

Abb. 8.7. Holografische Aufnahme der Trägerfrequenz im Durchlicht

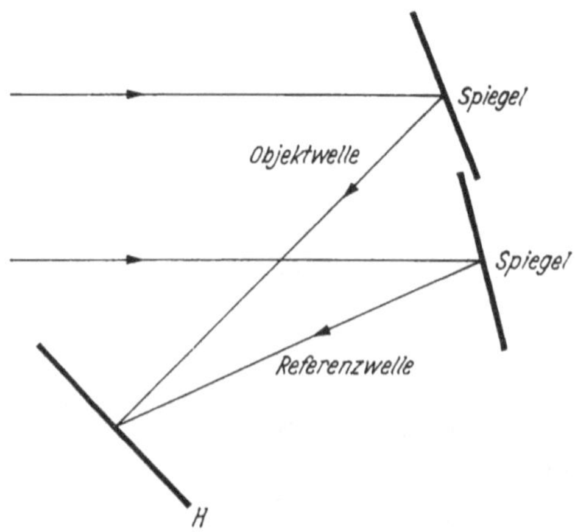

Abb. 8.8. Holografische Aufnahme der Trägerfrequenz im Auflicht

ten der Abbildung entstehen. Monochromasie und Kohärenz sind besonders für die Signal- und für die Referenzwelle wichtig. Für die Rekonstruktion ist zwar ebenfalls eine kohärente Beleuchtung notwendig, jedoch sind die Anforderungen zur Herstellung eines Bildes einwandfreier Qualität nicht so hoch wie zur Herstellung eines rekonstruktionsfähigen Hologramms.

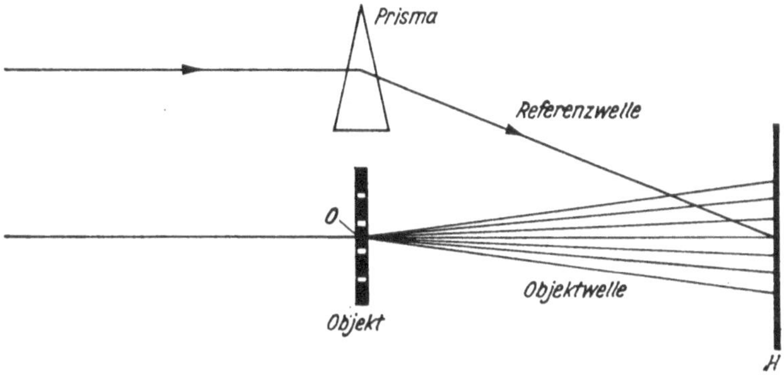

Abb. 8.9. Trägerfrequenzverfahren zur Aufnahme des Objektes im Durchlicht

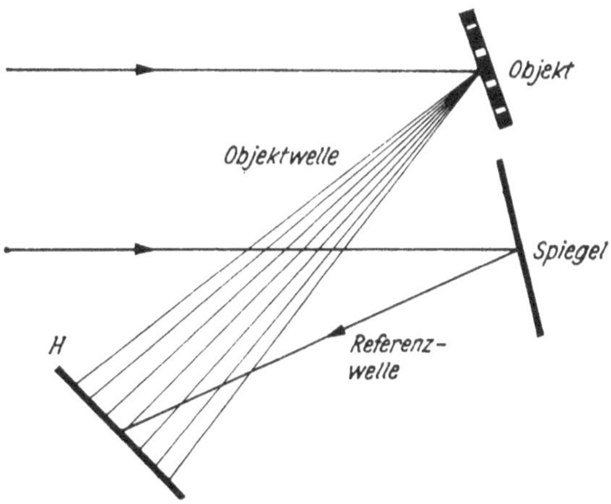

Abb. 8.10. Trägerfrequenzverfahren zur Aufnahme des Objektes im Auflicht

Da jeder Objektpunkt durch sein Beugungsbild über das gesamte Hologramm verteilt ist (vgl. Abb. 8.4), beeinträchtigt ein *lokaler Fehler* auf dem Hologramm, wie z. B. ein kleiner Kratzer, ein Staubteilchen, eine Fremdsubstanz im Speichermedium bzw. auf der Fotoplatte u. dergl., dieQualität des Bildes als Ganzes. Das gilt auch für Störungen durch lokale Unregelmäßigkeiten im Strahlengang oder auf der Lichtquelle. Derartige Fehler führen zu einer Herabsetzung der Bildhelligkeit und der Bildauflösung als Ganzes, können also auf Grund statistischer Untersuchungen in Rechnung gesetzt werden. Im Endeffekt bewirken bei der holografischen Speicheraufzeichnung Störungen durch Unregelmäßigkeiten eine Herabsetzung der Speicherdichte. Selbst wenn ein großer Teil des Hologramms unbrauchbar geworden ist, kann jedoch bei guter Qualität des verwendbar gebliebenen Teiles der gesamte Informationsgehalt erhalten bleiben. Bei der bitweisen Speicherung und Wiedergabe wird dagegen durch lokale Fehler die an der betreffenden Stelle gespeicherte Information in der Regel vernichtet.

Zur Realisierung holografischer Aufnahme- und Wiedergabeanordnungen sind im Prinzip *keine optischen Abbildungselemente*, wie Linsen und brechende Prismen, erforderlich. Sämtliche Effekte werden durch die Interferenz und durch die Beugung des Lichtes verursacht. Die Holografie ist daher auch mit Wellen durchführbar, für die optische Abbildungselemente nicht vorhanden sind. Diese Eigenschaft ist besonders für die Weiterentwicklung der holografischen Speichertechnik in den Spektralbereich der ultravioletten und der Röntgenstrahlung von Bedeutung.

Nach den in Abschnitt 8.5 zusammengestellten Gesetzmäßigkeiten der holografischen Abbildung hängt die Bildvergrößerung bei Verwendung von Licht mit gekrümmten Wellenflächen vom Verhältnis $\frac{\lambda_R}{\lambda}$ der Wellenlängen bei der Rekonstruktion und der Hologrammaufnahme ab. Bei optimaler Anordnung der Lichtquellen tritt eine Maßstabänderung des Bildes gegenüber dem Objekt im Verhältnis

$$V = \frac{\lambda_R}{\lambda} \tag{8.26}$$

ein. Soll daher eine starke *Bildvergrößerung* erzielt werden, so ist das Hologramm mit möglichst kurzwelligem Licht aufzunehmen. Wenn es gelingt, Röntgenlaser zu entwickeln und damit Röntgenstrahlen für die Hologrammaufnahme verwendungsfähig zu machen, würde bei der Rekonstruktion des Bildes mit sichtbarem Licht auf der Grundlage der Gleichung (8.26) eine Vergrößerung um mehrere Zehnerpotenzen und damit eine wesentliche Erhöhung der Speicherdichte möglich sein.

Ausgedehnte Objekte, wie sie auch bei der Informationsspeicherung und -wiedergabe auftreten, lassen sich nur mit einer gekrümmten Referenzwelle aufnehmen und einer gekrümmten Rekonstruktionswelle wiedergeben. Wellen mit gekrümmten Wellenfronten können als Überlagerung einer Vielzahl ebener Wellen verschiedener Ausbreitungsrichtung, Amplitude und Phasenverschiebung dargestellt werden. Bei der allgemeinen Behandlung der Gesetzmäßigkeiten holografischer Abbildungen treten daher an die Stelle der Referenzwelle (8.18) und der Rekonstruktionswelle $A'_R = A'_R \, e^{ixk \sin \Theta}$ Integralausdrücke. Die aus Abschnitt 8.4 hervorgehenden Grundprinzipien behalten jedoch bis auf gewisse Modifizierungen auch für gekrümmte Wellenflächen ihre Gültigkeit.

8.7. Holografische Informationsspeicher

In der Datenverarbeitung bietet die Holografie nicht nur bei der Speicheraufzeichnung und -wiedergabe Anwendungs- und Verbesserungsmöglichkeiten. Auch Probleme der Zeichenzuordnung, -erkennung und -codierung sowie der Informationsauslese und -filterung lassen sich mit Hilfe holografischer Verfahren rationell lösen.

Für den strahlgesteuerten Speicher ist die Nutzung der Holografie besonders durch die Grenzen bei der Strahlablenkung zur Ansteuerung von Speicherzellen gegeben. Erfolgen Speicheraufzeichnung und -wiedergabe bitweise, so ist ein Strahlablenksystem erforderlich, das jedem bit eine Strahlrichtung zuordnet. Da nach Abschnitt 7.4 die besten digitalen Ablenksysteme bei einer Zugriffzeit zwischen einer und zehn Mikrosekunden maximal 10^5 bis 10^7 verschiedene Richtungen ansteuern können, läßt sich bei der bitweisen Speicheraufzeichnung und -wiedergabe nur eine Speicherkapazität ausnutzen, die weit unter der technisch geforderten Größe liegt.

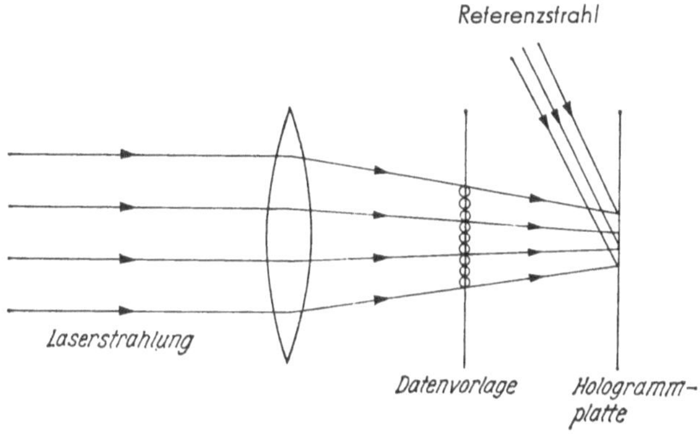

Abb. 8.11. Prinzip der holografischen Aufzeichnung eines Informationsblockes (Durchlichtverfahren)

Bei der holografischen Speicherung von Informationen erfaßt jede Strahlrichtung nicht mehr nur eine Speicherzelle, sondern überträgt gleichzeitig 10^2 bis 10^4 binäre Grundinformationen. Hierzu werden die über das Steuersystem nacheinander in Form kurzzeitiger elektrischer Impulse eingehenden Informationen zunächst zu Daten- bzw. Informationsblöcken zusammengefaßt und nach den in den Abschnitt 7.3 bzw. 7.6 beschriebenen Verfahren auf den Laserstrahl moduliert. Dieser bildet den Informationsblock als System heller und dunkler Bezirke auf eine Fläche ab und erzeugt damit die aus x, y-adressierten Bildpunkten bestehende Datenvorlage. Sie ist als reelles Bild vorhanden. Jeder Informationsblock liefert ein Bild. Das Verfahren, zeitlich nacheinander eingehende Impulse in ein aus Bezirken unterschiedlicher Helligkeit bestehendes Bild umzuwandeln, entspricht der Bildübertragung in der Fernsehtechnik.

Die Datenvorlage stellt das Objekt bei der holografischen Speicheraufzeichnung dar. Das von ihr ausgestrahlte Licht interferiert mit dem Referenzstrahl und erzeugt dabei auf einem kleinen Ausschnitt der Hologrammplatte das Hologramm der Datenvorlage (vgl. Abb. 8.11). Damit sind die Informationen des Datenblockes holografisch gespeichert.

Abb. 8.12 stellt die holografische Speicherwiedergabe dar. Hierzu wird der Rekonstruktionsstrahl senkrecht oder schräg über das Strahlablenksystem auf den betreffenden Abschnitt der Hologrammplatte gerichtet und damit ein reelles Bild der Datenvorlage erzeugt. An der Stelle des erzeugten Bildes befindet sich die Detektormatrix, die nach den in Abschnitt 7.5 beschriebenen Vorgängen das Laserlicht demoduliert.

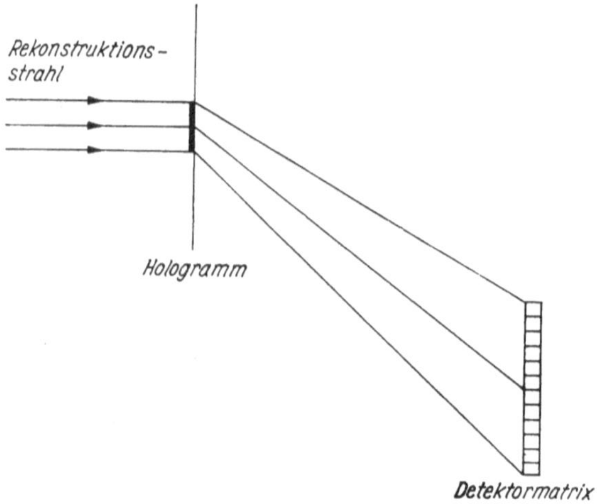

Abb. 8.12. Prinzip der Wiedergabe eines Informationsblockes

Für die genaue und störungsfreie Wiedergabe der in einem Informationsblock enthaltenen 10^2 bis 10^4 binären Grundinformationen ist nur ein kleiner Abschnitt auf dem Hologrammblock erforderlich. Man spricht daher von einem kleinen Hologramm, in dem die Informationen des Informationsblockes gespeichert sind. Das betrachtete kleine Hologramm findet seinen Platz in einem vorgegebenen Bereich der Hologrammebene. Die folgenden Datenblöcke werden in den benachbarten Abschnitten der Hologrammebene gespeichert (vgl. Abb. 8.13). An die Stelle einzelner Bitpunkte sind damit bei der holografischen Speicheraufzeichnung ausgedehnte kleine Hologramme getreten, die eine Vielzahl einzelner Informationen enthalten.

Zur Wiedergabe einer binären Grundinformation muß das betreffende kleine Hologramm durch den Referenzstrahl angesteuert und der gesamte Informationsgehalt des Datenblockes auf der Detektormatrix abgebildet werden. Dabei werden die einzelnen Fotodetektoren entweder belichtet oder bleiben dunkel (vgl. Abb. 8.13). Zwischen den in den einzelnen Hologrammen gespeicherten

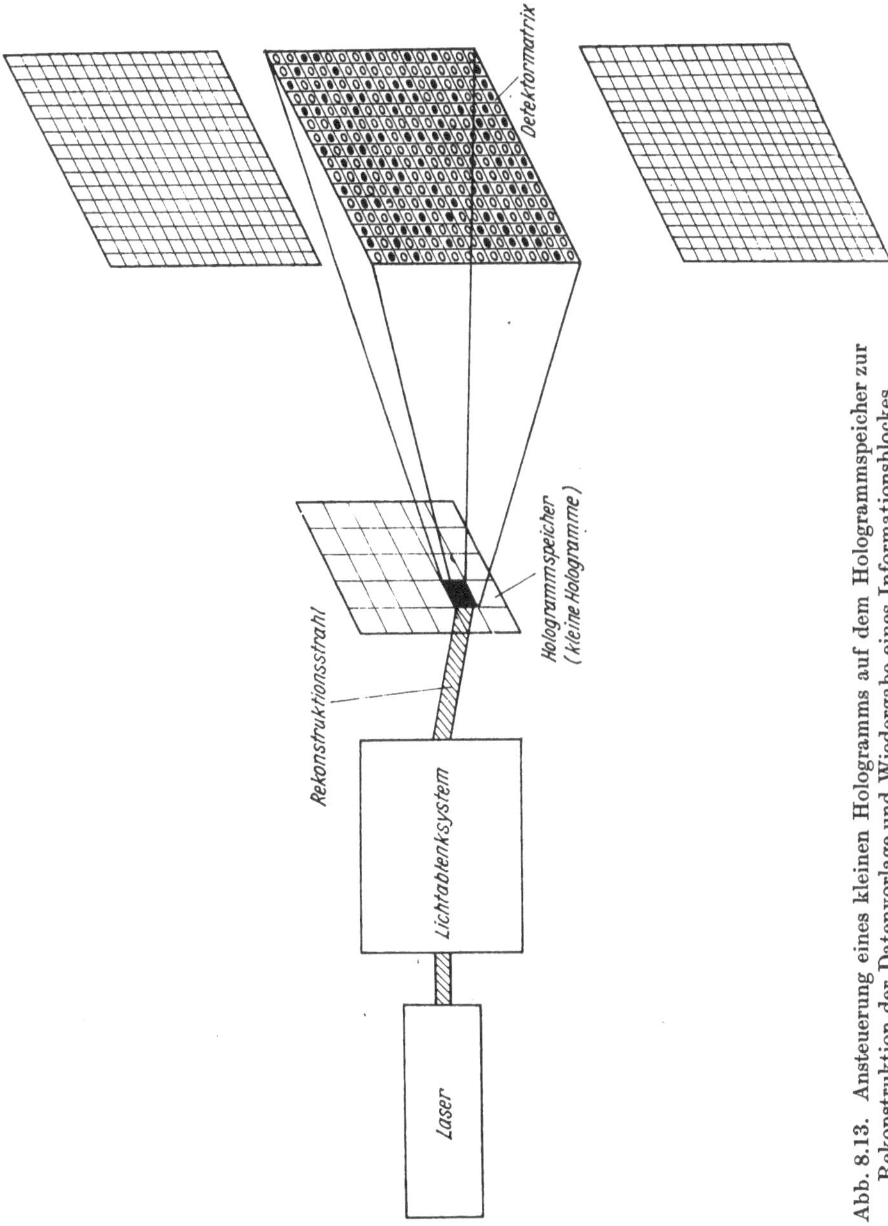

Abb. 8.13. Ansteuerung eines kleinen Hologramms auf dem Hologrammspeicher zur Rekonstruktion der Datenvorlage und Wiedergabe eines Informationsblockes

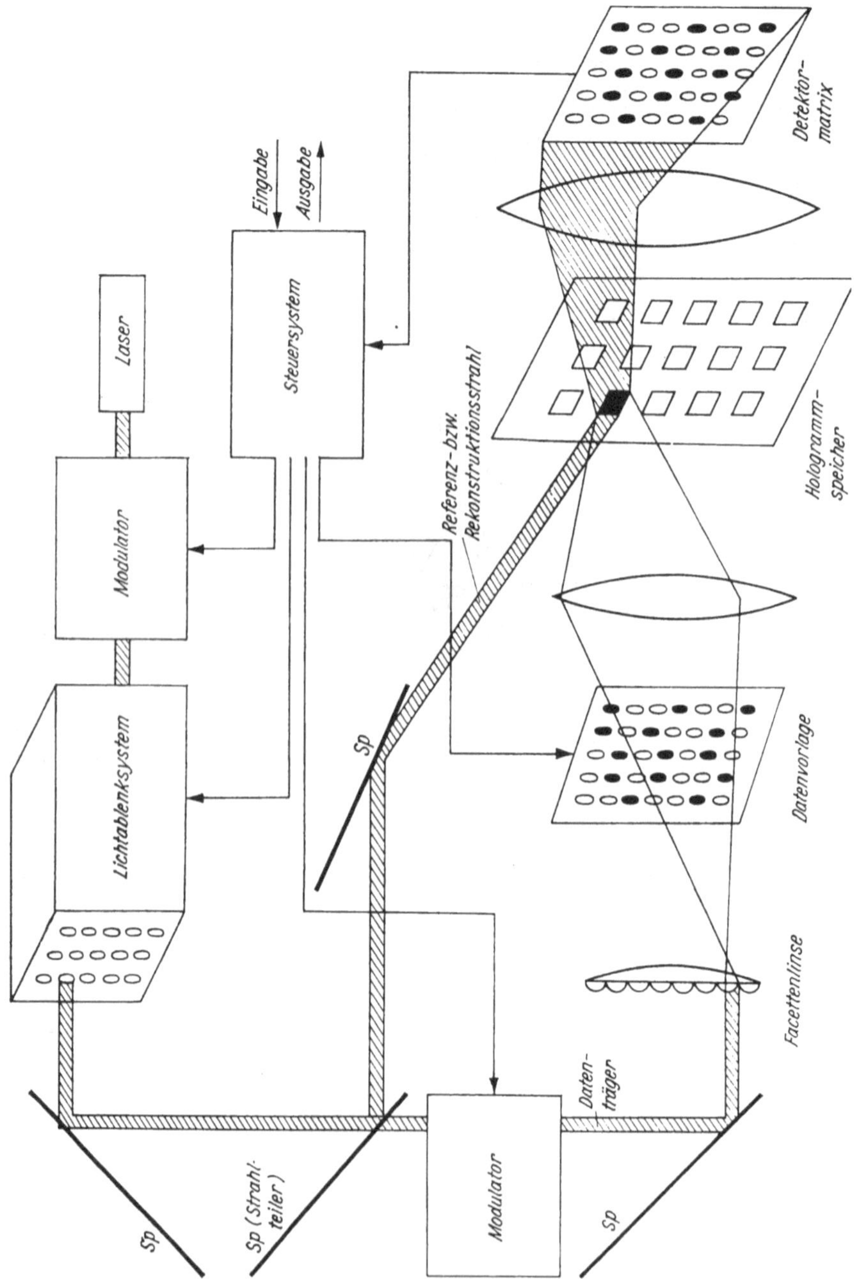

Abb. 8.14. Aufbau der Anlage zur holografischen Informationsaufzeichnung und -wiedergabe

Informationen und den Fotodetektoren besteht eine eindeutige Zuordnung, so daß jede gespeicherte Information, unabhängig von ihrer Lage auf dem Datenträger, jederzeit auf den zugeordneten Fotodetektor transformiert werden und hier einen elektrischen Impuls auslösen kann.

In Abb. 8.14 ist der holografische Speicher mit den zugehörigen Geräten und Anordnungen dargestellt. Das vom Lichtablenksystem in die vorgegebene Richtung gesteuerte Strahlenbündel wird durch einen Strahlungsteiler in den Beleuchtungs- bzw. Signalstrahl und in den Referenz- bzw. Rekonstruktionsstrahl zerlegt. Der auf die Laserlichtquelle folgende erste Modulator regelt die Intensität der Trägerfrequenz, d. h. des Beleuchtungsstrahles und des Referenz- bzw. Rekonstruktionsstrahles. Die Qualität des Ablenksystems, bestimmt die Zahl der kleinen Hologramme auf der Speicherplatte bzw. dem Hologrammspeicher.

Durch den auf den Strahlteiler folgenden zweiten Modulator wird die zu speichernde Information auf den Beleuchtungs- bzw. Signalstrahl übertragen. Eine Facettenlinse, ein aus vielen kleinen Einzellinsen bestehendes Linsensystem, richtet den Beleuchtungsstrahl auf die Datenvorlage und erzeugt hier das holografisch abzubildende Objekt. Es sendet die Objektwelle aus, die im vorgesehenen Ausschnitt der Hologrammplatte mit dem Referenzstrahl interferiert und das kleine Hologramm zur Speicherung des Datenblockes erzeugt.

Bei der Speicherwiedergabe wird durch das Lichtablenksystem der Rekonstruktionsstrahl auf das betreffende kleine Hologramm gerichtet, während der auf den Strahlungsteiler folgende Modulator den Beleuchtungsstrahl ausschaltet. An der Stelle der Detektormatrix entsteht damit das Bild der Datenvorlage und gibt die gespeicherten Informationen wieder.

Nach dem dargelegten Speicherverfahren wurden bisher Speicherdichten von $6 \cdot 10^6$ bit cm^{-2} erreicht bei Zugriffzeiten von 10 μs (Lit. [8.9] bis [8.17]). Neuere Ergebnisse über spezielle Probleme holografischer Speicherverfahren sind in [8.39] bis [8.55] zusammengestellt.

8.8. Mehrfachspeicherung, Winkel- und Wellenlängencodierung

Durch holografische Abbildungsverfahren können Informationen, die sich über einen dreidimensionalen Raum erstrecken, auf einer zweidimensionalen Oberfläche gespeichert werden. Die Information ist dabei über die gesamte Hologrammfläche verteilt.

Bei der Wiedergabe einer aus den beiden binären Grundzuständen 0 und L zusammengesetzten Information treten keine Probleme der Tiefenschärfe und der Perspektive auf. Hieraus erwächst die Möglichkeit, eine große Zahl von Einzelhologrammen aufeinander in ein und demselben Plattenausschnitt anzuordnen und auf diese Weise die Hologrammplatte mehrfach auszunutzen.

Nach (8.21) erzeugt ein Hologramm, das mit einem unter dem Winkel Θ gegen die Hologrammnormale geneigten Referenzstrahl aufgenommen wurde, bei senkrechter Einstrahlung der Rekonstruktionswelle ein reelles Bild des Objektes. Es entsteht in einer Richtung, die mit der Hologrammnormalen einen Winkel einschließt, der genähert gleich Θ ist. Werden daher auf die Hologrammplatte nacheinander mehrere Bilder aufgelichtet und die Winkel $\Theta_1, \Theta_2, \ldots$ der einzelnen Referenzwellen gegen die Hologrammnormale unterscheiden sich voneinander, so entstehen durch einen senkrecht auf die Hologrammebene einfallenden Rekonstruktionsstrahl reelle Bilder in verschiedenen Richtungen.

Die Hologrammplatte läßt sich somit *mehrfach ausnutzen*, indem man den von der Referenz- und der Objektwelle gebildeten Winkel Θ zwischen zwei Aufnahmen verändert. Hierzu hat man beim Aufzeichnungsprozeß nach jeder Aufnahme entweder den Referenzstrahl oder die Hologrammplatte zusammen mit Objekt um einen kleinen Winkel $\Delta\Theta$ zu verdrehen. Dabei ist zu beachten, daß die Wellenzahlen $k \sin \Theta$ der Trägerwelle soweit auseinander liegen, daß keine Überlappungen auftreten, die entstandenen Bilder also einwandfrei voneinander getrennt werden können. Diese Forderung bestimmt die Mindestgröße des Drehwinkels $\Delta\Theta$. Bei der Rekonstruktion erscheinen die Bilder gleichzeitig, jedoch an verschiedenen Orten. Die unerwünschten Bilder können leicht durch Abblenden oder andere Maßnahmen beseitigt werden.

Es ist grundsätzlich nicht erforderlich, daß die Signalwellen senkrecht auf die Hologrammebene fallen. Zur Realisierung der Mehrfachspeicherung muß lediglich gewährleistet sein, daß jede Signalwelle mit der Referenzwelle einen anderen Winkel bildet. Daher kann die Hologrammaufnahme für sämtliche in einen Ausschnitt zu speichernden Objekte gleichzeitig erfolgen, wenn die Signalwellen unter verschiedenen Richtungen einfallen und sich dabei in ihrem Winkel gegen den Referenzstrahl hinreichend stark voneinander unterscheiden. Die Mehrfachspeicherung auf der Grundlage verschiedener Winkel zwischen den Signalstrahlen und dem Referenzstrahl wird als *Richtungs- oder Winkelcodierung* bezeichnet.

Bei Fotoschichten, deren Dicke groß gegen die Lichtwellenlänge λ ist, treten Interferenzerscheinungen durch die Reflexion des Lichtes an parallelen Ebenen auf. Sie entstehen als Schwärzungsflächen, wenn auf das Fotomaterial zwei ebene Wellen aus verschiedenen Richtungen fallen. Bezeichnet ψ den Winkel zwischen den beiden Wellen, so verlaufen die Schwärzungsebenen parallel zur Winkelhalbierenden von ψ. Strahlt man eine der beiden Wellen nach Ausbildung der Schwärzungsflächen wieder ein, so finden Reflexionen an parallelen Netzebenen statt, für die die BRAGGsche Interferenzbedingung gültig ist. Nach dieser muß der Gangunterschied gleichartiger benachbarter Strahlen ein ganzzahliges Vielfaches der Wellenlänge λ sein, wenn die an parallelen Netzebenen reflektierten Strahlen sich durch Interferenz verstärken sollen:

$$2\delta \sin \vartheta = l\lambda \qquad (l = 0, 1, 2, \ldots) . \tag{8.27}$$

δ gibt den Abstand zweier benachbarter Netzebenen, ϑ den Glanzwinkel an (vgl. Abb. 8.15).

Werden nacheinander mehrere Signalwellen $\mathbf{A}_1, \mathbf{A}_2, \ldots$ unter verschiedenen Winkeln $\psi_1, \psi_2, \ldots$ bei unverändert bleibender Referenzwelle $\mathbf{A}_R$ auf die dicke Fotoschicht eingestrahlt, so entsteht im Speichervolumen ein System von

Schwärzungsebenen. Durch Einstrahlung der Referenzwelle $\mathbf{A}_R$ werden die Signalwellen $\mathbf{A}_1, \mathbf{A}_2, \ldots$ rekonstruiert, da jede von ihnen für eine Schar von Netzebenen die BRAGGsche Interferenzbedingung (8.27) erfüllt. Dagegen treten bei dem betrachteten Volumenspeicher im Gegensatz zu einfachen Hologrammflächen keine konjugierten Wellen $\mathbf{A}_1^*, \mathbf{A}_2^*, \ldots$ auf, da für sie die Bedingung (8.27) nicht erfüllt ist.

Bei der Speicheraufzeichnung kann der Winkel zwischen der Signal- und der Referenzwelle konstant gehalten werden, wenn die Fotoplatte nach jeder Aufnahme um eine senkrecht zur Einfallsebene der beiden Wellen stehende Achse verdreht wird. Dadurch erhalten Signal- und Referenzwelle für jede Exposition eine andere Richtung zur Plattennormalen, so daß unterschiedliche Scharen von

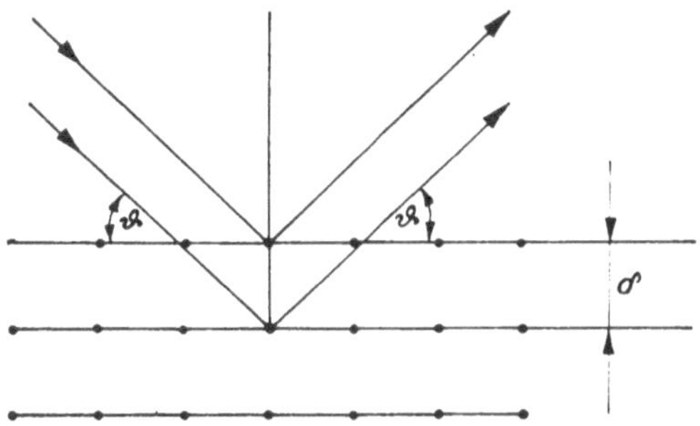

Abb. 8.15. BRAGGsche Interferenzbedingung

Schwärzungsebenen gebildet werden. Zur Rekonstruktion strahlt man den Referenzstrahl wieder ein, wobei die Fotoplatte so gedreht wird, daß sich gegen die Hologrammnormale die gleichen Richtungswinkel wie bei der Aufnahme ergeben. Die Nachbarinformationen dürfen dabei keinen störenden Beitrag leisten, der das wiedergegebene Objekt überdeckt.

Zur mehrfachen Ausnutzung eines Volumenspeichers kann auch die Wellenlänge λ verändert werden. Dabei wird zwischen der Signal- und der Referenzwelle ein konstanter Winkel eingehalten und auch die Speicherschicht bleibt in ihrer Lage unverändert. Die Aufnahmen zur Speicherung der Signalwellen $\mathbf{A}^{(1)}, \mathbf{A}^{(2)}, \ldots$ erfolgen jedoch mit unterschiedlichen Wellenlängen $\lambda_1, \lambda_2, \ldots$ Bei der Rekonstruktion wird die Referenzwelle mit der zugeordneten Wellenlänge λ_i wieder eingestrahlt. Nur für diese Wellenlänge λ_i ist die BRAGGsche Interferenzbedingung (8.27) erfüllt. Daher wird auch nur die Signalwelle $\mathbf{A}^{(i)}$ rekonstruiert, während die anderen Signale sich durch Interferenz auslöschen.

Die Mehrfachspeicherung durch Veränderung der Wellenlänge wird als *Wellenlängencodierung* bezeichnet.

Um Überlappungen durch benachbarte Objekte bzw. Informationen auszuschließen, muß zwischen zwei Aufnahmen ein bestimmter Mindestabstand $\Delta\lambda$ liegen.

Die *Mindestabstände* $\Delta\Theta$ und $\Delta\lambda$ nehmen mit zunehmender Frequenz und zunehmender Schichtdicke ab. Sie sind außerdem vom Winkel Θ zwischen der Signal- und der Referenzwelle abhängig.

Bei einer Hologrammplatte von 15,5 µm Dicke schwankt für Licht der Wellenlänge $\lambda = 632{,}8$ nm die Mindestwinkeldifferenz $\Delta\Theta$ zwischen 2,5° und über 10°. Sie ist am kleinsten für $\Theta = 90°$ und nimmt für $\Theta \to 0°$ und $\Theta \to 180°$ ihre größten Werte an. Zwischen 45° und 135° ist $\Delta\Theta$ nahezu konstant und kann mit etwa 3° angesetzt werden, so daß im angegebenen Winkelbereich etwa 30 Hologramme durch Winkelcodierung aufeinander gespeichert werden können.

Der Mindestabstand $\Delta\lambda$ der Wellenlängen nimmt mit zunehmendem Winkel Θ ab. Für $\Theta = 45°$ erhält man $\Delta\lambda = 65$ nm, für $\Theta = 135°$ nur noch $\Delta\lambda = 12$ nm. In Abhängigkeit von dem Wellenlängenbereich, in dem das verwendete Hologrammaterial die für die Aufnahme erforderliche hinreichend große Empfindlichkeit besitzt, ergibt sich bei Kenntnis von $\Delta\lambda$ die Höchstzahl der in einem Hologrammausschnitt aufeinander speicherbaren Informationen (Lit. [8.18] bis [8.21]).

8.9. Holografische Zeichenerkennung und -zuordnung

Aus der Reziprozität von Signal- und Referenzwelle (vgl. Abschnitt 8.2) lassen sich holografische Verfahren der Zeichenerkennung und -zuordnung ableiten. Nach (8.9) führt die Einstrahlung der Referenzwelle zur Ausstrahlung der zugehörigen Signalwelle. Umgekehrt bewirkt nach (8.10) die Einstrahlung der Signalwelle, daß die zugeordnete Referenzwelle ausgestrahlt wird.

Zur holografischen Zeichenerkennung und -zuordnung wird jeder der beiden Wellen ein bestimmtes Signal aufmoduliert, z. B. ein Satz, Satzteil oder Wort, ein Symbol, Schaltzeichen, ein Test usw. Die Signale liefern also die Vorlage der Referenz- bzw. der Objektwelle. Von diesen werden Hologramme angefertigt.

Strahlt man zur Speicherwiedergabe ein bestimmtes Signal als Objektwelle ein, so wird das zugeorcnete Signal als Referenzwelle rekonstruiert. Umgekehrt löst das als Referenzwelle eingestrahlte Signal das mit ihm verknüpfte Signal als Objektwelle aus.

Hieraus ergeben sich Anwendungsmöglichkeiten zur Auslösung von Prüf- und Steuerprozessen, z. B. bei der Qualitätskontrolle von Serienmustern oder für das Erkennen von Fälschungen. Auch automatische Übersetzungen können nach diesem holografischen Verfahren angefertigt werden.

Jedes der miteinander verknüpften Signale läßt sich auf einem kleinen Ausschnitt der Hologrammplatte zusammen mit anderen kleinen Hologrammen speichern. Auf dem gesamten Hologrammspeicher können daher eine sehr große Zahl von Zuordnungen untergebracht werden.

Die Holografie eröffnet gleichzeitig Möglichkeiten der *Verschlüsselung und Entschlüsselung von Informationen.*

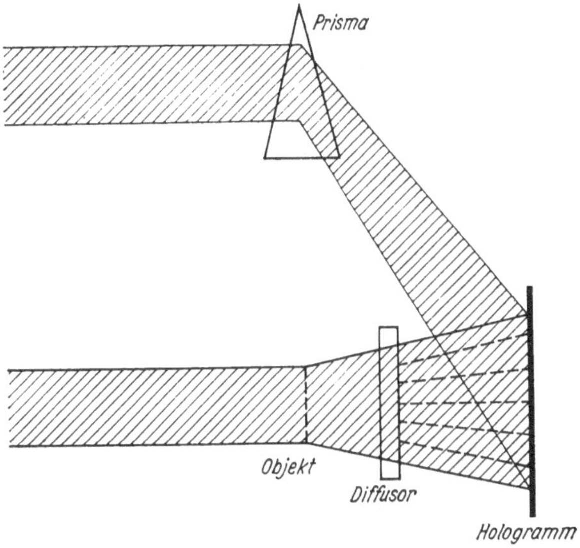

Abb. 8.16a. Holografische Verschlüsselung, D-Diffusor

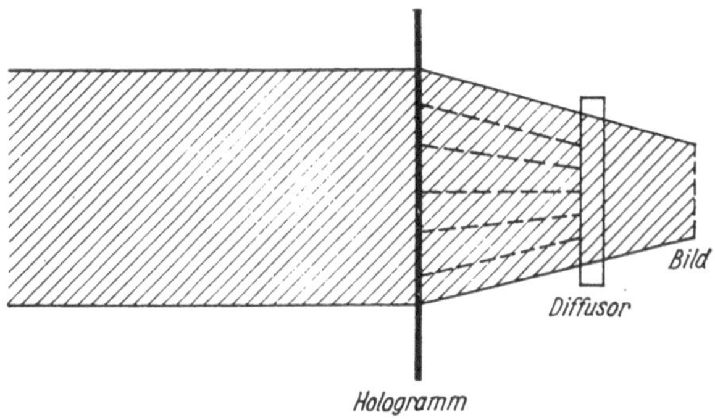

Abb. 8.16b. Holografische Entschlüsselung

Hierzu wird nach Abb. 8.16 das Signal holografisch gespeichert; dabei bringt man jedoch einen der Verschlüsselung dienenden Streukörper, einen Diffusor D, in den Strahlengang. Zwischen dem rekonstruierten Hologramm und dem Objekt gibt es keine Ähnlichkeit, da die Objektwelle gegenüber der unverschlüsselten Objektwelle völlig entstellt ist.

Die Wirkung des Diffusors bei der Hologrammaufnahme läßt sich durch eine ortsabhängige Phasenfunktion $e^{i\varphi(x,y)}$ beschreiben. Nach (8.9) ist das rekonstruierte reelle Hologrammbild A eines Gegenstandes zum Objekt A konjugiert. Bei der Rekonstruktion wird daher die Wirkung des Diffusors durch die Phasenfunktion $e^{-i\varphi(x,y)}$ beschrieben. Diese kann rückgängig gemacht werden, indem der Diffusor bei der Rekonstruktion hinter der Hologrammebene angeordnet wird, so daß zugeordnete Stellen des Diffusors und seines reellen Bildes sich in ihrer Wirkung aufheben. In dieser Weise läßt sich das Signal wieder entschlüsseln. Anstelle des Diffusors kann man auch sein Hologramm verwenden und mit dem Hologramm des verschlüsselten Objektes bei der Rekonstruktion kombinieren.

Holografische Methoden sind auch für Zwecke der Ausfilterung von Informationen mit bestimmten Kennzeichen geeignet. Hierzu werden die gespeicherten Informationen über optische Filter (geeignet konstruierte Hologramme) abgebildet. In ihnen sind die Merkmale der auszufilternden Kennzeichen enthalten. Die Filter können mit rein optischen Mitteln experimentell hergestellt werden oder als synthetische Hologramme durch mathematische Berechnung mit nachfolgender Aufzeichnung und fotografischer Verkleinerung konstruktiv erzeugt werden (Lit. [8.22] bis [8.26]).

8.10. Holografische Speichermaterialien

Die bisher betrachteten holografischen Verfahren gehen davon aus, die Intensität des Lichtes in die Schwärzung einer Fotoplatte umzusetzen. Derartige Hologramme heißen *Amplitudenhologramme*. Die elektromagnetische Strahlung führt bei ihnen zu einer lokalen Änderung des Absorptionskoeffizienten, wodurch die Amplitude der rekonstruierenden Strahlung beeinflußt wird.

Neben den Herstellungsverfahren durch Änderung des Absorptionskoeffizienten besteht die Möglichkeit, Hologramme durch Änderung der Brechzahl, z. B. mit Hilfe von Bleichverfahren herzustellen. Diese Hologramme heißen *Phasenhologramme*, da sich die lokale Änderung der Brechzahl in Form von Phasenverschiebungen auswirkt. Sie führen im Endeffekt wieder zu Intensitätsänderungen.

Phasenhologramme können Bilder liefern, die die Qualität der aus Amplitudenhologrammen gewonnenen übertrifft.

Wird z. B. bei der Verwendung von Silberhalogenidschichten als fotografischem Material aus dem Hologramm das Silber durch ein Bleichbad entfernt, so bleibt die nahezu durchsichtige Gelatineschicht zurück. Die gespeicherte Information scheint vernichtet zu sein. Wird jedoch diese Schicht mit einem kohärenten Rekonstruktionsbündel durchstrahlt, so kann man ein Bild des Objektes erhalten, dessen Qualität besser ist als bei Durchstrahlung des ursprünglichen Amplitudenhologramms. Ursache für diese Erscheinung sind chemische Vorgänge in der Gelatine beim Entwickeln und Bleichen. Sie führen beim Durchstrahlen der Schicht zu Phasenunterschieden zwischen belichteten und unbelichteten Stellen, wodurch eine holografische Rekonstruktion des ursprünglichen Objektes möglich wird.

Auch bei den technisch bekannten Verfahren zur Herstellung von Phasenhologrammen ist die erzielte Wirkung proportional der verursachenden Strahlungsintensität.

Medien für Hologrammspeicher müssen ein großes *Auflösungsvermögen* und eine hohe *Empfindlichkeit* besitzen. Die Empfindlichkeit eines Materials wird durch Angabe der für eine präzise Registrierung erforderlichen *Beleuchtung E* (in mJ cm^{-2}) gekennzeichnet. Beleuchtung E und Empfindlichkeit sind einander entgegengesetzt proportional. Das Auflösungsvermögen hängt im starken Maße von der Meßmethode ab. Es wird auf *interferometrische Messungen* bezogen und in Lin mm^{-1} angegeben.

Zur Kennzeichnung der Qualität eines Mediums bei der Rekonstruktion führt man den *Beugungswirkungsgrad* η ein. Er gibt das Verhältnis der Intensität einer in erster Beugungsordnung rekonstruierten Signalwelle zur Intensität der Rekonstruktionswelle an. Amplitudenhologramme besitzen im allgemeinen einen niedrigeren Beugungswirkungsgrad als Phasenhologramme, da bei diesen die Dämpfung entfällt.

Bei der Entwicklung holografischer Speichermedien können verschiedene chemische oder physikalische Effekte ausgenutzt werden. Man unterscheidet dabei zwischen *Festwertspeichern* und *reversiblen Speichern*. Von den Festwertspeichern werden zum Zwecke des Vergleiches im folgenden nur die Silberhalogenidschichten aufgeführt. Als Medien für reversible holografische Speicherverfahren kommen außer Magnetschichten (vgl. Abschnitt 3) und Alkalihalogeniden (vgl. Abschnitt 4) eine Reihe von Substanzen in Betracht, deren Eigenschaften in Unterabschnitt 8.10.2 zusammengestellt sind. Die Entwicklung auf diesem Gebiet ist noch nicht abgeschlossen.

8.10.1. Silberhalogenidschichten

Die für holografische Aufnahmen speziell entwickelten Fotopapiere mit Silberhalogenidschichten besitzen nach interferometrischen Messungen Auflösungsvermögen zwischen 1500 und 3000 Lin mm^{-1} (vgl. Tab. 8.1). Die erforderliche Beleuchtung schwankt über einen Bereich zwischen 10^{-4} und 10^{-1} mJ cm^{-2}. Der Beugungswirkungsgrad η liegt etwa zwischen 0,5% und 3%.

Hohe Empfindlichkeiten lassen sich durch einen großen Korndurchmesser realisieren. Große Werte der Auflösung erfordern dagegen ein kleines Korn. Bei dichter Packung der Körner erhöht sich zwar die Empfindlichkeit infolge der vergrößerten Lichtstreuung. Gleichzeitig verschlechtert diese jedoch das

Tabelle 8.1. Silberhalogenidschichten als holografisches Speichermedium

Bezeichnung	λ nm	Auflösung Lin/mm	Beleuchtung E mJ/cm^2	η %
ORWO LP 1	633	2500	0,03	1,5
ORWO LP 2	633	2800	0,03	1,5
ORWO LP 3	633	1500	0,002	1
Afga 14 C 75	633	1500	0,0001	0,5
Agfa 8 E 75	633	3000	0,0075	3
Mikrat VR	633	1800	0,01	1,5

Auflösungsvermögen. Die Möglichkeiten der Entwicklung von Silberhalogenidschichten mit großer Auflösung und hoher Empfindlichkeit sind daher begrenzt.

Der wesentliche Nachteil von Silberhalogeniden beteht darin, daß das endgültige Bild erst nach längerer Entwicklungszeit zur Verfügung steht und nicht gelöscht oder umgewandelt werden kann. Die Verarbeitung der Fotoschichten führt leicht zu mikroskopischen Veränderungen, die fehlerhafte Interpretationen beim rekonstruierten Bild mit sich bringen (Lit. [8.27] bis [8.30]).

8.10.2. Medien für die reversible holografische Speicheraufzeichnung

Thermoplaste (Fotoplaste) nutzen die Verformung dünner elektrisch geladener fluider Schichten. Als thermoplastische Schicht kann man einen organischen Fotoleiter, z. B. Phenazin oder die Lösung bzw. Dispersion eines Fotoleiters, z. B. CdS, in einem inerten thermoplastischen Medium benutzen.

Abb. 8.17a zeigt den Aufbau für das thermoplastische Verfahren. Auf einer leitfähigen Unterlage befindet sich ein Fotoleiter, darüber die thermoplastische Schicht. Durch Korona-Entladung wird diese positiv aufgeladen und damit sensibilisiert. An der Grenze zwischen dem Fotoleiter und der Unterlage entsteht durch Influenz eine negative Ladung.

Beim Belichten wandert die negative Ladung an den von Licht getroffenen Stellen durch den Fotoleiter zur Grenzfläche zwischen Fotoleiter und Thermoplast. Danach wird die Anordnung durch Entladung wieder unempfindlich gemacht, wobei jedoch die zur Grenze zwischen Fotoleiter und Thermoplast gewanderten negativen Ladungen und die ihr gegenüberliegenden positiven Ladungen erhalten bleiben (vgl. Abb. 8.17b und c).

Bei der kurzzeitigen Erwärmung schmilzt die thermoplastische Schicht. Die entgegengesetzten Ladungen ziehen sich an, so daß Verformungen auftreten (Abb. 8.17d). Sie können durch rasches nachfolgendes Abkühlen fixiert werden, womit das Phasenhologramm hergestellt ist. Die gespeicherte Information kann durch Erwärmung wieder gelöscht werden. Dieser Vorgang ist relativ langsam, wodurch die Anwendungsmöglichkeit eingeschränkt wird.

Das Auflösungsvermögen thermoplastischer Schichten liegt bei 1000 Lin mm^{-1} und gestattet damit eine präzise Wiedergabe. Die erforderliche Beleuchtung liegt bei 0,01 mJ cm^{-2}. Für den Beugungswirkungsgrad η werden bis zu 15% angegeben ([8.31], [8.32]).

Fotochrome Schichten verändern bei der Absorption von Licht eines bestimmten Spektralbereiches ihre Farbe. Die Rückkehr zum Ausgangszustand ist ebenfalls durch Lichteinstrahlung möglich. Bei beiden Prozessen wird energetisch ein Zwischenzustand durchlaufen, der über ihren Ausgangszuständen liegt. Das Einfärben erfolgt beispielsweise mit ultraviolettem Licht, das Ausbleichen mit dem Licht eines Helium-Neon-Lasers. Fotochromes Verhalten zeigen einige kristallisierte Stoffe (Hydrazone, Anile, Azofarbstoffe) sowie Fotochromgläser, in denen Silberhalogenide als aktive Zentren enthalten sind.

Fotochrome Materialien liefern Amplitudenhologramme mit Auflösungsvermögen zwischen 2000 und 10000 Lin mm^{-1}. Das hohe Auflösungsvermögen ergibt sich aus dem Abstand der aktiven Zentren, der zwischen 50 und 100 nm liegt. Die Beleuchtung E beträgt etwa 50 mJ cm^{-2}. Nachteilig ist die geringe Stabilität der gespeicherten Informationen bei Zimmertemperatur. Dagegen ist keine Entwicklung erforderlich, so daß das gespeicherte Hologramm sofort verwertet werden kann ([8.33] bis [8.35]).

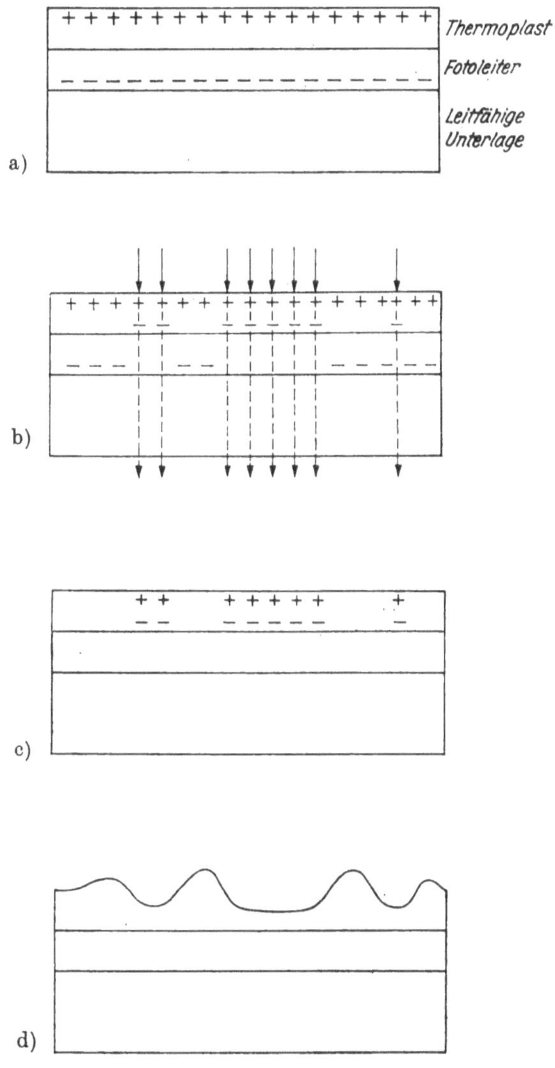

Abb. 8.17. Holografische Speicherung mit thermoplastischem Material
a) Aufbau, b) Belichtung, c) Entladung, d) Verformung nach kurzzeitiger Erwärmung

Lichtempfindliche Kristalle zeichnen sich im allgemeinen durch ein großes Auflösungsvermögen aus, während ihre Empfindlichkeit gering ist. Als reversibel speichernde Materialien können sowohl Alkalihalogenidkristalle (vgl. Abschnitt 4) als auch ferroelektrische Kristalle verwendet werden. Bei den *Alkalihalogeniden* wird die verstärkte Absorption durch die Farbzentren genutzt; sie liefern also Amplitudenhologramme. Über die Nutzung der Veränderlichkeit der Brechzahl (vgl. Abschnitt 5.5) und damit verbunden die Anwendung von Alkalihalogeniden für Phasenhologramme ist bisher nichts bekannt geworden.

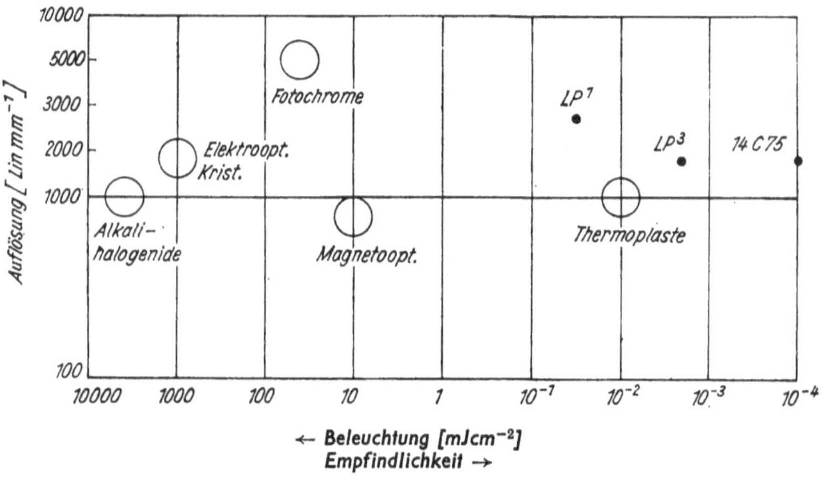

Abb. 8.18. Auflösungsvermögen und Empfindlichkeit holografischer Speichermedien

Bei den *ferroelektrischen Kristallen* werden durch die Laserstrahlung Elektronen freigesetzt, die ein inneres Feld aufbauen. Unter seinem Einfluß ändert sich die Dielektrizitätskonstante und damit die Brechzahl. Es entstehen somit Phasenhologramme. Am meisten verwendet wird Lithiumniobat ($LiNbO_3$). Sehr ungünstig ist die erforderliche lange Aufzeichenzeit.

Die gespeicherten Informationen bleiben besonders bei tiefen Temperaturen monatelang erhalten. Eine Entwicklung ist nicht erforderlich [8.36].

Magnetische Schichten erzeugen Phasenhologramme. Die Aufzeichnung erfolgt nach dem Curie-Punkt-Verfahren (Abschnitt 3.3) oder durch Kompensationspunkt-Schreibung (Abschnitt 3.4).

Nachteilig bei der Verwendung magnetischer Schichten ist der kleine Beugungswirkungsgrad. Bei der Rekonstruktion der Phasenhologramme mit dem Kerr-Effekt ergibt sich $\eta = 0{,}1\%$, mit dem Faraday-Effekt $\eta = 0{,}01\%$. Das Auflösungsvermögen liegt dagegen bei 1000 Lin mm^{-1}. Die Beleuchtungsstärke E muß etwa 10 mJ cm^{-2} betragen. Günstig sind die unbegrenzte Stabilität der Magnetisierungszustände, ihre kurze Umschaltzeit und die sofortige Verfügbarkeit (Lit. [8.37], [8.38]).

Tabelle 8.2. Aufzeichnungsmedien für reversible Hologramme

Medium	Stoff	Beleuchtung mJ cm^{-2}	Auflösung Lin mm^{-1}	Beugungs wirkungsgrad %	Aufzeichenzeit	Löschzeit	Stabilität	Hologrammtyp
Thermoplast	Stagbelite	0,01	1000	15	1 ms	1 s	unbegrenzt	Phase
Fotochrom		50	2000···10000	1···4	0,1 μs	0,1 μs	Minuten bis Monate	Ampl.
Alkalihalogenide	KBr	3000	1000		~10 μs	~10 μs	Stunden bis Monate	Ampl.
Elektroopt. Kristalle	$LiNbO_3$	1000···100000	1500	80	~10 s	~10 s	ungegrenzt	Phase
Magnetoopt. Material	MnBi	10	1000	0,01···0,1	0,1 μs	0,1 μs	unbegrenzt	Phase
Flüssige Kristalle		0,005	10					Ampl.

Abb. 8.18 stellt das Auflösungsvermögen und die Empfindlichkeit holografischer Speichermaterialien grafisch dar. Tabelle 8.2 enthält eine Zusammenstellung über die Eigenschaften der wichtigsten Materialien für reversible holografische Speicheraufzeichnung. Die Aufzeichenzeit hängt darin nicht nur von der Empfindlichkeit und dem Auflösungsvermögen ab. Es wurden auch die maximal zulässigen Lichtintensitäten und notwendige Abgrenzungen zur Vermeidung gegenseitiger Störungen berücksichtigt.

Literatur

[8.1] Lummer-Reichel, Die Lehre von der Bildentstehung im Mikroskop, Braunschweig 1910.
[8.2] Gabor, D., Proc. Roy. Soc. **A 197**, 454 (1949).
[8.3] Gabor, D., Proc. Roy. Soc. **B 64**, 449 (1951).
[8.4] Leith, E. N., Upatnieks, J., J. opt. Soc. Am. **53** (1963), 1377.
[8.5] Stroke, G. W., Falconer, D. G., Phys. Lett. **13** (1964), 306.
[8.6] Nassenstein, H., Z. ang. Phys. **22** (1966), 37.
[8.7] Lenk, H., Holografie, Verlag Georg Thieme Leipzig 1971.
[8.8] Lenk, H., Bild und Ton **23**, H. 7 (1970), 197; **22** (1969), 34; **20** (1967), 162.
[8.9] Tufte, O. N., Chen, D., IEEE spectrum, February 1973, 26; March 1973, 48.
[8.10] LaMacchia, J. T., Laser Focus Magazine, February 1970.
[8.11] Aagard, R. L., Lee, T. C., Chen, D., Appl. Optics, **11** (1972), 2133.
[8.12] Stewart, W. C., Cosentino, L. S., Appl. Optics, **9** (1970), 2271.
[8.13] Mikaeljan, A. L. u. a., Kwantowaja elektronika **1**, 79, 1971.
[8.14] Lohman, R. D., Mezrich, R. S., Stewart, W. C., Electronics January 18, 1971, 61.
[8.15] Kulcke, W., Laser **1**, 51 (1969).
[8.16] Rajchman, J. A., Appl. Opt. **9** (1970), 2269; J. Appl. Phys. **41**, 1276 (1970).
[8.17] Mikaeljan, A. L. u. a., Radiotechn i Elektron **1** (1969), 115.
[8.18] van Heerden, P. J., Appl. Opt. **2** (1963), 393.
[8.19] Leith, E. N. u. a., Appl. Opt. **5** (1966), 1303.
[8.20] Klass, Ph. J., Av. Week **87** (1967), 81.
[8.21] Hoffmann, A. S., Appl. Opt. **7** (1968), 1949.
[8.22] van der Lugt, A. u. a., IEEE Trans. Inf. Theory **IT-10**, 139 (1964).
[8.23] Leith, E. N. u. a., Opt. el.-opt. Inf. Process, MIT 1965, 143.
[8.24] van der Lugt, A., Opt. Acta **15** (1968), 1.
[8.25] Cutrona, L. J. u. a., IRE Trans. Inf. Theory **6** (1960), 386.
[8.26] Stroke, G. W. u. a., Phys. Lett. **18** (1965), 274.
[8.27] Nassenstein, H. u. a., Phot. Sci. Eng. **13** (1969), 194.
[8.28] Baumann, J., Bild und Ton **23** (1970), 213.
[8.29] —, Prospekt des VEB ORWO Wolfen.
[8.30] Vogelsang, K., Bild und Ton **23** (1970), 329.
[8.31] Metz, H.-J., Laser und angewandte Strahlentechnik **2**/1969, 47.
[8.32] Urbach, J. C., Meier, R. W., J. Opt. Soc. Am. **56** (1966), 537; Appl. Opt. **5** (1966), 666.
[8.33] Smith, G. P., J. Phot. Sci. **18** (1970), 41.
[8.34] Spauszus, S., Technik **25** (1970), 450.
[8.35] Powell, R. L., Hemmye, J. H., J. Opt. Soc. Am. **56** (1966), 1450.
[8.36] Stockmann, H. E., Zarwyn, B., Proc. IEEE **56** (1968), 763.
[8.37] Kljukin, L. u. a., Akad. nauk SSSR Ser. Fiz. **31** (1967), 386.
[8.38] Fan, G. u. a., J. appl. Phys. **40** (1969), 974.

[8.39] SCHRAMM, H. W., Z. für Datenverarbeitung 12, 3 (1974)
[8.40] HALE, J. A. G., SARAGA, P., Opto-electronics 6 (1974), 333
[8.41] KOLMA, A., Barrekette, E. S., Appl. Opt. **13** (1974), 4, 747
[8.42] BARREKETTE, E. S., Appl. Opt. **13** (1974), 4, 749
[8.43] MATTSON, R. L., Appl. Opt. **13** (1974), 4, 755
[8.44] BROWN, B. R., Appl. Opt. **13** (1974)/ 4, 761
[8.45] CHEN, D., Appl. Opt. **13** (1974), 4, 767
[8.46] MICHERON, F., MAYEAX, C., TROTIER, J. C., Appl. Opt. **13** (1974), 4, 784
[8.47] KIEMLE, H., Appl. Opt. **13** (1974), 803
[8.48] d'AURIA, L., HUIGNARD, S. P., SLEZAK, C., SPITZ, E. Appl. Opt. **13** (1974), 808
[8.49] ROBERTS, H. N., WATKINS, S. W., JOHNSON, R. H., Appl. Opt. **13** (1974), 841
[8.50] LEE, T. C., Appl. Opt. **13** (1974), 888
[8.51] KNIGHT, G. R., Appl. Opt. **13** (1974), 904
[8.52] KOBTONJUK, W. W., KOSTRJUKOW, W. A., MOROSOW, W. W., NIKITIN, W. D., SAMOJLOW, W. D., KWANTOWAJA Electronica **1**, 1 (1974), 78
[8.53] WASILJEW, B. J., KOWLOWSKIJ, W. J., NASIBOW, A. C., PETSCHENOW, A. N., Kwantowaja Electronica, **1**, 1 (1974), 84
[8.54] NIKITIN, W. W., SAMOJLOW, W. D., SEMENOW, G. J., Kwantowaja Electronica **1**, 1 (1974), 7
[8.55] GURO, G. M., POPOW, S. M., Kwantowaja Electronica **1**, 1 (1974), 48
[8.56] SELJESNEW, W. N., SCHUKIN, N. N., Kwantowaja Electronica **1**, 7 (1974), 1485

SACHWORTVERZEICHNIS

FSC
www.fsc.org
MIX
Papier | Fördert
gute Waldnutzung
FSC® C083411

Zeitfracht Medien GmbH
Ferdinand-Jühlke-Straße 7
99095 Erfurt, Deutschland
produktsicherheit@kolibri360.de